Zu diesem Buch

«Es soll auf dieser Welt tatsächlich Menschen geben, die ehrlich davon überzeugt sind, Elektrizität zu verstehen, genau wie seinerzeit die Alchimisten sich einbildeten, Blei in Gold verwandeln zu können.» Kenn Amdahl gehört nicht zu ihnen. Mit *Elektronen gibt es hier nicht* räumt er endlich auf mit dem Märchen von der Elektronentheorie und erzählt, was Elektrizität wirklich ist. Statt Protonen, Neutronen und Elektronen bevölkern winzige amüsierfreudige Grünis die Stromleitungen. Zauberer, wunderschöne Jungfrauen und wilde Erpel in Motorbooten tauchen auf und erläutern elektrisches Basiswissen rund um Volt, Ampere und Ohm. Eine unkonventionelle Einführung in die Elektrizitätslehre – spaßig und daher umso einprägsamer.

© Larry Shirkey

Kenn Amdahl, geboren 1949, hatte keine Ahnung von Elektrizität, bevor er *Elektronen gibt es hier nicht* zu schreiben begann. Neben seiner Tätigkeit als Autor und Ko-Autor ist der Unternehmer und Vater von drei erwachsenen Söhnen erfolgreicher Songschreiber, Folksänger und nach eigener Aussage ein untalentierter, aber begeisterter Maler.

Kenn Amdahl

Elektronen gibt es hier nicht

Elektrizität für coole Köpfe

Deutsch von
Renate Bauer-Lessing

Rowohlt Taschenbuch Verlag

rororo science
Lektorat Angelika Mette

Deutsche Erstausgabe
Veröffentlicht im Rowohlt Taschenbuch Verlag GmbH,
Reinbek bei Hamburg, Juli 2000
Die Originalausgabe erschien 1991
unter dem Titel *There Are No Electrons*
im Verlag Clearwater Publishing Company Inc. Arvada, Colorado
Copyright © 1991 by Kenn Amdahl
Fachliche Beratung Eva Ruhnau, Humanwissenschaftliches Zentrum,
Ludwig-Maximilian-Universität München
Redaktion Katharina Naumann
Umschlaggestaltung Barbara Hanke
Foto/Illustration ZEFA-SIS
Satz: Sabon PostScript, PageOne
Gesamtherstellung Clausen & Bosse, Leck
Printed in Germany
ISBN 3 499 60727 1

Inhalt

Danksagung

Ich hasse Danksagungen. Sie klingen immer so furchtbar süßlich. Andererseits bin ich zu geizig, die Leute zu bezahlen, die bei diesem Projekt mitgeholfen haben; ihnen zu danken ist insofern also nur recht und billig.

Meine Frau Cheryl war sehr verständnisvoll und hat mich über alle Maßen unterstützt. Sie ist und war schon immer mein größter Fan und eine überaus kritische Leserin.

Joe Reid überzeugte mich davon, weniger kreativ mit Rechtschreibung, Grammatik und Zeichensetzung umzugehen. Das kostete ihn viele Stunden, mehrere Biere und ein paar graue Haare. Für den Gebrauch von Kommata, Bindestrichen und mancherlei Redewendungen gibt es offenbar eine lange Tradition, die er kennt und ich nicht.

Mein Sohn Scott war der Erste, der das Manuskript las. Er war liebenswürdig und tolerant, aber auch konsequent. Seine Vorschläge haben das Buch verändert. Mein Sohn Paul half mir dabei, meinen gesunden Menschenverstand nicht zu vergessen. Mein Sohn Joey lieferte den künstlerischen Entwurf für den Titel der Originalauflage.

Mein Vater Bernhard Amdahl und mein Onkel Vince Backlund regten an, die Grüni-Theorie etwas zu modifizieren, um gewisse alltägliche elektrische Phänomene darin unterzubringen. Ich danke im Voraus jedem, der mich nicht verklagt, dass ich die Namen von oder Ähnlichkeiten mit lebenden Personen ohne deren Einverständnis benutzt habe. Alle Personen sind natürlich frei erfunden (zum Beispiel ist es nicht *der* Clint Eastwood oder *das* Unternehmen mit dem Namen General Motors).

Und ich möchte der Leserin und dem Leser danken. Ja, wirklich,

Ihnen hier, die Sie dieses Buch in Händen halten und diese Seiten lesen. Ich freue mich, dass es Sie gibt, und ich hoffe, Sie haben Spaß an der Zeit, die wir gemeinsam verbringen werden.

Vorwort

Eugene Amdahl ist wahrscheinlich ein Genie. Jahrelang entwarf er Computer für IBM. Dann gründete er die Amdahl-Corporation, die jetzt eine Super-Computer-Gesellschaft mit Millionen Dollar Jahresumsatz ist, und arbeitete an noch komplizierteren und erstaunlicheren elektronischen Ideen. Insider erwähnen seinen Namen stets voller Ehrfurcht.

Ich bin Eugene Amdahl nie persönlich begegnet, aber es wurde mir erzählt, dass er ein entfernter Vetter meines Vaters sei, um zwei oder drei Ecken herum.

Mein Vater, Bernhard Amdahl, arbeitete jahrelang für eine amerikanische Telefongesellschaft. Er löste schwierige elektronische Probleme und gab nebenher Unterricht. Fernseher zu reparieren ist das Hobby meines Onkels Vincent Backlund. Mein anderer Onkel, John Amdahl, lehrte Elektrotechnik bei der Marine. Mein Onkel Lowell Amdahl reparierte IBM-Computer. Seit jeher war also ein Großteil meiner Verwandtschaft stark auf dem Gebiet der Elektronik engagiert.

Folglich habe ich meine Fachkenntnisse nicht auf dem hergebrachten Weg in der Schule erworben, sondern bekam sie vererbt. Unglücklicherweise war ich mir dieser Gabe lange nicht bewusst. Ich glaubte vielmehr, das Zeug zum Gitarristen zu haben. Dass Elektronik nicht meine Bestimmung sein konnte, wurde mir schlagartig klar, als ich versuchte, Bücher zu lesen, die im Klappentext versprachen, mir das Thema nahe zu bringen. Dabei beobachtete ich ein interessantes Phänomen: Nach ungefähr drei Seiten fielen mir die Augen zu, und ich fühlte das dringende Bedürfnis, hinauszugehen und den Rasen zu mähen. Bei meinem Versuch, die Grundlagen der Elektrizität zu verstehen, habe ich den Rasen zwar beinahe ruiniert, doch ich hielt durch. Ich las acht Kilo Fachliteratur, holte mir Informationen von Freunden und Bekannten und machte zahllose langweilige und erfolglose Experimente. Eine Regel ist mir dabei jedoch klar geworden, nämlich die, dass Anfängerbücher stumpfsinnig und von Leuten verfasst sein müssen, die schon vor Jahren vergessen haben, wie verwirrend allein die Fachausdrücke sein können, wenn man im Land der Elektrizität ein Fremdling ist.

Dieses Buch hier möchte die Ausnahme von der Regel sein. Meinen fehlenden Doktorgrad in Elektrotechnik betrachte ich als die beste Voraussetzung dafür, es zu schreiben, und wenn Sie absolut keine Ahnung von Elektrizität haben, bin ich genau der richtige Mann für Sie.

Einleitung

Es soll auf dieser Welt tatsächlich Menschen geben, die ehrlich davon überzeugt sind, Elektrizität zu verstehen, genau wie seinerzeit die Alchimisten sich einbildeten, Blei in Gold verwandeln zu können. Solche Leute darf man nicht verachten oder gar verspotten, man sollte sie vielmehr tolerieren und behutsam behandeln, bis sie sich wieder in die menschliche Gemeinschaft eingliedern lassen. Denn niemand versteht Elektrizität wirklich. Doch keiner will es zugeben.

Nachdem mir diese Erkenntnis gekommen war, fiel es mir viel leichter, mehr *über* Elektrizität in Erfahrung zu bringen.

Was immer dieses Phänomen auch ist – etwa alle fünfzig Jahre ändert sich die Lehrmeinung darüber –, beobachtet und untersucht wird es schon seit Jahrhunderten. Wir können sein Verhalten vorhersagen, ebenso wie ein altertümlicher Hexenmeister eine Sonnenfinsternis vorhersagen konnte. Wir können von ihr Gebrauch machen, so wie ein Bäcker seinem Teig Hefe zusetzt, obwohl er nicht weiß und es ihn auch gar nicht interessiert, was all diese mikroskopisch kleinen Lebewesen eigentlich mit seiner Teigmischung anstellen. Wir können also noch eine Menge über Elektrizität lernen.

Trotzdem ziehen es einige Leute vor, von der Funktionsweise der Elektrizität nichts wissen zu wollen, und zwar aus einer Art unwillkürlicher Ehrfurcht heraus, ähnlich dem Respekt vor dem Automotor. Wir wissen nur, dass da unter der Haube ein Ungeheuer auf der Lauer liegt (oder eben in den Drähten). Wir wissen auch, dass es mit Benzin oder so etwas wie einer Zauberkraft gefüttert wird, die in Kernkraftwerken, Fabriken oder Blitzen wohnt, und dass es uns, wenn wir es stören, bei der unpassendsten Gelegenheit lahm legt beziehungsweise durch Elektroschock umbringt. Aber vielleicht lässt es uns ja in Ruhe, wenn wir es nur tapfer ignorieren.

Ich bin angetreten zu vermitteln, dass die Elektrizität wie ein Arbeitselefant ist. Ja, groß und stark ist er. Aber natürlich nehmen wir uns vor den Stoßzähnen in Acht und vermeiden es, zertrampelt zu werden. In der Regel ist ein Arbeitselefant aber ein freundlicher Riese von eher geringem Verstand, der auf die Befehle reagiert, die wir ihm beigebracht haben. Selbst ein Kind kann ihn wie ein Schoßtier herumführen. Elektrizität hat weniger als ein Dutzend beobachtbare Eigenschaften, und nur mit halb so viel haben wir ständig zu tun. In ihrer Komplexität ist die Elektrizität einem Papiertaschentuch vergleichbar: Es verfügt über Länge, Breite, Dicke, Gewicht, Farbe, Geruch und hat eine Struktur, eine Anzahl Schichten, eine bestimmte Reißfestigkeit und Absorptionsvermögen, einen Markennamen und einen Preis. Wenn man jetzt aber noch berücksichtigt, dass es entweder meins oder deins ist oder von ungewisser Herkunft, dass es neu oder gebraucht sein kann, frisch und weich oder monatelang zusammengeknüllt in der Tasche des Wintermantels lag, oder dass es ein- oder zweimal in der Waschmaschine mitgewaschen wurde, dann folgt daraus, dass ein Papiertaschentuch weitaus komplizierter ist als die Elektrizität.

Es gibt insgesamt sechs Wege, Elektrizität zu erzeugen, und nur zwei davon muss man verstehen. Von den sechs Möglichkeiten, sie nutzbringend anzuwenden, sind drei wirklich wichtig. Und Stromkreise lassen sich mit gerade mal einem Dutzend oder weniger Bauteilen in verschiedenen Kombinationen aufbauen. Das ist schon alles.

Wenn man zwei Dutzend Gedanken versteht, kommt man gut mit der Elektrizität zurecht. Ich habe schon Krautsalat mit mehr Zutaten gegessen. Verglichen damit ist Elektrizität simpel. Doch sie ist weitab vom Üblichen und schon gar nicht langweilig. Sie ist ein Mysterium, und wenn es im Universum überhaupt Magie gibt, dann ist die Elektrizität ein sicherer Beweis dafür. Da wir bereits genug von der Natur wissen, um einfache biologische Kunststückchen vorzuführen (gekreuzten Mais zu züchten oder einfache Krankheiten zu bekämpfen), verhalten wir uns auch hier wie Kinder in der Hexenküche und spielen mit Zaubersprüchen, die wir nicht wirklich verstehen. Das Phänomen Elektrizität können wir ebenso wenig verstehen, wie wir einer Rohrzange Leben einhauchen können. Doch ihre Kraft haben wir erkannt, und die wenigen Tricks, die wir beherrschen, geben uns bereits das Gefühl der Allwissenheit.

Müssen wir dieses Wunder auf die gleiche Art kennen lernen wie etwa Geographie oder Algebra, die *wirklich* langweiligen Themen?

Nein. Wie jede andere Zaubergeschichte sollten wir sie spät in der Nacht mit der Taschenlampe unter der Bettdecke lesen, damit niemand etwas bemerkt. Am besten verstecken wir das Buch an einem geheimen Ort. Während wir von Zauberworten, Giftwässerchen, Hexereien und Bannsprüchen erfahren, werden wir merken, dass wir eine bemerkenswerte Kraft aus einer anderen Dimension freigesetzt haben. Unsere Furcht wird sich langsam in eine unbändige Neugier verwandeln. Wir werden mit Staunen bemerken, dass wir noch viel mehr wissen möchten, und zwar um jeden Preis. Am Ende werden wir in die Stille des dunklen Zimmers rufen: «Zeige dich! Ich fürchte mich nicht!»

Wir werden uns zwingen, still zu sitzen, aber unsere Hände werden zittern. Wir werden ein Geräusch hören, irgendwo in der Dunkelheit. Und wenn sich dieser Furcht erregende, grinsende Geist endlich im Zimmer aufbläst, mit blutunterlaufenen Augen und Lichtblitzen, die seinen gespenstischen Körper durchzucken, dann werden wir uns über unsere eigene verrückte Tapferkeit wundern und uns nach einem hellen und sicheren Platz sehnen, aber es wird zu spät sein. Der Geist wird sich so nah zu uns hinunterbeugen, dass wir seinen heißen Ozonatem auf den Wangen spüren. Seine Stimme wird knistern und brummen wie eine Hochspannungsleitung, während er uns ins Ohr flüstert: «Du hast mich gerufen, Meister. Wie lautet dein Befehl?» Dann haben wir keine Zeit mehr, in unsere Aufzeichnungen zu schauen. Wir werden den Atem anhalten, die Aufregung niederkämpfen und uns schnell einen Wunsch ausdenken.

Und immer wieder werden wir uns sagen, dass wir eigentlich gar nicht an Zauberei glauben.

Kreativer Umgang mit Fachkauderwelsch

Nahezu jeder Bereich menschlichen Wirkens, vom Sport über Medizin bis hin zur Elektronik, hat ein eigenes Fachkauderwelsch, eine eigene Szenesprache. Bestimmte Wörter und Sätze machen den Insiderjargon der jeweiligen Tätigkeit aus. Wenn man Golfspielen lernt, hat man es mit *Hooks, Slices, Chips, Eagles* und *Birdies* zu tun. Wenn man kocht, dann fritiert und sautiert man, mariniert, entsaftet und dünstet beispielsweise die Zwiebeln glasig. Und wenn man dieses Buch hier durchgelesen hat, kann man mit Elektroingenieuren Witze über Spannung reißen, mit den Fernsehtechnikern über Gegentaktverstärker tratschen und Begriffe wie «Widerstand», «Kapazität» und «Frequenzmodulation» so selbstverständlich verwenden, als ob man sie verstehen würden. Bildung beruht eben eher darauf, das einschlägige Fachvokabular zu kennen, als wirklich etwas zu sagen zu haben. Die Fachsprache eines Hobbys zu lernen gehört bereits mit zum Spaß an der Sache.

Doch es ist viel mehr als das, es bedeutet auch Machtgewinn. Fachkauderwelsch ist die Waffe schlechthin bei Cocktailpartys oder unter Leuten, die miteinander essen gehen. Sie zu kreieren ist eine vorrangige Tätigkeit von Lehrkräften, Sportreportern, Politikern und Straßengangs. Szenejargon liefert eine klare Trennung zwischen den Generationen. («Ist das nicht total krass? Ist das nicht abgefahren?») Unsere unterschiedlichen Fachsprachen sind Varianten unserer Kultur, Merkmale unserer Gesellschaft und Kennzeichen unserer Jobs oder Interessen. Ohne sie wären wir alle gleich. Jargon bedeutet Mannigfaltigkeit, Freiheit und Demokratie. Die Sprache vom Insidervokabular zu bereinigen wäre der erste Schritt auf dem Weg zum blanken Kommunismus.

Vom praktischen Standpunkt aus gesehen, dient Fachkauderwelsch gleich zwei Zwecken. Erstens ist es wie Stenographie für die Leute, die es verstehen. Zum Beispiel könnte ein Sportreporter in der Alltagssprache unmöglich jede einzelne Aktion von 22 Footballspielern im Match beschreiben. Weil es aber eine eigene «Football-Sprache» gibt, muss er das gar nicht. Er sagt einfach: «Quarterback geht zur Shotgunformation, beide Passempfänger orientieren sich zur linken Außenlinie. Nur ein Running-Back im Backfield. Achtzig läuft zur Ablenkung in Richtung Torpfosten. Quarterback erkennt Blitz-Safety, gibt Ball mit einem schnellen Pass weiter auf den Tight-End, der in die Mitte zurückläuft. Tight-End wird gehittet – aber 5 Yards sind 5 Yards. Zweiter Versuch.» Wer braucht Fernsehen, wenn man einen Mann hat, der das Spiel derart gut beschreiben kann? In meinen Ohren ist das pure Poesie.

Natürlich nicht, wenn man das Vokabular nicht versteht, was uns zum nächsten Zweck des Fachkauderwelsch bringt: Es kann nämlich ebenso dazu benutzt werden, Leute zu verwirren und diejenigen auszuschließen, die nicht «Mitglied im Klub» sind. Ich nenne dies das «Küchenlatein-Prinzip». Wer erinnert sich nicht an die Schadenfreude, die man als Kind empfand, wenn man mit seinen kleinen Kumpels in einer Geheimsprache plapperte, die nicht mal die eigene Schwester verstehen konnte? Genau dasselbe Gefühl haben Juristen, wenn sie *caveat emptor* oder *corpus delicti* oder *ipso facto* sagen. Wenn sie aber wirklich daran interessiert sind, dass man sie versteht, klingt das gleich ganz anders: «Du schuldest mir tausend Mark. Zahle gefälligst sofort.» Keine Spur von Fachjargon!

Angenommen, Sie wollen jemanden glauben machen, dass Sie viel von einem Sachverhalt verstehen. Probieren Sie es mal mit Fachkauderwelsch:

«Papa, warum spielt das Fernsehbild verrückt, wenn ich den Bildschirm mit meinem Magneten berühre?»

«Das ist ganz einfach, mein Sohn. Die magnetischen Kraftfelder lenken den Elektronenstrahl in der Braun'schen Röhre ab und bewirken eine Verzerrung auf dem Bildschirm.»

«Mann, bist du aber schlau!»

«Danke, mein Sohn.»

Wohl fünfundachtzig Prozent des Lernpensums der Elektrizität bewältigt man ganz einfach, indem man sich ungefähr zwei Dutzend Begriffe merkt. Das sind in der Tat treffende Wortschöpfungen, Meisterstücke des Fachkauderwelschs. Zauberhafte Begriffe wie «induktiver Blindwiderstand» gehen jedem mit Leichtigkeit von den Lippen, auch Leuten, die weder Würstchen braten noch das mit Blinklicht gekennzeichnete Sonderangebot im Supermarkt finden können. Eines sollte man immer beherzigen: Es ist keine große Leistung, sich ein paar Schlagwörter zu merken. Papageien und Beos tun das auch. Das kann jeder. Das ist keine Arbeit, sondern Spiel.

Angenommen, wir wollen ein Radio bauen, und zwar ausschließlich aus Teilen, die wir ums Haus herum finden. Natürlich geben wir dem Projekt zuallererst einen wichtig klingenden Namen, etwa «Elektrizitäts-Überlebenstraining» oder «Autarkie-Experiment» (das ist übrigens dieselbe Masche, die immer beim Abfassen von Fördermittelanträgen zieht). Aus einer großen Saft- oder Limonadenflasche können wir durchaus einen Röhrengleichrichter bauen. Aber natürlich wollen wir keine alte leere Flasche benutzen, nicht wahr? Nein, nein, hier geht es um Naturwissenschaft. Also müssen wir losgehen, eine ganz neue Flasche kaufen und sie selbst leer trinken. Eine Batterie können wir natürlich aus den verschiedensten Dingen zusammensetzen. Ich persönlich bevorzuge Batterien aus Essiggurkengläsern, wie man sie im Kühlregal des Lebensmittelgeschäfts findet. Sie kosten zwar ein bisschen mehr, aber schließlich muss man im Umgang mit Elektrizität auch sehr sorgfältig sein. Bei Erdkunde oder Latein kann man dagegen ruhig ein bisschen schlampen. Nun brauchen wir noch Widerstände. Haben Sie schon einmal darüber nachgedacht, wie viel Widerstand in einem Viertelpfünder aus dem Hamburger-Restaurant steckt? Ich auch. Wie wär's mit Papier als Dielektrikum für einen Kondensator? Ich habe herausgefunden, dass sich das Papier eines bestimmten Anglermagazins ganz hervorragend dafür eignet. Als Antenne dienen die Aluminiumrohre einer dieser faltbaren Gartenliegen, die überall auf den Terrassen herumstehen, oder eine lange Angelrute. Der wahre Forscher und der ernsthafte Student haben natürlich beides zur Hand und experimentieren so lange damit, bis sie herausfinden, was von beidem am besten funktioniert.

Ich bin mir sicher, Sie kommen schnell dahinter. Wie oft habe ich meine Wochenenden dem Streben nach naturwissenschaftlicher Erkenntnis geopfert! Meine Frau versteht und unterstützt mich, wenn ich ihr erkläre, dass ich Materialien kaufen muss, um eine Röhrendiode, einige Kondensatoren, Widerstände und eine Batterie zu bauen. Sie gibt mir sogar das Geld dafür. Wenn ich ihr dann noch sage, dass ich vergleichende Antennenexperimente durchführen muss, die nur weit entfernt von allen elektromagnetischen Störungen der Stadt durchgeführt werden können, schickt sie mich sofort hinaus zum Großen Forellensee. Natürlich protestiere ich pro forma, aber am Ende siegt natürlich doch mein Verantwortungsbewusstsein. Schließlich fühle ich mich der Fortbildung stark verpflichtet. Ich fahre dann mit meiner Gartenliege hinaus an den See, nehme die Angelrute und andere elektrische Materialien mit und verbringe das Wochenende mit intensiven Studien.

Für solche Vorhaben braucht man einfach Fachkauderwelsch.

Der Alptraum jeder Katze: statische Elektrizität

Wenn Sie mit den Schuhen auf dem Teppich herumschlurfen und dann heimtückisch das arglose Näschen Ihrer Katze berühren, experimentieren Sie bereits mit statischer Elektrizität. Das befriedigende Knistern und der kurze Schlag beweisen der Welt, dass Sie selbst keine Katze sind, bedeuten jedoch rein technisch gesehen noch nicht das Vorhandensein von statischer Elektrizität. Statisch bedeutet «unbewegt» oder «feststehend», aber hier hat sich ganz offensichtlich *etwas* vom Finger zur Katze bewegt. Ein Elektroingenieur würde dieses Etwas als «Funke» bezeichnen, und jetzt ist die Zeit für uns gekommen, technische Definitionen wie diese kennen zu lernen: Wenn Elektrizität sich nicht bewegt, nennen wir sie *statische Elektrizität*. Ein Funke ist aber Elektrizität, die durch die Luft fliegt. Statische Elektrizität kann zwar Funken auslösen, aber sobald sie sich in dieser Form bewegt, ist sie nicht mehr statisch.

Während Sie mit den Füßen über den Teppichboden schlurften, reicherte sich Ihr Körper mit statischer Elektrizität an. Als Sie hinterhältig grinsend, den Teppich reibend von einem Bein auf das andere traten und mit verführerischer Stimme «Komm, Miezi-Miezi» riefen, wurden Sie mit dem Zeug aufgeladen. Aber außer dass Ihre Haare anfangen abzustehen, können Sie es weder spüren noch riechen oder sonstwie wahrnehmen. Ihre Kunststoffschuhsohlen sammeln etwas vom Teppich auf, etwas Unsichtbares. Was immer es ist, es lässt sich nicht direkt beobachten. Der einzige Beweis seiner Existenz ist die Wirkung, die es auf Dinge hat, die wir sehen können: Katzen oder schlafende Großeltern zum Beispiel.

Auch Wassertropfen in einer Gewitterwolke sammeln durch Reibung mit der Luft statische Elektrizität an. In einer einzigen Wolke können Milliarden Wassertropfen eine riesige Menge von Elektrizität aufnehmen. Die Funken, die so entstehen, werden Blitze genannt. Gewitterwolken sind häufig bis zum Rand mit unvorstellbaren Mengen statischer Elektrizität aufgeladen, während sie auf der Suche nach lebensmüden Golfspielern die Vororte der Städte überfliegen.

Die Untersuchung der Elektrizität begann schon im antiken Griechenland. Schäfer entdeckten, dass sie statische Elektrizität ansammeln konnten, als sie ihre Schafe mit Bernsteinstücken (versteinertem Baumharz) einrieben. Allerdings fällt es schwer, sich vorzustellen, warum sich Schäfer mit derartigem Zeitvertreib abgaben. Auch ist es kaum zu begreifen, warum dieser Unsinn zur

Gewohnheit wurde und schließlich in die Geschichtsbücher einging, denn mit statischer Elektrizität kann man ja nun wirklich nicht viel anfangen. Ich nehme daher an, dass dies der Beweis dafür ist, dass die alten Griechen schon Katzen besaßen.

Diese ungewaschenen und ungebildeten Schäfer, die monatelang mit ihren Tieren kampierten und alle, die nicht rechtzeitig fliehen konnten, mit Bernstein einrieben, sind jedoch die eigentlichen Väter der modernen Elektronik. Sie entdeckten, dass sich der Bernstein vorübergehend veränderte und dabei kleine Laubblätter anzog, ebenso wie ein Magnet Eisen anzieht. Obwohl dies an und für sich schon ein erstaunlicher Effekt ist, widmeten die Griechen seiner weiteren Erforschung keine Aufmerksamkeit, weshalb Elektrizität für rund achtzehn Jahrhunderte ein harmloses und vernachlässigtes Phänomen blieb. Immerhin heißt Bernstein heute noch auf Griechisch *Elektron*.

Im achtzehnten Jahrhundert, also zwischen 1700 und 1799, führten Burschen in engen Hosen und gepuderten Perücken Kunststückchen vor, die als Salontricks bekannt wurden. Nach dem Essen zogen sie sich ins Wohnzimmer (damals Salon) zurück und unterhielten junge Damen mit Gags und Zaubertricks, bei denen Magnete, Spiegel und einfache Küchenchemie verwendet wurden. Diese Zeit damals wird gerne das «Zeitalter der Aufklärung» genannt, wobei sich die Salontricks zu den Naturwissenschaften weiterentwickelten. Durch einen einzigen Versuch fand man heraus, dass es zweierlei Arten von statischer Elektrizität gibt.

Unsere adretten Helden nahmen einen Stab aus Hartgummi und rieben ihn an etwas Wolle. Das nannte man «aufladen». Ein kleines leichtes Kügelchen aus dem porösen Material (Mark), das man in vertrockneten Holunderzweigen findet, wurde an einer Schnur aufgehängt. Wenn man nun den Hartgummistab in die Nähe des hängenden Holundermarkkügelchens brachte, flog dieses ihm entgegen. Das aufgeladene Hartgummi zog das Holundermarkbällchen also offensichtlich an. Wenn man indes dafür sorgte, dass beide Komponenten sich berühren konnten, und sie ein oder zwei Sekunden aneinander haften ließ, flog das Bällchen vom Hartgummistab wieder fort. Es wurde nicht länger angezogen, sondern stattdessen vom Gummistab abgestoßen. Indem er es berührte, übertrug der Stab offenbar etwas von seiner Ladung auf das Bällchen.

Das Experiment funktioniert ebenso gut mit einem Glasstab, den man an Seide reibt und dadurch auflädt. Er kann das Markkügelchen ziemlich lange anziehen, solange sich beide nicht berühren. Dann aber hängen sie eine volle Minute aneinander, bevor das Bällchen vom Glasstab wieder abgestoßen wird. Jetzt wird es interessant: Ein Holundermarkkügelchen, das einen aufgeladenen Hartgummistab berührt hat und danach von diesem abgestoßen wird, wird immer noch von einem geladenen Glasstab angezogen. Auch ein Holundermarkkügelchen, das durch Kontakt mit einem Glasstab aufgeladen ist, schwingt von jedem geladenen Glasstab weg, wird jedoch immer noch von einem geladenen Gummistab angezogen. Es verhält sich also wie ein unwissendes Hündchen, das sowohl Stinktieren als auch Stachelschweinen nachjagt. Fängt es ein Stinktier, lernt es zwar seine Lektion und meidet diese Spezies künftig, einem Stachelschwein rennt es aber weiterhin hinterher.

Es gibt also offenbar zwei Arten von statischer Elektrizität, und zwar eine, die man durch Aufladen von Hartgummi erhält, und eine andere, die man durch Reiben eines Glasstabes mit Seide erzeugt. Der Salontrick mit dieser Schlussfolgerung ist allein deshalb wichtig, weil der ganze Rest der Elektrizitätslehre darauf beruht. Sonst hätte ich ihn gar nicht erst erwähnt. Man hätte diese beiden Arten von Ladung auch «gasmäßig» und «gummimäßig» nennen können. Oder auch «Bartholomäus» und «Alfred». Es ergab sich aber, dass man sie «positiv» und «negativ» nannte.

Weil die Salon-Magier für die gelangweilten Damen den klassischen Bällchen-Trick ein Dutzend Mal am Tag wiederholten, wurden sie mit der Zeit richtig gut darin und konnten sogar voraussagen, was passierte. Zu allen Zeiten zieht demnach ein geladener einen ungeladenen («neutralen») Gegenstand an. Und erst recht ziehen sich zwei Dinge, wovon das eine mit positiver und das andere mit negativer statischer Elektrizität geladen ist, einander an.

Dagegen stoßen sich zwei Objekte ab, wenn sie beide mit positiver statischer Elektrizität geladen sind. Ebenso verhält es sich, wenn beide mit negativer statischer Elektrizität geladen sind.

Im Lauf der Zeit gab es viele komplizierte Theorien, die das Phänomen erklären sollten. Die meisten Leute sind mit der derzeitigen Erklärung zufrieden, doch manche sind sich nicht so sicher. Das Experiment kann in Dutzenden Variationen von jedem Kind gemacht werden, wobei das Ergebnis immer das gleiche ist. Wenn Dinge statisch aufgeladen sind, passiert etwas Magisches, das wir uns mit folgendem einfachen Spruch merken können: «Gleiche Ladungen stoßen sich ab, ungleiche ziehen sich an.»

Kurzes Zwischenspiel
mit Bartholomäus und Alfred

Wenn man die beiden Arten von Ladungen wirklich «Bartholomäus» und «Alfred» genannt hätte, dann – denke ich – wäre die Welt vermutlich eine andere. Wir müssten uns zum Beispiel beim Anlassen des Autos mit Überbrückungskabeln merken, dass «Bartholomäus an Bartholomäus» angeschlossen sein muss und «Alfred an Alfred». Ebenso müssten wir uns merken, dass Elektrizität immer von «Alfred zu Bartholomäus» wandert und niemals von «Bartholomäus zu Alfred».

Bei einem Transistor unterscheiden wir zwei verschiedene Typen und drei Bereiche: Die beiden Transistortypen hätte man also entweder als Bartholomäus-Alfred-Bartholomäus-Transistor oder als Alfred-Bartholomäus-Alfred-Transistor bezeichnen müssen. Allerdings hätte man dann die Gehäuse vergrößern müssen, damit die langen Namen darauf passen. Das hätte sie schwerer gemacht, und mit derart größeren und schwereren Bauteilen im Gepäck hätte Armstrong vermutlich nie einen Fuß auf den Mond setzen können.

In gewisser Hinsicht wären wir mit Alfred und Bartholomäus jedoch besser gefahren. Die Bezeichnungen «positiv» und «negativ» haben uns eine Menge Probleme eingebrockt. Zu Zeiten der Holundermarkbällchen wusste nämlich niemand genau, ob Elektrizität sich bewegt oder ob sie gar etwas Lebendiges ist. Benjamin Franklin war sich ziemlich sicher, dass sie sich bewegt, nur bewegte sie sich so verdammt schnell, dass er ihre Richtung nicht ausmachen konnte. Beim Versuch, diese Wissenschaft durch reines Nachdenken zu systematisieren, behauptete er einfach, dass sie immer in eine Richtung wandere, von einer Ladungsart zur anderen. Damit hatte er sogar Recht. Er tippte auf gut Glück, dass sie immer von positiver zu negativer Ladung wandere. Doch diesmal hatte der alte Ben aufs falsche Pferd gesetzt. Viel später erst und mittels neuerer Geräte stellte sich heraus, dass Elektrizität ganz im Gegenteil ausschließlich von Objekten mit negativer Ladung hin zu Objekten mit positiver Ladung wandert. Das war ziemlich unangenehm, denn jeder konnte Benjamin Franklin gut leiden. Er war schließlich der Mann, der zum Spaß die Sommerzeit erfunden hatte, ohne auch nur im Traum daran zu denken, dass irgendjemand diese verrückte Idee tatsächlich in die Tat umsetzen könnte. Nebenbei hatte er auch noch Amerika gegründet. Und nun mussten sich unsere Wissenschaftler dazu durchringen zu sagen, dass er völlig falsch lag. Schlimmer noch: Jahrzehnte waren vergangen, Fachbücher geschrieben, Geräte entwickelt und patentiert, Examina vorbereitet und benotet worden, und all das mit Diagrammen, deren Pfeile allesamt in die falsche Richtung zeigten! Natürlich mussten wir die Sache in Ordnung bringen. Aber um den alten Ben nicht allzu sehr zu kompromittieren, fanden wir eine Sprachregelung, die ihn etwas weniger dumm dastehen ließ. In Wirklichkeit verhält es sich also so, dass Elektrizität immer von negativ geladenen Gegenständen zu positiv geladenen wandert. Wenn man nun eine alte Zeichnung mit Richtungspfeilen anschaut und daraufhin den Eindruck gewinnt, dass die Elektrizität rückwärts laufe, sagt man nicht, dass die Zeichnung schlicht falsch sei. Vielmehr sagt man, hier handele es sich um die «offizielle Stromrichtung», bei der die Elektrizität von positiv nach negativ wandert. «Offiziell» ist also ein herrlicher elektrotechnischer Fachausdruck und bedeutet: «andersrum, als es in Wirklichkeit läuft».

Damit haben wir schon zwei wichtige Dinge, die man sich merken muss: Bei statischer Elektrizität stoßen sich Objekte mit gleichartiger Ladung (kurz: «gleicher» Ladung) ab, während Objekte mit ungleicher Ladung (die eine positiv und die andere negativ) sich gegenseitig anziehen. Und wenn Elektrizität sich bewegt, bewegt sie sich grundsätzlich von negativen Gegenständen zu positiven. Wäre das nicht eine gute Lebensregel für uns alle?

Wissenschaftliche Modelle und Wassermelonen

Der Mensch denkt gern in Analogien, Fabeln und Parabeln, was eigentlich nur bedeutet, dass er die Dinge, die er tut, mit jenen vergleicht, die er selbst nicht versteht. («Das ist wie mit den Bienchen, die die Blüten bestäuben, mein Sohn.») Dadurch lassen sich Fakten leichter merken. Wir nehmen also schwer deutbare, verwirrende oder komplizierte Phänomene und übersetzen sie in einfache kleine Bildergeschichten («Das Universum ist eine Wassermelone, und die Sterne sind ihre Kerne.»).

Solche «wissenschaftlichen Modelle» sind nützliche Lernhilfen und handliche Verständigungsmittel, doch sie sind auch gefährlich, weil keines dieser Modelle vollkommen zutrifft. Benutzen wir eine Analogie oder ein Modell zu häufig, riskieren wir, den Blick für die Realität zu verlieren, die durch das Modell repräsentiert werden soll. Im schlimmsten Fall lehren wir unsere Schüler, dass unser Modell selbst die Realität sei. Wissenschaftliches Denken war daher schon immer durch die Unvollkommenheit seiner diversen Analogien begrenzt.

In vielerlei Hinsicht verhält sich Elektrizität nicht ganz so, wie die benutzten Modelle sie beschreiben, etwa wenn man sagt: «Sie ist wie Wasser, das durch ein Rohr fließt», «Funkwellen sind wie Wellen im Meer» oder «Widerstand ist wie Reibung». Obwohl jede dieser Vorstellungen dazu beiträgt, einige Aspekte der Elektrizität zu verstehen, muss man stets beachten, dass sie alle nur kleine Bildergeschichten oder Lernhilfen sind und sonst nichts. Es ist in Wirklichkeit nämlich nicht wie bei den Bienchen, die die Blüten bestäuben, mein Sohn. Es ist viel besser! Auch die Elektronentheorie, die ich in den folgenden Kapiteln erklären werde, ist nichts weiter als ein mehr oder weniger wohl durchdachtes naturwissenschaftliches Modell, das völlig exakt sein kann oder auch nicht. Lehrer und Professoren wollen uns weismachen, dass sie ganz genau und wahr sei. Aber nächstes Jahr, wenn sie wieder einmal abgewandelt werden muss, um neue Erkenntnisse mit ihr in Einklang zu bringen, werden sie erneut sagen, dass sie ganz genau und wahr sei. Sie kommen gar nicht auf die Idee, sich dafür zu entschuldigen, dass sie uns letztes Jahr noch etwas ganz anderes als «Wahrheit» verkauft haben. Andererseits denken Menschen nun mal in Analogien. Die Elektronentheorie kommt bei den meisten Leuten gut an, so bizarr und exotisch sie mir persönlich auch vorkommt. Modelle sollten also nicht einfach vom Tisch gewischt werden, denn sie können kein Unheil anrichten, solange man das Erste Amdahlsche Gesetz beherzigt: «Verwechsle niemals das Universum mit einer Wassermelone.»

Der Osterhase der Wissenschaft: die Elektronentheorie

Ziemlich lange kannte man nur die statische Elektrizität. Im frühen achtzehnten Jahrhundert galt man schon als Elektroingenieur, wenn man gern Katzennäschen elektrisierte. Natürlich wurden noch viel mehr solcher Salontricks ersonnen, doch die meisten basierten auf demselben Konzept: Anziehung und Abstoßung. Um noch schlauere Kunststücke zu machen, wollten die Leute verstehen, was im Holundermarkbällchen tatsächlich passiert: Warum erzeugt Reibung statische Elektrizität? Warum ziehen Dinge, die mit statischer Elektrizität geladen sind, Holundermarkkügelchen und Papier an? Warum ziehen ungleiche Ladungen einander an und warum stoßen sich gleiche ab?
Die Wahrheit ist: Das weiß niemand so genau. In den letzten paar Jahrhunderten tauchten Theorien auf, gingen wieder unter und wurden durch neue ersetzt. Jede von ihnen galt eine Zeit lang als richtig. Dennoch erdachte man unermüdlich weitere erstaunliche Kunststücke, man denke etwa an das Fernsehen, die Satellitenkommunikation oder an den Computer. Benjamin Franklin, Thomas Edison und Albert Einstein trugen ihren Teil dazu bei, obwohl sie eigentlich von ganz verschiedenen Theorien ausgingen.

Während ich dieses Buch schreibe, glaubt die große Mehrheit, dass die Elektronentheorie wahr sei. Wenn ich sage, die «große Mehrheit», dann meine ich «jeder, der über Elektrizität nachdenkt, mich ausgenommen». Doch angesichts der bisherigen Kurzlebigkeit der verschiedenen Theorien kratzt mich das überhaupt nicht.

Im Jahre 1450 nannten sie jeden einen Einfaltspinsel, der nicht daran glaubte, dass die Erde eine Scheibe sei. 1800 wäre man in Physik durchgefallen, wenn man bewiesen hätte, dass Menschen in Maschinen fliegen können. 1980 hätte man seinen Uni-Job verloren, wenn man sich dafür stark gemacht hätte, dass Supraleiter bei der relativ warmen Temperatur von flüssigem Stickstoff (statt bei flüssigem Helium) funktionieren, obwohl wir jetzt sicher wissen, dass das stimmt. Anfang des 21. Jahrhunderts hält man dagegen jeden für sonderbar, der nicht an die Elektronentheorie glaubt. Er wird niemals einen Doktorvater finden, geschweige denn einen Fernseher reparieren dürfen.

Deshalb müssen Sie genug von der Elektronentheorie verstehen, um anstandslos passieren zu können, falls Sie zum Beispiel plötzlich von einer Horde von Lehrern umringt sein sollten. Ihr Leben könnte davon abhängen. Sollten Sie einige irritierende Widersprüche in der Elektronentheorie entdecken, dürfen Sie sich nicht verunsichern lassen. Das bedeutet nur, dass Ihr Gehirn noch richtig tickt. Denken Sie immer daran: Die Elektronentheorie ist nur deshalb eine Theorie, weil sie nie bewiesen wurde. Ihre Anhänger werden darauf beharren, dass jeder, der reinen Herzens ist, diese Ansammlung bizarrer, angeblich selbstverständlicher Wahrheiten auf Treu und Glauben akzeptiert. Natürlich ist das haargenau dasselbe, was sie während der Inquisition auch von Genies wie Galileo verlangten. Die Elektronentheorie besagt, dass im Universum alles aus winzigen Teilchen – den **Molekülen** – besteht, wovon die meisten so klein sind, dass sie nicht einmal mit dem besten Mikroskop der Welt erkannt werden können. Dass man es mit einem Molekül und nichts Größerem zu tun hat, kann man so beweisen: Wenn man versucht, es in noch kleinere Einheiten zu zerteilen, verändert sich die Natur des Stoffes. Ein Beispiel: Nimmt man ein einzelnes Salzkristallmolekül und bricht auch nur ein kleines Stückchen davon ab, ist es nicht mehr Salz. Es schmeckt nicht mehr wie Salz und es reagiert nicht mehr wie Salz. Etwas davon sieht aus wie Natrium und reagiert auch so, während der andere Teil wie Chlor aussieht und reagiert. Übrigens ist Chlor ein giftiges Gas; falls Sie also vorhaben sollten, ein Salzkristallmolekül aufzuspalten, sollten Sie die einzelnen Bestandteile nicht auf Ihr Tomatenbrot zu streuen versuchen. Die kleinste Einheit, die man bekommen kann, ist also ein Molekül.

Aber Moleküle sind noch nicht die kleinsten Kreaturen im Zoo. Beim Spalten von Salzkristallmolekülen entstehen neue Natrium- und Chlormoleküle. Trinkwassermoleküle dagegen bestehen aus Wasserstoff- und Sauerstoffteilchen. Diese wiederum können nicht weiter zerkleinert werden, ohne dass die Substanz in ihrem Wesen verändert wird. Schlägt man ein Stückchen von einem kleinen Wasserstoffmolekül ab, kommt dabei etwas heraus, das nicht mehr Wasserstoff ist. Irgendwann hat man dann festgelegt, dass Substanzen, die (mit den damals zur Verfügung stehenden Methoden) nicht mehr weiter zerkleinert werden können, die kleinsten und einfachsten Bausteine sind, die man kennt. Sie sind also die chemischen **Elemente**, aus denen alle komplexeren Substanzen bestehen.

Naturwissenschaftler stellten daraufhin eine systematische Tabelle dieser chemischen Elemente auf und fingen an, Chemiebücher zu schreiben. Doch dann fanden sie heraus, dass die chemischen Elemente doch noch aus kleineren Teilchen bestehen müssen. Sie konnten sich nur auf diese Weise die Ergebnisse ihrer Experimente erklären. Sie spielten verschiedene Theorien durch. Die, die sich durchsetzte, besagt, dass Moleküle aus **Atomen** bestehen.

Atome werden als kleine Sonnensysteme dargestellt. Sie haben einen festen Mittelpunkt, den Atomkern, um den niedliche kleine Satelliten kreisen, die **Elektronen** heißen. Diese Elektronen sind so winzig, dass einige früher verfasste Lehrbücher behaupteten, sie hätten überhaupt kein Gewicht.

Der **Atomkern** dagegen besteht aus relativ großen und schweren Bestandteilen. Man kann zwei Arten von Elementarteilchen in ihm finden: zum einen die **Protonen**, die immer eine positive Ladung haben. Ein Atomkern enthält mindestens ein Proton. Man kann es sich als großen gelben Kürbis vorstellen. Im Atomkern können auch mehrere Protonen gebündelt vorkommen, etwa wie zu einer großen Kugel zusammengeballte Kürbisse. Zudem kann ein Atomkern auch ein oder mehrere **Neutronen** enthalten. Diese kann man mit großen grünen Wassermelonen vergleichen. Neutronen sind genauso massig wie Protonen, haben jedoch keine Ladung. Damit hat man also eine Menge Kürbisse und Wassermelonen, die gebündelt als sperriges Mobile im Wohnzimmer hängen. Und weil Protonen immer eine positive Ladung tragen und Neutronen überhaupt keine, hat die ganze Konstruktion eine positive Ladung. Je mehr Protonen, desto mehr Ladung. Gibt man dagegen Neutronen (Wassermelonen) dazu, erhöht dies das Gewicht des Atomkerns (also des Mobiles), hat aber keinen Einfluss auf die Ladung.

Elektronen kann man sich als die Fruchtfliegen vorstellen, die um diese riesige Fruchtskulptur herumschwirren. Jede Fliege (Elektron) hat eine negative Ladung. Tatsache ist, dass sie exakt genauso viel negative Ladung mit sich herumträgt, wie jeder Kürbis (Proton) an positiver Ladung hat. Gegensätze ziehen sich bekanntlich an, also zieht jeder Kürbis genau eine Fliege an. Hat man fünf Kürbisse an die Decke gehängt, schwirren fünf Fliegen um sie herum. Diese lästigen kleinen Schmarotzer bewegen sich so schnell, dass wir sie nicht mal erkennen können. Alles, was wir wahrnehmen, ist ein verschwommener Dunst, der den Kern wie eine Wolke umgibt. Die Elektronen rasen auf ganz speziellen Flugbahnen um den Atomkern herum. In Übereinstimmung mit der Theorie bilden sie Schalen um den Atomkern, wie bei einer Zwiebel. Jede Schale kann nur eine gewisse Anzahl Elektronen unterbringen. Ist die Schale, die dem Kern am nächsten ist, voll, wird die nächste aufgefüllt und so weiter. Die Elektronen in der Schale, die dem Atomkern am nächsten ist, werden am stärksten angezogen und lassen sich auch am wenigsten ablenken. Sie haben eine Menge Eintritt für die Plätze in der ersten Reihe gezahlt, und es macht ihnen nichts aus, wenn es regnet. Sie halten die Stellung. Elektronen, die nicht leicht abzulenken sind, nennt man «gebundene Elektronen».

Die äußerste Schale oder das äußerste «Niveau» von Elektronen ist das interessanteste. Die Atome mancher Stoffe halten die Elektronen dort nur verhältnismäßig schwach. Man kann sie leicht vertreiben. Die Vertriebenen werden dann «freie» Elektrognen genannt. Hat man das Elektron vom Atom abgeschlagen, torkelt es haltlos durch das ganze Material und kann dabei andere Elektronen losschlagen.

In der Elektronentheorie heißt es nun vereinfacht, dass Elektrizität ebendiese Bewegung der freien Elektronen ist. Statische Elektrizität entsteht dann, wenn sich die positive Ladung der Protonen und die negative der Elektronen nicht gegenseitig aufheben. Während der Atomkern massig ist wie das Kürbis-und-Wassermelonen-Mobile, das jetzt bei Ihnen im Wohnzimmer hängt, sind die Elektronen höchst beweglich, so wie die Fliegen. Wenn sich also in dieser Konstruktion etwas bewegt, sind es die Elektronen. Elektronen werden von anderen Elektronen abgestoßen (alle Elektronen haben eine negative Ladung, und Sie wissen ja: «Gleiche Ladungen ...»). Elektronen werden von positiven Ladungen angezogen («Ungleiche Ladungen ...»). Ein Atom, das aus welchem Grund auch immer mehr Protonen als Elektronen hat, besitzt also mehr positive als negative Ladung. Es hat «freie Plätze» in seiner äußeren Schale, die wiederum freie Elektronen anziehen.

Wie erklärt nun die Elektronentheorie den alten Trick mit dem

Holundermarkkügelchen? Wenn wir mit unseren Schuhen über den Teppich schlurfen, nehmen wir an, dass wir irgendwie Elektronen in unserem Körper ansammeln. Unser Körper ist danach negativ geladen. Die Elektronen neigen dazu, sich gegenseitig abzustoßen. Sie entfernen sich voneinander so weit wie möglich, bis sie sich auf unserer Haut wiederfinden. Die Elektronen auf der Haut unseres Fingers stoßen die Elektronen im Holundermarkkügelchen ab. Dessen Elektronen fliehen vor der Ladung des Fingers. Bald haben wir so viele Elektronen mit unserem Finger verjagt, dass diese sich auf der entferntesten Seite des Kügelchens ansammeln. Das bedeutet, dass auf dessen nächstgelegener Seite zu viele Protonen sitzen, sie also eine positive Ladung hat. Die negative Ladung auf unserem Finger und die positive Ladung auf der uns zugewandten Seite des Kügelchens ziehen sich aber gegenseitig an. Jetzt gibt es zwei Möglichkeiten: Entweder springen die Elektronen über die Lücke, und wir sehen einen Funken. Oder die Protonen, zusammengepfercht im Holundermarkkügelchen, bewegen sich insgesamt in Richtung unseres Fingers und ziehen den Rest des Kügelchens mit.

Wenn wir gemäß der ersten Möglichkeit das Kügelchen berühren, fließen Elektronen von unserem Körper auf das Bällchen über, bis es mehr als genug hat. Es hat nun so viele, wie es nur irgendwie halten kann. Wir haben ihm eine negative Ladung gegeben. Nun wird das Kügelchen von unserem noch negativen Finger abgestoßen.

Dies ist eine geschickte Erklärung. Aber natürlich beantwortet sie nicht so wichtige Fragen wie: *Warum* stoßen sich gleiche Ladungen ab? *Warum* ziehen sich ungleiche an? Was hat ein Proton, was ein Elektron nicht hat? Und was *ist* überhaupt Ladung? Wie haben Protonen und Elektronen sie bekommen? Und warum haben Neutronen keine?

Wenn man noch neugieriger ist, finden sich immer Leute, die einem erklären wollen, dass ein Elektron kein Gewicht habe und doch der Zentrifugalkraft unterworfen sei. Andere wollen einem weismachen, dass es etwas wiegt und sich trotzdem mit Lichtgeschwindigkeit fortbewegt. Einstein hat das allerdings für gesetzwidrig erklärt. Warum gibt es einige glücklich gebundene Elektronen, während andere mit gleicher Veranlagung frei sind?

Die Elektronentheorie kann uns diese bohrenden Fragen nicht beantworten. Die Lehrmeinung sagt schlicht: Wen kratzt das schon? Und wen kümmert's, dass Elektronen noch nie beobachtet wurden? Wir haben Lichtstreifen in Nebelkammern gesehen, von denen wir annehmen, dass sie die Fußspuren von Elektronen sind. Wir haben auf Fotomaterial Pünktchen gesehen, von denen wir glauben, dass Elektronen sie verursacht haben. Eigentlich haben wir diese Experimente nur erfunden, um glauben zu können, dass wir einen Beweis für die Elektronentheorie haben. Sie wird weit und breit als Wahrheit akzeptiert. Sie funktioniert. Deshalb nennt man sie immerhin nicht Elektronen**hypothese**. Andererseits ist sie noch nicht endgültig bewiesen, und deshalb hat sie es auch niemals zum Elektronen**gesetz** gebracht. Über die Elektronentheorie wurden Bücher geschrieben und Lehrgänge abgehalten. Akademische Grade wurden in ihr verliehen. Will man den Elektronentheorie-Kurs bestehen, darf man keinen Ärger machen.

Aber nun kommt der schwierige Teil. Sie müssen lernen, zu lächeln und an den richtigen Stellen zu nicken. Sie sollten Ihren Lehrern nicht Kontra geben, jetzt noch nicht. Noch sind wir eine gefährdete Minderheit. Stellen Sie sich vor, Sie lebten im Mittelalter, als man Leute schon auf den bloßen Verdacht hin, sie steckten mit dem Teufel im Bunde, auf dem Scheiterhaufen verbrannte. Und jetzt stellen Sie sich vor, es sei die Zeit der Sonnwendfeuer und Sie hätten es irgendwie bewerkstelligt, einen Fernseher mit Videorekorder heranzuschaffen. Würden Sie es wirklich wagen, Ihre lieben Nachbarn zum Star-Trek-Filme-Gucken einzuladen?

Ein anderes Beispiel: Sie sind der einzige Bayern-München-Fan im Hamburger Volksparkstadion und tragen die falschen Fanklamotten. Es ist das entscheidende Spiel um die Deutsche Meisterschaft. Das Stadion kocht. Sie sind von 50 000 Fans umgeben, alle im blau-schwarz-weißen HSV-Dress, Schaum steht vor ihren Mündern, Hass und Wut in ihren Augen. Wessen Kampflied stimmen Sie an?

«Natürlich gibt es Elektronen! Ich glaube daran! Ich weiß es!»

Schreien Sie es ruhig ein paar Mal laut hinaus. Dann ziehen Sie sich wieder die Decke über den Kopf, knipsen Ihre Taschenlampe an und lesen weiter. Es gibt keine Elektronen. Es ist alles ganz anders.

Die ultimative Gummischleuder

Moment mal, höre ich Sie sagen. Das muss ich erst mal verdauen: Dinge, die die gleiche Ladung haben, stoßen einander ab. Doch die Protonen, diese massigen Teilchen mit positiver Ladung, hängen dennoch aneinander und tun sich mit Neutronen zusammen, um den Kern der Atome zu bilden? Warum stoßen sie sich nicht ab? Was hält sie zusammen?

Des Rätsels Lösung ist: Sie werden durch Gummibänder zusammengehalten. Punktum. Protonen wollen einander abweisen. Sie stoßen sich voneinander ab, so stark sie können, aber diese kleinen Gummibänder sind zäh. Sie reißen selten. Wenn sie doch reißen, explodiert der Kern natürlich. Protonen und Neutronen fliegen dann in alle Richtungen und lassen dabei ihre ganze angestaute Energie ab. Ein Teil davon wird als Hitze frei, ein Teil als Licht oder andere Strahlung. Damit eins klar ist: Wir sprechen hier über Riesenmengen an Energie. Wenn schon jede kleine Bewegung unserer «Fliegen-Elektronen» Schaden anrichten kann, will man sich lieber nicht vorstellen, was passiert, wenn man mit Kürbissen und Wassermelonen umherwirft.

Wenn eines dieser Protonen oder Neutronen frei herumtorkelt wie eine verrückt gewordene Bowlingkugel und mit einem anderen Kern zusammenknallt, zerreißt es auch die Gummibänder des Kerns. Dabei werden noch mehr Protonen und Neutronen frei. Das nennt man dann **Kettenreaktion**. Gibt es genug herumschwirrende Protonen und Neutronen, läuft die Reaktion ganz von allein ab. Das Material wird radioaktiv. Man kann es vielleicht sogar glimmen sehen.

Ist das Material sehr dicht, d. h., gibt es eine Menge sehr eng beieinander liegender massiger Kerne, und entstehen genug Kettenreaktionen, wird dabei eine Menge Wärme, Licht und andere Strahlung erzeugt. Ist der radioaktive Brocken klein, bleibt der ganze Ablauf unter Kontrolle; die freien Kernteilchen verschwinden in die Luft. Die so erzeugte Hitze kann gespeichert und weiter benutzt werden.

Wenn der Klumpen radioaktiven Materials größer ist, ist es wahrscheinlich, dass die einzelnen Protonen in andere Kerne einschlagen, statt frei herumzutorkeln und sich schließlich in der Luft zu verlieren. Dabei werden mehr Kettenreaktionen gestartet, als absterben. Diese Größe wird die **kritische Masse** genannt. Ein Klumpen, der über die kritische Masse hinausgeht, explodiert als Atombombe. Naturwissenschaftler, die versuchen, alles als Wellen oder Felder oder Kraft zu deuten, nennen die Gummibänder «die starke Kraft». Andere, die alles als Teilchen sehen wollen, nennen die Gummibänder **Gluonen**, und zwar deshalb, weil sie den Kern zusammenkleben. Niemand weiß, was die Protonen im Kern wirklich zusammenhält. Niemand weiß, ob es tatsächlich Protonen gibt. Und ganz sicher weiß niemand, ob es Elektronen gibt. Sicher ist nur, dass eine riesige Fläche Land unbewohnbar wird, wenn die Gummibänder reißen. Eigentlich braucht man davon gar keine Ahnung zu haben, um die Elektrizität zu verstehen. Ich dachte nur, es interessiert vielleicht den einen oder anderen.

Ein neues Zeitalter bricht an oder «Was zappelt da im Draht?»

Es sind Kleine Grünis! Ganz recht: Kleine Grünis, und keine Elektronen. Elektronen sind ein Mythos, ein Aberglaube. Sie ergeben keinen Sinn, sie sind langweilig, und ihre Existenz wurde noch nicht bewiesen. Und überhaupt habe ich noch nie ein Elektron gesehen. Sie vielleicht? Natürlich nicht. Niemand hat das. Gut, die Elektronentheorie scheint meistens zuzutreffen. Aber das tat die Scheibentheorie für die Erde auch. Die Theorien von Aristoteles, Newton und Euklid funktionierten ebenfalls gut, wenigstens für ein paar Jahrhunderte. Heute kommen sie uns kindisch vor. Und das vor allem, weil kühne und abenteuerlustige Denker wie Sie und ich gewillt sind, auch Alternativen in Betracht zu ziehen. Besonders so elegante und innovative Alternativen wie die Theorie von den Grünis.

Ich entdeckte die Grüni-Theorie beim Angeln an einem See in Utah. Es war einer dieser seltenen Glücksfälle, wo man das gesamte Wasserreservoir der Stadt für sich alleine hat, und einer der Tage, an denen die Fische zwar nicht anbeißen wollen, die Sonne aber warm scheint und das Wasser kühl und klar ist und man an nichts Böses denkt. Zyniker werden jetzt sagen, dass das Bier, das ich getrunken hatte, für meine Eingebungen verantwortlich war. Ich bin mir sicher, dass sie dasselbe auch über Einstein sagen.
Jedenfalls hatte ich eine Vision, eine Offenbarung, als ich gerade mein zweites Sixpack Bier anbrach. Plötzlich bekam Elektrizität einen Sinn. Ich musste nur den ganzen Unsinn, den ich über Ladungen, Protonen und Neutronen gelernt hatte, vergessen und stattdessen vorurteilslos die Indizien prüfen – und mir wurde schlagartig klar: Es musste kleine Kerlchen in diesen Drähten geben! Grüne Kerlchen! Jetzt, da ich so weit war, fügte sich eins

zum andern. Bis zum Abend hatte ich dann nicht nur alle Details für die Grüni-Theorie beisammen, nein, ich hatte auch den eindeutigen Beweis dafür, dass sie wahr war.

Wie die Elektronen sind auch die Grünis zu klein, um gesehen zu werden. Selbst wenn man ein Mikroskop besäße, das unendlich vergrößern könnte, würde man sie nicht erkennen, weil sie unsichtbar sind. Man wird vermutlich niemals eins fangen und untersuchen können, weil sie eben nur in der Vorstellung existieren, also imaginär sind.

Dies ist der Schlüssel zu meiner gesamten Theorie und der Grund dafür, dass sie endgültig die Elektronentheorie ablösen wird. Der große Makel der Elektronentheorie ist der, dass Naturwissenschaftler den Elektronen eine ganze Lastwagenladung haarsträubender Eigenschaften verpassen und uns dann glauben machen, diese kleinen Halunken existierten wirklich. Das ist verwirrend. Wahre Sachverhalte kann man in der Regel beweisen. Wahrheiten haben keine widersprüchlichen Eigenschaften und können sichtbar gemacht werden. Gleichgültig wie hoch spezialisiert unsere Instrumente auch sein mögen, Naturwissenschaftler erzählen uns etwa, dass es immer unmöglich sein werde zu wissen, wo genau ein Elektron sich gerade aufhält. Das ist Teil ihrer Theorie. Klingt das etwa besonders realistisch?

Andererseits haben wir keinerlei Schwierigkeiten, imaginäre Dinge zu akzeptieren und an sie zu glauben (wie etwa an einen ausgeglichenen Bundesfinanzhaushalt oder an Ufos oder an Glück bringende Gummistiefel fürs Angeln – jetzt höre ich Sie schon sagen: «Moment mal! Das ist unfair! Meine Gummistiefel bringen wirklich Anglerglück!»). Solange wir uns einig sind, dass etwas nur in der Vorstellung existiert, brauchen wir es nicht zu rechtfertigen. Instinktiv vermeiden wir es einfach, uns unter einer Leiter aufzuhalten oder im Hotel im 13. Stock zu schlafen. Ich wette, die Verfechter der Elektronentheorie wären gern als Erste darauf gekommen. Diese kleine Finte macht die Grüni-Theorie zu einem fast vollkommenen naturwissenschaftlichen

Modell. Sie funktioniert in jeder Beziehung, sie ist einfach zu glauben und unmöglich zu widerlegen, genau wie die Existenz des Weihnachtsmanns. Man kann vielleicht nicht beweisen, dass es ihn gibt, aber weit schwieriger ist der Beweis, dass es ihn nicht gibt. Und solange man daran glaubt, ist es eigentlich egal. Doch ich habe, wie gesagt, den Beweis. Gerade als ich die Feinheiten meiner Theorie ausarbeitete – die Angelrute in der einen Hand, eine Bierdose in der anderen – und die Sonne meine Schultern wärmte, bemerkte ich, dass ich nicht alleine war.

«Pssst!» – Vor Schreck ließ ich meine Angelrute fallen. Sie fiel auf den steinigen Boden, während ich mit der anderen Hand meine Bierdose fester umfasste. Zuerst dachte ich, das Zischen käme von einer Schlange, doch dann bemerkte ich, dass da jemand war, der meine Aufmerksamkeit auf sich lenken wollte. Dabei wusste ich, dass ich im Umkreis von hundert Kilometern das einzige menschliche Wesen war. Wäre jemand zum See hochgefahren, hätte ich den Staub aufwirbeln sehen, und zu Fuß konnte auch niemand unbemerkt hergekommen sein. Zögernd richtete ich mich auf und spähte ins Geröll. Eindeutig: Jemand sprach zu mir.

«Hey, Mensch, so'n Mist, siehst du das? Schau her, Mann, mein Fuß, er steckt fest zwischen den Steinen. Voll uncool, Mann, nicht im Programm vorgesehen. Kannst du mich hören?»

Da sah ich einen jungen, gertenschlanken Mann in einem weißen T-Shirt und mit abgeschnittenen Jeans. Über seinem hellbraunen, schulterlangen Haar trug er ein rotes Stirnband. Er war eine recht angenehme Erscheinung, und in der Uni hätte man ihn wahrscheinlich als gut aussehend bezeichnet, wenn da nicht eine kleine Merkwürdigkeit gewesen wäre: Seine Haut war von Kopf bis Fuß grün wie Spinat.

«Was?», sagte ich. In dieser abgeschiedenen Gegend jemandem zu begegnen war schon an und für sich eine beunruhigende Überraschung, und dann sah derjenige auch noch so aus, als hätte man ihn in Woodstock grün eingefärbt.

«Mein Fuß ist eingeklemmt», wiederholte er und zerrte wie zum Beweis an seinem Bein. Endlich kam ich wieder zu mir und half ihm, einen Steinbrocken so weit wegzuschieben, dass er freikommen konnte. Die Steine waren schwer, und ich konnte mir nicht vorstellen, wie jemand seinen Fuß in die enge Spalte dazwischenbringen konnte, es sei denn, er hätte sich dort erst materialisiert.

«Äh, danke, Bruder», sagte er und rieb sich den Knöchel. Dann kam er näher, um mir die Hand zu schütteln. «Ich bin Mike.» Ich schüttelte seine Hand.

«Ich heiße ...»

«Jep, ich weiß. Du bist Kenn. Ich weiß alles über dich, Mann. Du wurdest auserwählt.» Er fing wieder an, sich den Fuß zu reiben. «Ich übrigens auch.» Sprachlos betrachtete ich ihn, während er probeweise seine Zehen bewegte. Da hatte sich wohl jemand einen Schabernack ausgedacht. «Nichts passiert», sagte er und belastete den Fuß ein wenig. «Wir hatten es noch nie ausprobiert. Hätte schlimmer ausgehen können. Womöglich wäre ich in einem Felsen oder sonst wo materialisiert worden.»

«Was bist du denn?» Ich war zu geschockt für eine taktvollere Formulierung. Er lachte. Es war ein unbekümmertes, zuversichtliches Lachen.

«Du meinst, was ich für einer bin, nicht wahr? Ich bin ein Grüni. ‹Kleine Grünis› nennst du uns, glaube ich. Wir sind die Typen von der Elektrizität, die Brüder, die in diesen Drähten herumtanzen, die eure Glühbirnen leuchten lassen und eure Hamburger braten. Während sich dein Hirn beim Versuch, dir ein Elektron vorzustellen, verknotet hat, hast du das Zauberwort ausgesprochen. Also, hier bin ich.»

«Bist du nicht ein bisschen, äh, groß?» Anders konnte ich es nicht sagen.

Wieder lachte er.

«Das scheint doch ein wenig über deinen Horizont zu gehen, nicht wahr? Irgendwie habe ich dich ausgetrickst. Für gewöhnlich bin ich auch richtig winzig. Dies hier ist eine Premiere. Sie haben mich derart vergrößert, dass ich dir gleiche – wie sie das gemacht haben, weiß ich nicht genau. ‹Anthropomorphisierung› nennen sie es, glaub ich. Es soll nur vorübergehend wirken.» Er griente mit auffallend weißen Zähnen und kreuzte lässig zwei Finger.

Ich setzte mich auf einen Felsbrocken und griff nach einem neuen Bier. Aus reiner Höflichkeit bot ich ihm auch eins an, obwohl ich sicher war, dass ich mich mitten in einer Art hitzebedingter Halluzination befand.

«Kann nicht, Kumpel, falsche Dimension. Aber gute Idee. Die erste Kommunikation zwischen Mensch und Grüni. Dies ist ein historischer Augenblick. Wir müssen uns zuprosten.» Er griff hinter die Steinbrocken und zog seinen eigenen Sixpack hervor, öffnete eine Dose und leerte das Gebräu in einem Zug. «Echt gut!», sagte er und wischte sich den grünen Mund mit seinem grünen Handrücken trocken. «Runter damit!» Ich starrte einfach auf den glasklaren See hinaus und überlegte, ob ich etwas gegessen haben könnte, was mir nicht bekommen war. Mike war zufrieden, einfach dazusitzen, ohne viel zu sagen, trank sein Bier und beobachtete die Vögel. Er sah eigentlich ganz real aus.

Es war nicht einfach, eine ernsthafte Konversation in Gang zu bringen. «Wenn Elektrizität wirklich von kleinen Grünis gemacht wird, warum habt ihr dann nicht schon früher Kontakt mit uns aufgenommen?», fragte ich.

«Hey, warum habt ihr Typen nicht versucht, uns zu kontaktieren? Egal, wir haben einfach herausgefunden, dass Menschen existieren. Wir haben es geschafft, ein paar eurer Fernsehsendungen aufzunehmen, und dann schließlich verstanden, wie sie zu dekodieren sind.»

«Wie? Auf diese Weise hast du unsere Sprache gelernt?»

«Genau, Mann! Wir haben aus nur drei TV-Shows alles über euch Menschen erfahren. An erster Stelle war da natürlich ‹Lindenstraße› mit dieser netten Mutter Beimer. Danach suchten wir die ‹Wochenshow› und die ‹Harald Schmidt Show› aus. Das war alles, was wir brauchten, wenn du das schnallst. Absolut. Gerade sind wir dabei, diese komische Wettshow mit diesem großen blonden Moderator zu entziffern, was uns sicher noch weiter bringt.»

«Du hast durch die ‹Lindenstraße› und die ‹Wochenshow› unsere Sprache gelernt?»

Er nickte lächelnd, ganz stolz auf diese Errungenschaft.

«Eine Menge Grünis glauben aber immer noch nicht an euch Menschen. Das ist auch einer der Gründe, dass ich losgeschickt wurde. Ich soll Beweise bringen. Hättest du da eine Idee?»

«Wenn sie nicht an Menschen glauben», fragte ich, «an was glauben die Grünis dann?» Wie die Zuschauer beim Tennismatch drehten wir gleichzeitig den Kopf und schauten einem Vogel nach, der auf der Jagd nach einem Fisch dicht über den See glitt.

«Es ist verrückt, Mann», meinte er. «Sie haben so ein Märchen zur Hand, um all die merkwürdigen Sachen zu erklären, die ihr Menschen so macht. Sie nennen es ‹die Elektronentheorie›.» Ich konnte nur nicken, und wir verloren kein Wort mehr darüber. Das war auch gar nicht mehr nötig. Am Horizont ging die Sonne unter, und wir beobachteten, wie die Dämmerung alle Farben zum Vorschein brachte, die in den Wolken versteckt waren. Der Himmel färbte sich von Blau über Orange nach Grau und schließlich in ein tiefes Schwarzviolett. Mike, der Grüni, und ich, der Mensch, schliefen einträchtig nebeneinander ein wie kleine Jungs im Zeltlager. Sollte ich in dieser Nacht etwas geträumt haben, dann habe ich's schlichtweg vergessen.

Die Stunde des Propheten

«Warum nennt ihr euch eigentlich Grünis?» Die Sonne war aufgegangen, und ich briet uns zum Frühstück über dem Lagerfeuer ein paar frische Forellen.

«Eigentlich», sagte Mike verhalten, «warst du es, der uns Grünis getauft hat. Wie wir uns selbst nennen, lässt sich nicht gut übersetzen. Aber unsere Wissenschaftler würden sagen, dass du schon auf der richtigen Spur bist. Jedenfalls», sagte er, zog sein T-Shirt hoch und zeigte seinen flachen grünen Bauch, «sind wir grün.»

«Aber in meiner Theorie wart ihr unsichtbar.»

«Das macht es natürlich schwieriger», antwortete er. «Aber hey, ich glaube, du hast auch behauptet, dass wir nur in der Vorstellung existieren, also imaginär sind. Ich fühle mich überhaupt nicht imaginär, halte es aber für denkbar. Wenn man nur in der Phantasie von jemandem existiert, Mann, kann man jede Hautfarbe annehmen. Und ich will grün aussehen.»

«Vielleicht begreife ich es einfach nicht. Du bist grün und du bist unsichtbar. Du existierst und bist doch nur imaginär?»

«Hey, Mann», sagte Mike, «du kannst jederzeit zur Elektronentheorie zurückkehren, wenn du mit der Wahrheit nicht klarkommst.»

Ich nickte bloß, und stumm verzehrten wir unsere Forellen. Widersprüche haben noch nie eine wissenschaftliche Theorie aufhalten können, dachte ich bei mir. Und trotz allem saß er hier direkt neben mir, ein grüner Hippie, der aus dem Nichts, aus einer anderen Dimension, aufgetaucht war. Das war das zwingendste Argument. Ich fand es zwar seltsam, dass er meine Forelle essen, aber nicht mein Bier trinken konnte, beschloss aber, dies als unwichtiges philosophisches Dilemma zu betrachten. Wir redeten den ganzen Morgen.

Ich erfuhr, dass Mike so etwas wie ein Bote oder Pionier war. Seine Mission bestand darin, mir zu erklären, was Elektrizität wirklich ist und warum sie die Dinge tut, die sie tut. Ich war auserwählt worden, diese Botschaft zu empfangen, um als eine Art Prophet der ganzen Welt die Wahrheit zu verkünden.

Ich sagte ihm, dass ich eigentlich lieber angeln würde. Er zuckte mit den Schultern.

«Es liegt bei dir, Mann. Ich biete es dir an, und du machst damit, was du willst. Dabei kannst du eine ziemlich ruhige Kugel schieben. Glauben wird es dir sowieso niemand.»

«Warum sich dann überhaupt drum scheren?»

«Oh, früher oder später werden sie es kapieren. So weit wir es beurteilen können, handelt es sich um eine Art Tradition bei euch. Ein Typ denkt sich Sachen aus, wird verspottet und dann meistens umgebracht. Sie geben ihm so richtig Saures. Nach einer Weile sagt jeder: ‹Hmmm … die Idee vom alten verstorbenen Wie-hieß-er-doch-gleich war gar nicht so übel, nicht? Vielleicht sollten wir sie doch mal ausprobieren.› Dann verwenden sie seine Idee, machen eine Menge Geld damit und nennen einen Seitenflügel der Bibliothek nach ihm.»

«Klingt ja enorm spaßig.»

«Hey, wir glauben nicht, dass sie dich gleich umbringen. Sie werden cool bleiben, dich für verrückt erklären und behaupten, dass du absolut keinen Schimmer hättest. Dann werden sie dich in die Talkshows bringen und dich schließlich in Vergessenheit geraten lassen. Du wirst ein kleiner Fisch werden. Es ist ja schließlich nicht so, als hättest du die Abschaffung aller Beamten vorgeschlagen oder die Agrarsubventionen kappen wollen.»

«Also, ich weiß nicht recht …»

«Glaub mir, kein Schlips und Kragen, nichts dergleichen. Kannst deine Turnschuhe ruhig anbehalten. Du musst nicht mal große Reden schwingen. Schreib es einfach irgendwo auf, in eine Art Tagebuch oder so was Ähnliches. In fünfzig Jahren – wer weiß – wirst du vielleicht berühmt sein. Jedenfalls soll ich dir alles erzählen, was ich weiß, bevor ich wieder verschwinde. Sonst kann ich nicht zurück. Und ich habe mein Mädchen dort …» Er verdrehte die Augen, und sein Lächeln sagte alles. Wie konnte ich da widerstehen? Ich konnte ihn doch nicht von seinem kleinen Grüni-Schätzchen fern halten.

«Na gut, versprechen kann ich nichts. Aber zuhören werde ich.»

Mike hob eine Forelle aus der Pfanne und grinste. «Klasse, Alter! Ich flipp aus!»

Kein Mensch redet bei uns mehr so wie in den TV-Shows, aber ich brachte es nicht übers Herz, ihm das zu sagen.

Grünis tun nichts ohne Grund

«Grünis gehen gern auf Partys», sagte Mike. «Praktisch unser Lebensinhalt. Und eine Party bedeutet Mädchen, Getränke und Rock 'n' Roll. Wenn eine Horde Grünis einen Draht runterschwirrt, kannst du wetten, dass wir wieder zu einer Party unterwegs sind.»

«Muss ich das jetzt aufschreiben?», fragte ich. Das war eine ganz neue Rolle für mich. Mike und ich saßen am See und angelten. Von irgendwoher zauberte er die tollste Angelrute hervor, die ich je gesehen hatte. Sie war lang, glänzend schwarz und gab bei jedem Auswerfen einen tiefen surrenden Ton von sich.

«Nö», erwiderte Mike. «Man kann nicht gleichzeitig schreiben und angeln. Lass uns erst mal ausspannen und auf gleiche Wellenlänge kommen. Den schwierigen Kram lass eine Weile links liegen.»

«Einverstanden», sagte ich und hätte am liebsten «Dufte» oder «Spitzenklasse» gesagt.

«Wie dem auch sei», fuhr er fort, «wenn Grünis feiern, funktioniert das so: Die Mädels kaufen viel Bier und drehen ihre

Ghettoblaster auf. Die Brüder hören die heiße Mucke, werfen sich in ihre kleinen grünen Wägelchen und bewegen sich zur Musik hin. Klappt immer.»

«Fahren die Mädchen nie auf die Jungs ab?»

«Nein, Mann, so rum funktioniert das nicht. Die Mädels kaufen das Bier, und wir jagen ihnen nach. Wenn wir die Musik hören, überkommt uns jedes Mal dieser Urdrang. Wir nennen ihn den ‹Partytrieb›.» Unvermittelt legte er seine Angelrute nieder, ging zu dem Felsbrocken, hinter dem er zum Vorschein gekommen war, und kam mit einem Buch zurück. «Das ist ein Grüni-Wörterbuch», erklärte er. «Zum Übersetzen, weißt du. Wollen mal sehen: ‹Partytrieb› – Oh, ja, hier ist es: **Elektrische Spannung**. Wir nennen es den Partytrieb, ihr nennt es elektrische Spannung. Ergibt das für dich einen Sinn?»

«Ja, in etwa», sagte ich zögernd. «Elektrische Spannung soll elektrischer Druck sein. Elektromotorische Kraft nennen sie es auch manchmal. Haben sich viele Elektronen auf einem Fleck versammelt, stoßen sie sich gegenseitig ab, weil sie alle negativ geladen sind. Sie werden von positiver Ladung angezogen. Das Ausmaß dieser Anziehung nennt man elektrische Spannung. Wenn man an einer Stelle viele Elektronen hat und an einer anderen sehr wenige, entsteht eine hohe elektrische Spannung zwischen den beiden. Elektrische Spannung wird auch **Potential** genannt, weil sich immer dann, wenn eine solche Situation vorliegt, ihre Anzahl potentiell auf beide Stellen gleichmäßig verteilen kann. Im Wesentlichen bedeutet elektrische Spannung also elektrischer Druck.»

Mike schaute mich groß an. «So bringt man euch das bei?»

Ich nickte stumm, er aber schüttelte nur den Kopf.

«Das ist starker Tobak, Mann. Mit all dem Quatsch kannst du einpacken. Elektrische Spannung ist eher ...» Er hielt inne und suchte nach einem passenden Wort. Sein Gesicht hellte sich auf. «... Sehnsucht. Das trifft es gut. Oder Motivation. Sie ist der Grund, warum wir uns bewegen. Ob wir nun zur Party hinkommen oder nicht, elektrische Spannung bedeutet, wie gern wir hingehen wollen.» Er konnte es immer noch nicht fassen: «Elektromotorische Kraft! Glauben die denn, wir wären das Wasser in einer Rohrleitung und elektrische Spannung sei quasi der Wasserdruck, der uns hindurchtreibt?»

«Nun», erwiderte ich, «diese Analogie habe ich tatsächlich schon mal gehört ...»

«Es wird doch schwieriger, als ich dachte!», seufzte Mike und starrte versonnen in die Ferne. Die Sonne spiegelte sich im Wellengekräusel auf dem See, und es schien mir, als hätte seine Angelschnur leicht gezuckt.

«Elektrizität bedeutet, dass die Grüni-Typen hinter den Grüni-Mädels her sind. Und die elektrische Spannung ist es, die uns dazu antreibt. Also unser Partytrieb. Oder unser Durst nach Bier. Es ist das große Sehnen, das erfüllt werden muss. Es ist eher ein Hunger als ein Wasserdruck.»

«Das ist das erste Mal, dass ich so was höre.»

«Ich kann dich ja verstehen, Mann, aber ich bin nun mal gehalten, es so zu erzählen, wie es ist. Sagen wir mal, du hast eine Taschenlampenbatterie. Auf der positiven Seite dieser Batterie hast du eine Gruppe Grüni-Mädels. Und ich persönlich finde ein paar davon *sehr* positiv. Auf der negativen Seite hast du ein paar Grüni-Jungs. Die Mädels kaufen eine Menge Bier und drehen ihre Dröhnkisten auf. Wir Jungs hören die Musik und sofort spüren wir diesen Partytrieb. Je mehr Mädels es gibt, desto mehr kleine Ghettoblaster sind da, und desto lauter wird die Musik. Das bedeutet also, noch mehr Jungs hören sie und bekommen diesen Partytrieb. Wenn die Straßen frei sind, brettern wir einfach los. Sind alle Brücken kaputt und die Straßen verstopft, können wir wohl kaum hinkommen. Aber trotzdem spüren wir diesen Urdrang. Das genau ist elektrische Spannung: Grüni-Jungs spüren den Partytrieb, und Grüni-Mädels spielen den Rock 'n' Roll. Elektrische Spannung ist dieser Hunger, der uns in Richtung Party treibt.»

Das schien mir alles etwas weit hergeholt. «Mensch, Mike», platzte ich heraus und versuchte diplomatisch zu sein: «In den meisten Büchern steht, dass die negative Seite einer Batterie überschüssige Elektronen hat, weshalb sie negativ geladen ist. Auf der positiven Seite der Batterie halten sich nicht so viele Elektronen auf, sodass sie eine positive Ladung aufweist. Die überschüssigen Elektronen werden also unweigerlich zur positiven Seite der Batterie gezogen. Die elektrische Spannung wird bestimmt von dem Unterschied der beiden Ladungen, die sich ausgleichen wollen.»

Mike lachte nur. Im selben Moment ruckte die Spitze seiner Angelrute. Er rief ein Wort, das ich nie zuvor gehört hatte, und fing an, eine fette Regenbogenforelle einzuholen.

Offenbar musste meine Unterweisung erst einmal warten.

Das Woodstock-Festival der Grünis

Mein erster Traum beunruhigte mich nicht, im Gegenteil, es wirkte alles ganz selbstverständlich, sogar eher angenehm. Ich schwebte ohne Anstrengung durch einen dichten wirbelnden Nebel. Irgendwie wusste ich, dass ich mich hoch über dem Boden befand und dass der Nebel um mich herum eine Wolke war. Der Wind hob mich hoch wie eine Feder, aber ich hatte keine Angst und verspürte weder Eile noch Unbehagen. Ich fühlte mich wohl wie ein Fisch im Wasser. Mit der Zeit bemerkte ich noch jemanden in der Wolke, ohne ihn deutlich zu erkennen. Ich versuchte ihm ein «Hallo!» zuzurufen, in meiner friedlichen Schläfrigkeit fehlte mir aber die nötige Kraft dazu. Also machte ich den Mund wieder zu und wartete ab. Dass mich der Wind jetzt heftiger hin und her warf, machte mir sogar Spaß, und ich fühlte mich wie ein lachendes Baby, das sich vertrauensvoll von seiner Mutter in die Luft werfen lässt. Der andere kam näher, ebenso vom Wind hin und her geworfen, und da erkannte ich Nick Scott wieder, meinen besten Freund aus der ersten Klasse. Ob er jetzt erwachsen war, weiß ich nicht mehr, es spielte im Augenblick auch keine Rolle. Ja, tatsächlich, es war Nick, und obwohl wir uns Jahre nicht gesehen hatten, erkannte er mich sofort wieder und grinste. Ein Glücksgefühl durchströmte mich. Es gab viele Fragen, die ich dem guten alten Nick stellen wollte, nur wusste ich nicht, wo ich anfangen sollte. Er nickte mit dem Kopf, als ob er mich verstünde, doch keiner von uns sprach ein Wort. Es genügte uns, wieder beisammen zu sein. Jetzt konnte ich erkennen, dass noch andere alte Freunde in der Wolke schwebten. Sie alle nickten mir freundlich zu. Immer mehr von ihnen erschienen aus dem Nichts, bis es Tausende waren, die zusammen durch die Lüfte glitten. Sie ließen sich von Aufwinden emporheben und rutschten unsichtbare Thermikberge hinab wie Kinder in einem Vergnügungspark.

Dann vernahm ich ein vertrautes rhythmisches Geräusch irgendwo in der Ferne, noch zu leise, um es zu deuten. Die Männer um mich herum hoben die Köpfe und strengten sich sichtlich an, es auch zu hören. Allmählich wurde es lauter, und ich konnte erst Trommeln, dann eine Elektrogitarre hören und endlich den Gesang einer mir bekannten Stimme. Es war Chuck Berry mit dem Song «Johnny B. Goode».

Nun ist «Johnny B. Goode» ein Song, dem ich einfach nicht widerstehen kann. Schon beim Gedanken daran fangen meine Füße zu zucken an. Er wirkt auf mich wie eine Droge. Sobald ich ihn höre, zieht es mich auf den Tanzboden direkt unter den größten Lautsprecher und lässt mich mit den Armen wedeln wie ein Tintenfisch am Angelhaken. Als ich ihn von unterhalb der Wolke hörte, schwebte ich der Musik entgegen, und alle Jungs um mich herum machten es genauso.

Der untere Rand der Wolke war flach wie eine Plattform. So weit mein Auge reichte, war sie mit Männern und Jungs besetzt, die alle hinabschauten. Unten lag eine riesige grüne Wiese mit einer

Bühne in der Mitte. Chuck Berry selbst spielte mit seiner Band, und die war echt fetzig. Chuck gab alles, als wäre er wieder neunzehn und müsste es noch allen beweisen. Er sang, als gehöre ihm die Welt.

Mittlerweile hatte sich eine Riesenmenge angesammelt. Plötzlich erkannte ich, dass es im Publikum nur so wimmelte von wunderschönen Frauen mit wehendem Haar und fröhlichem Lachen, die tanzten und im Rhythmus klatschten. Noch nie hatte ich so viele Leute in solch guter Stimmung gesehen.

Urplötzlich überkam mich ein unwiderstehlicher Drang, mich nach unten auf die Tanzfläche zu begeben. Tanzen musste ich. Nichts anderes war mehr von Bedeutung, nichts anderes war mehr wichtig. Da gab es nur noch den brennenden Wunsch, zu diesen Leuten zu gehören und in dieser Musik aufzugehen. Doch der Weg nach unten war zu weit. Ich hatte keine Chance, dorthin zu gelangen. Meine Zunge klebte am Gaumen, und es wurde mir ganz heiß. Ich brannte darauf, bei dieser Party mitzumachen. Wie aus dem Nichts erschien eine grüne Gestalt neben mir. Es war Mike. «Spürst du was?», fragte er. Ich nickte nur. «Es ist cool, Mann. Das ist es, was ich dir erzählt habe. Das ist der ‹Partytrieb›, den du ‹elektrische Spannung› nennst. Alle Jungs spüren es. Sobald genug davon vorhanden ist, werden sie springen. Du auch! Schau her!»

Mike streckte die Arme vor, duckte sich und sprang hinab. Ich bekam es mit der Angst zu tun, als ich ihn fallen sah. Doch er kam unversehrt unten an und stieß sich wie auf einem riesigen Trampolin wieder ab. Als er die Wolke fast wieder erreicht hatte, sprang ein anderer hinab. Beide fielen zurück auf die Wiese, nur um noch einmal in die Höhe zu springen. Jetzt hüpften ein Dutzend Jungs zusammen wie die Tennisbälle. Bald darauf machten Tausende den Absprung auf die Wiese und prallten wieder hoch. Es schien ihnen Spaß zu machen. Mich hielt nichts mehr auf meiner Wolke, ich sprang ihnen einfach hinterher. Irgendwie war Mike wieder da und fiel neben mir nach unten.

«Blitzschlag, Mann», sagte er. «Du bist der Blitz. Diesen Party-trieb kann man einfach nicht unterdrücken.»
«Sonderbarer Traum», murmelte ich und wachte kurz vor dem Aufprall auf.

Elektrische Spannung: die Kurzfassung

Elektrische Spannung ist die Kraft, die die Elektrizität antreibt, sie ist der Grund dafür, dass sie sich bewegt. Elektrische Spannung* wird in Einheiten gemessen, die **Volt** genannt und «V» abgekürzt werden. Die Maßeinheit «Volt» hat keinerlei spezielle lateinische Bedeutung, sondern ist einfach nach dem italienischen Naturwissenschaftler Alessandro Volta (1745–1827) so genannt worden. Eine Taschenlampenbatterie hat etwa ein bis zwei Volt, Blitze dagegen haben Millionen Volt.
Elektrische Spannung wird manchmal auch **Potential** genannt. Immer dann, wenn es Spannung gibt, besteht das Potential (die Möglichkeit), dass Elektrizität wandert. Wenn man sagt, dass etwas ein hohes elektrisches Potential besitzt, bedeutet es dasselbe, wie wenn man sagt, etwas hat eine hohe Spannung. Um eine Spannung zu haben, muss Elektrizität nicht tatsächlich wandern. Es muss lediglich die Möglichkeit bestehen, dass sie wandern könnte.
Elektrische Spannung wird manchmal auch als **elektromotori-sche Kraft** bezeichnet und «EMK» abgekürzt: ein neuer Name

---

* Eine gebräuchliche Kurzform hierfür ist das Unwort «Stromspannung», das in etwa dem Wort «Fuchshase» entspricht – Strom und Spannung sind nun mal zwei Paar Stiefel (A. d. Ü.).

für dieselbe Sache. In Formeln wird elektrische Spannung üblicherweise durch ein großes «U» ausgedrückt.

Natürlich wissen Sie und ich, dass elektrische Spannung in Wirklichkeit der Partytrieb einer Gruppe von Grünis beziehungsweise deren «Urdrang» ist. Das Wort «Urdrang» beginnt ebenfalls mit einem großen «U» – ein glücklicher Zufall.

Wer sich weigert, an Grünis zu glauben (oder wer gefangen genommen worden ist und verhört wird), sagt einfach, dass elektrische Spannung durch den Unterschied zwischen der Anzahl der Elektronen an zwei verschiedenen Stellen bedingt ist.

Der Strom ist grün: Ampere

«Sonderbarer Traum», wiederholte ich, als ich aufwachte und mir die Augen rieb. Mike las in seinem kleinen Wörterbuch, und der Duft von gebratener Forelle lag in der Luft. Mike murmelte vor sich hin. Als er merkte, dass ich wach war, begann er zu dozieren.

«Strom!», sagte er voller Abscheu. «Wieder so ein doofes Wort! Was denken die sich denn, was wir sind, Wassertropfen oder was?»

«Na ja …», begann ich.

«Sei lieber still, Mann. Ich glaub, ich will's gar nicht wissen.»

«Gib mir ein besseres Wort», erwiderte ich. «Oder besser, gib mir eine Tasse Kaffee.» Ich setzte mich auf, und er reichte mir eine Tasse heißen Kaffee. Ich ignorierte den aufgewirbelten Kaffeesatz und er meine Schläfrigkeit.

«Verkehr, das ist ein viel besseres Wort. Kleine Grünis brausen in ihren kleinen grünen Autos zur Party. Gibt es viele Autos, sagt ihr, gibt es viel Strom. Wir sagen dazu: Es gibt viel Verkehr.»

«Und das ist etwas anderes als elektrische Spannung?»

«Aber ja doch, Mensch. Denk dran: Elektrische Spannung ist der Partytrieb, das Verlangen, die Motivation. Nur deshalb steigst du ins Auto. Strom dagegen ist, wie viel Verkehr sich im Augenblick tatsächlich die Straße hinabwälzt. Du würdest ja auch nie deinen Durst auf Bier mit der Anzahl der Autos auf der Straße verwechseln, oder? Das ist aber genau der Unterschied zwischen elektrischer Spannung und Strom. Das sind zwei Paar Stiefel, Mann, zwei Paar Stiefel. Wenn du Autos auf einem Abhang parkst, wollen sie alle hinunterfahren. Der abschüssige Hang ist wie die elektrische Spannung. Er ist die Ursache, die die Autos hinunterzieht. Wenn ein Fahrer seinen Fuß von der Bremse nimmt, rollt der Wagen den Berg hinunter. Das ist dann der Strom. Viele hinunterrollende Autos bedeuten viel Strom.»

«Ich weiß nicht recht, Mike», sagte ich und zog den Kaffee zwischen den Zähnen hindurch, um keinen Kaffeesatz schlucken zu müssen. «Mir wurde eingetrichtert, dass Strom die Bewegung von Elektronen sei. Wenn sich viele Elektronen bewegen, hieß es immer, gibt es auch viel Strom.»

«Wie du willst, Mann. Ich kann's mir ja denken. Wetten, dass sie diese imaginären Elektronen einzeln abzählen und einen weiteren doofen Fachausdruck dafür haben, wie stark der Strom ist?»

Er hatte mich schon wieder ertappt.

«Natürlich zählen sie nicht jedes einzelne Elektron», antwortete ich zu meiner Verteidigung. «Aber sie messen den Strom. Sie können angeben, wie viel Elektrizität durch ein Kabel wandert. Die Maßeinheit dafür ist das Ampere.»

«Ann-Bär, eh?» Mike grinste, als er die Aussprache übertrieb. «Ann-Bär, Ann-Bär. Gefällt mir irgendwie. Ich kannte mal ein Mädchen mit dem Namen Ann-Bär. Hatte die grünste Haut der Welt. Jeder nannte sie A, das war kürzer. Haben sie diese Einheit nach einem Menschenmädchen benannt?»

«Äh, nein. Ampere ist kein gängiger Mädchenname. In Wirklichkeit wurde sie nach einem Mann benannt.»

«Ein Typ! Oh, ich wette, er wurde in der Schule deswegen gehänselt!»

«Das ist schon lange her. Jedenfalls war es sein Nachname. Strom wird in Ampere gemessen, was wir meistens mit ‹A› abkürzen, wie bei deiner Verflossenen. Du könntest etwa sagen: ‹Es fließen zehn A Strom durch diesen Draht›, oder: ‹Die Sicherung wird durchbrennen, wenn zwei A Strom durch sie fließen.›»

«Und habt ihr Amperestau, wenn alle zur selben Zeit von der Arbeit kommen und die Autobahnen verstopfen?»

«Nein, wir nennen das Verkehrsstau. Wir reservieren gewissermaßen das Wort Ampere für die Elektrizität.»

«Hmmm», sagte er.

Ich atmete tief durch und sortierte in Gedanken die Begriffe. Elektrische Spannung ist die Kraft hinter der elektrischen Bewegung. Strom ist die Bewegung der Elektronen (oder Grünis) durch etwas hindurch. Elektrizität kann beides haben, elektrische Spannung und Strom zugleich, und so ist es meistens auch. Wir messen elektrische Spannung in Volt oder V und Strom in Ampere oder A. Also können wir sagen, dass etwas zehn Volt Potentialunterschied hat und dass fünf Ampere Strom fließen, und jeder würde wissen, was wir meinen.

Sogar Mike würde es kapieren. Es ärgerte mich schon, dass er unsere Begriffe für derartig komisch hielt. Über seine lächerlichen Versuche, wie ein Einheimischer zu sprechen, machte ich mich schließlich auch nicht lustig. Immerhin brachte er mir etwas über Elektrizität bei, und Elektrizität ist doch ein ernsthaftes Thema, oder?

Doch, wirklich.

Der Elektrische See

Hoch oben auf einem Berg liegt ein großer, kalter und nebliger See. Zwei Flüsse fließen von ihm aus das Gebirge zum Meer hinab. Einer der Flüsse ist so groß und mächtig wie der Nil oder der Mississippi. Er ist tief und breit, voller Fische und für Wasserskiläufer oder sogar Hausboote geeignet. Der andere Fluss ist dagegen winzig, nur wenige Zentimeter tief und vielleicht ein bis zwei Meter breit. Eigentlich ist er nur ein Bach. Wenn man ihn durchwatet, kann man die Steine in seinem Bett erkennen.

Der Elektrische See liegt etwa tausend Meter über dem Meeresboden. Unabhängig von den zahllosen Mäandern auf dem Weg zum Meer transportieren also beide Flüsse das Wasser von ganz oben einen Kilometer weit nach unten. Der Höhenunterschied von einem Kilometer zwischen See und Meer ist auch der Grund, warum das Wasser die Flüsse hinabfließt. Jeder Wassertropfen aus diesem See hat auf seinem Weg ins Meer eine Fallhöhe von einem Kilometer zurückzulegen. Dieser Höhenunterschied ist die Flüssigkeitsanalogie zur elektrischen Spannung.

Beide Flüsse haben also dieselbe elektrische Spannung, denn jeder von ihnen bewältigt denselben Tausend-Meter-Höhenunterschied vom Ursprung bis zum Meer. Dennoch sind die beiden Flüsse nicht identisch. Der eine führt viel mehr Wasser als der andere, also leistet er auch mehr Arbeit als der kleine. Er transportiert größere Schiffe, bewegt größere Felsbrocken und kann ein wesentlich größeres Wasserrad drehen. Er hat mehr Ampere. Strom ist also der Muskel der Elektrizität.

Falls Sie jemals einen *bodyguard* brauchen, nehmen Sie einen mit viel Ampere.

Beide Flüsse können Sand zum Meer transportieren. Dazu sollten Sie jedoch wissen, wie viel Spannung und wie viel Strom Sie nutzen können. Wenn man mehr elektrische Spannung hat, kann man auch mehr Sand transportieren. Verbreitet man das Flussbett, kann man ebenfalls mehr Sand transportieren. Da beide

Flüsse aus dem Elektrischen See die gleiche elektrische Spannung oder dasselbe Potential haben, beruht ihr Leistungsunterschied auf anderen Gegebenheiten, wie etwa der Breite ihrer Stromrinne, ob sie mäandern oder gar unterirdisch verlaufen, ob sie Stromschnellen oder Hindernisse in ihrem Lauf haben.

Die Arbeit pro Zeit, die die Elektrizität leistet, wird in **Watt** gemessen. Diese in Watt gemessene Leistung ist einfach Spannung multipliziert mit Strom. Wenn zehn Ampere Strom fließen und Sie wissen, dass Sie eine 12-Volt-Batterie zum Antreiben dieses Stroms benutzen, dann ergibt das $12 \times 10 = 120$ Watt Leistung.

Die Elektrizitätswerke berechnen die Kosten für die Arbeit, die ihre Elektrizität verrichtet, und stellen jeden Monat in Rechnung, wie viel Kilowattstunden wir verbrauchen. Ihre Zähler messen also die tatsächliche Arbeit, die die Elektrizität in unserem Zuhause verrichtet. Oder anders gesagt, unsere Rechnung beruht darauf, wie viel Sand wir effektiv wie weit bewegt haben.

Schneewehen auf der Autobahn: Widerstand

«Widerstand, ja, das ist ein verdammt gutes Wort. Widerstand gegen die Strömung. Alles, was es schwieriger macht, die Straße runterzupowern.» Als ich zum Lagerplatz zurückkam, studierte Mike wieder sein kleines Wörterbuch und redete vor sich hin. Ich war bester Dinge, weil ich mehrere Prachtforellen geangelt hatte. Widerstand hatte ich bisher eher politisch aufgefasst, also war ich ein wenig verwirrt, aber Mike redete einfach weiter, während ich die Fische zerlegte. Wirklich schöne Fische, dachte ich bei mir. «Denk dran», sagte er, «besagter Strom ist wie Straßenverkehr. Grünis spüren den Partytrieb, springen in ihre kleinen grünen

Kisten und brausen los. Aber es gibt unterschiedliche Straßen, Mann. Manche sind eben, gerade und leicht zu befahren. Sie bieten dem Verkehr wenig Widerstand. Andere dagegen sind hundsmiserabel. Ist eine Straße schlecht befahrbar, gibt es natürlich mehr Widerstand.»

«Wie ein Feldweg, zum Beispiel?»

«Genau! Ein Feldweg hat mehr Widerstand als eine schöne Autobahn. Macht mehr Arbeit, auf ihm voranzukommen. Eine Straße, die mit einem Meter Schnee bedeckt ist, hat viel Widerstand. Wenn dein Partytrieb nicht wirklich dringend ist, bleibst du lieber daheim.»

«Dann ist also Widerstand gewissermaßen die Schneewehe auf der Autobahn des Lebens?»

«Na ja, mag sein. Doch es gibt verschiedene Arten von Widerstand. Durch gewisse Materialien kommt man leichter durch als durch andere. Diejenigen, durch die man glatt durchgeleitet wird, nennt man Leiter. Metalle sind gute Leiter. Sie bieten nur sehr wenig Widerstand. Hat etwas sehr viel Widerstand, nennen wir es einen Nichtleiter oder Isolator. Holz ist zum Beispiel ein schlechter Leiter, also ein guter Isolator. Hat viel Widerstand. Ist schwierig, durch Holz hindurchzubrettern.»

«Hab ich auch schon herausgefunden», resümierte ich. «Aber weißt du, Mike, in allen Büchern steht, dass ein guter Leiter etwas ist, das im Gegensatz zu einem guten Isolator viele freie Elektronen hat.»

«Ach wirklich? Dann glaub lieber daran», sagte Mike und setzte sein Pokergesicht auf. «Ich wusste gar nicht, dass man solchen Mist tatsächlich in einem Buch lesen kann. Na, dann muss es ja stimmen. Ich habe schon eine Unmenge kleiner Grünis vor Augen, die demnächst sehr enttäuscht sein werden, wenn sie sich in ihre kleinen grünen Autos setzen, eine Autobahnauffahrt suchen und nur einen Wirrwarr von freien Elektronen vorfinden.» – «So habe ich's nicht gemeint ...» – Mike kicherte und wischte meine Rechtfertigung mit einer Handbewegung fort.

«Macht nichts. Ich weiß, dass du all diese Märchen so stehen lassen musst. Nur eines noch: Elektrizität kann durch einen Leiter sprinten, aber nicht durch einen Isolator, es sei denn, es steht eine unerhört hohe elektrische Spannung dahinter. Je weniger Widerstand das Material hat, desto leichter geht die Elektrizität hindurch. – Man kann aber auch auf andere Weise Widerstand erzeugen», fuhr er fort, «die Frage ist: Was hat mehr Widerstand, ein dicker Draht oder ein dünner?»

«Nun», sagte ich, «der dicke Draht setzt dem Durchkommen des Stroms mehr Metall entgegen, deshalb – denke ich – hat er auch mehr Widerstand.»

«Falsch!» Mikes Schadenfreude war nicht zu überhören. «Wenn du zum Beispiel tausend Autos von einer Stadt in die andere zu bewegen hast, ist es dann auf einer sechsspurigen Autobahn leichter oder auf einer einspurigen Landstraße?»

«Das liegt doch auf der Hand.»

«Mit der Elektrizität verhält es sich genauso. Es ist mühsamer, viele Grünis über einen schmalen Weg zu bringen, weil er mehr Widerstand bietet als ein breiter Weg. Widerstand kann also auch ein räumliches Nadelöhr sein, ein sehr dünner Draht oder etwas Ähnliches. Noch eine Frage: Was hat mehr Widerstand, ein langer Draht oder ein kurzer?»

Diesmal ließ ich mir Zeit zum Überlegen, weil ich nicht schon wieder dumm dastehen wollte, denn offenbar waren Grünis mit Logik allein auch nicht besser zu erklären als Elektronen.

«Ich schätze mal», begann ich langsam, «dass, wenn tausend Autos auf einer Straße fahren, es schwieriger sein wird, hundert Kilometer als hundert Meter weit zu fahren. Man verbraucht mehr Benzin, die Fahrer werden müde. Wenn sich Strom wie Autoverkehr verhält, würde ich sagen, dass ein langer Draht mehr Widerstand bietet als ein kurzer.»

«Jetzt schnallst du's endlich. Ein langer Draht hat mehr Widerstand als ein kurzer, und ein spindeldürrer hat mehr als ein dicker. Nichts Aufregendes, Kumpel. Beim Strom wird der Widerstand eines Gegenstandes durch Größe, Form und durch sein Material bestimmt.»

«Und je mehr Widerstand es gibt, desto weniger Grünis können durchkommen?»

«Grundsätzlich ja. Aber auch die Stärke des Partytriebs beeinflusst den Verkehr.»

«Das bedeutet also: Wenn die elektrische Spannung zunimmt, erhöht sich auch der Strom, wenn aber der Widerstand zunimmt, nimmt der Strom ab?»

Mike saß da und dachte kurz nach.

«Mensch, Kenn», sagte er endlich. «So habe ich das noch nie gesehen. Aber ich glaube, du hast Recht.» Er fing wieder an, im Wörterbuch zu blättern.

«Und die Maßeinheit dafür ... hier, schau ... Oh, ja, klar. Widerstand wird in ‹Ohm› gemessen. Zehn Ohm bedeuten nicht viel Widerstand, eine Million Ohm eine Menge.»

«Hmm», grummelte ich.

«Nicht ‹hmmm›, sondern ‹Ohm›. Widerstand wird in Ohm gemessen.»

«Oh», rutschte es mir heraus, aber er verstand mich wieder falsch.

«Nein, Mann, pass doch endlich auf: Ohm! Ohm! Widerstand wird in Ohm gemessen!»

Diesmal nickte ich einfach nur.

Auch Büffel lieben Rock 'n' Roll

In meinem zweiten Traum war ich ein Büffel inmitten einer riesigen Herde, und wir waren alle grün. Wir standen auf der Straße vor einem Schild, auf dem «Zur Party» stand. So weit das Auge reichte, war die Prärie voller grüner Büffel, die in der Sonne herumstanden, Gras malmten, romantische Stimmung verbreiteten und ihre Büffel-Angelegenheiten unter sich regelten. Ich versuchte, es ihnen gleichzutun, in der Hoffnung, dass ihnen nicht auffiel, dass ich bisher noch nie Büffel gewesen war. Plötzlich hörte ich eine leise Melodie. Sie kam von weit her. Oh nein, dachte ich, bitte nicht «Johnny B. Goode!», denn dagegen hilft nun mal nichts – ich lief sofort in die Richtung, aus der die Musik kam, und gab mir Mühe, dabei ganz unbeteiligt zu wirken. Einige meiner zottelhaarigen Genossen schlossen sich mir an.

Als die Musik lauter wurde, bewegte sich schließlich eine riesige Horde von instinktiv getriebenen Tieren zur Musik hin, wie ein riesiger rollender Fellteppich.

Doch die Straße endete an einer jäh abfallenden Schlucht. Wir konnten sie nicht überqueren, obwohl wir die Musik immer deutlicher hören konnten. Auch grüne Büffel haben einen ausgeprägt intensiven Partytrieb und können dadurch ziemlich unberechenbar werden. Wir wurden nämlich langsam wütend. Mir wurde klar, dass die Situation sehr unangenehm werden konnte, wenn nicht bald eine Lösung gefunden würde. Ich wollte lieber nicht dabei sein, wenn die Stimmung plötzlich eskalierte. Als ich vorschlug, doch lieber Beifuß futtern zu gehen und Stadt, Land, Fluss zu spielen, drehten sich ein paar nach mir um, und der Argwohn glitzerte böse in ihren Knopfaugen.

Glücklicherweise entdeckte einer der Büffel einen Steg, noch bevor die Dinge außer Kontrolle gerieten. Wir konnten ihn nur im Gänsemarsch überqueren. Mir gefiel dieses morsche Brückchen überhaupt nicht. Der Canyon war tief, und der Steg schwankte. Die gewaltige Horde schnaubender, zotteliger Tiere hinter mir scharrte voller Ungeduld. Tief in mir wusste ich, dass ich nicht zu ihnen gehörte, und das machte mich noch nervöser. Die Musik war laut und der Partytrieb so stark, dass man ihn fast riechen konnte. Zumindest erklärte das den bestialischen Gestank. Der Verkehr kam jetzt ins Stocken. Das Nadelöhr staute den Partyverkehr kilometerweit. Und niemand stellte die Musik leiser, um die Büffel wieder zu beruhigen! Sowohl die Lautstärke der Musik als auch die Breite des Steges beeinflussten also die Zahl der Büffel, die zur Party drängten.

Während ich mich so vorsichtig wie für einen Büffel möglich über die Brücke tastete, konnte ich mich des Eindrucks nicht erwehren, dass da noch etwas war, als wollte mir jemand etwas sagen, was ich mit meinen pelzigen Ohren nicht verstehen konnte.

Noch bevor ich die Party erreichte, wachte ich auf. Dabei ging mir die Regel nicht aus dem Kopf: Wenn die elektrische Spannung zunimmt, nimmt auch der Strom zu. Wenn der Widerstand zunimmt, nimmt der Strom ab.

Doch mit Büffeln hatte dies eigentlich gar nichts zu tun.

Wenn Grünis hitzig werden: Wärme durch Widerstand

Jedes Mal, wenn sich Elektrizität ihren Weg gegen einen Widerstand bahnt, wird Wärme* frei. Je mehr Strom, desto mehr Wärme wird abgegeben. Also gilt auch: je mehr Widerstand, desto höher die Wärmeabgabe. Da jedes Material, das Elektrizität leitet, immer auch einen Widerstand hat, gibt auch jedes Material dabei Wärme ab und erwärmt sich zumindest ein bisschen. Ein Kupferdraht bietet weniger Widerstand als ein eiserner Nagel. Fließt dieselbe Menge Strom durch beide Gegenstände, wird der Nagel heißer als der Draht. Ein dünner Nagel bietet mehr Widerstand als ein dicker, also gibt er mehr Wärme ab und

---

* Wärme ist technisch die Energiemenge in Kalorien, nicht zu verwechseln mit der Temperatur in Grad (A. d. Ü.)!

wird heißer. Luft bietet viel Widerstand. Bei sehr hoher elektrischer Spannung bahnt sich der Strom seinen Weg jedoch auch durch Luft. Dabei entwickelt sie eine gewaltige Hitze. Das erklärt, weshalb Blitze so mühelos Telefonleitungen zerstören: Viel Strom, der viel Widerstand überwindet, gibt außerordentlich viel Wärme ab. Eine Telefonleitung schmilzt dabei in Sekundenschnelle. Die Regel, dass Elektrizität immer Wärme abgibt, wenn sie fließt, kommt uns sehr zugute. Die Geräte, die unsere Wasserbetten anwärmen, unsere Steaks brutzeln, unser Brot toasten und die Insekten von unseren Terrassen vertreiben, verlassen sich dabei alle auf die Wärme, die die Elektrizität beim Überwinden von Widerstand abgibt. Im Fall des todgeweihten Insekts auf der Terrasse ist sein Körper der notwendige Widerstand. Wird ein elektrisches Gerät warm, fließt im Innern in aller Regel Strom und überwindet einen Widerstand. Wärme, die durch das Überwinden von Widerstand entsteht, ist eine der häufigsten und wertvollsten Hervorbringungen der Elektrizität. Wird diese Wärme jedoch unkontrolliert frei, lässt sie Glühbirnen durchbrennen oder Isolatoren schmelzen. Wenn ein Motor oder Computer sehr viel überflüssige Wärme abgibt, verschwendet er Energie. Die Energieausnutzung des Geräts verschlechtert sich. In vielen Fällen wird so viel ungewollte Wärme frei, dass die Geräte mit einer eingebauten Kühlung ausgestattet werden müssen.

Bis hierher sind wir uns also einig: Elektrizität gibt Wärme ab, während sie einen Widerstand überwindet. Warum das aber so ist, ist das eigentliche Rätsel. Die eine Version lautet, dass die Elektronen im Strom gegen die Atome des Widerstandsmaterials prallen und diese in Bewegung setzen. Das lässt dann das Thermometer steigen. Wesentlich glaubwürdiger ist allerdings die Theorie, dass die Grünis einfach ärgerlich werden, wenn sie auf schlechten Straßen zu spät zur Party kommen. Das lässt ihren Blutdruck und ihre Körperwärme ansteigen. Je mehr Grünis oder je schlechter die Straßenbeschaffenheit, desto mehr Wärme wird logischerweise frei.

Man kann gern dem Aberglaube anhängen, der einem am besten gefällt, aber eines sollte man sich merken: Vergrößert man den Widerstand, erhält man mehr Wärme. Erhöht man die Strommenge, erhält man ebenfalls mehr Wärme. Je höher der Widerstand, desto schwächer der Strom, sodass sich die Gesamtmenge an Wärme dabei nicht ändert. Doch kann man den Entstehungsort der Wärme eingrenzen: Auf einer gut ausgebauten Autobahn, die durch einen steilen Abgrund unterbrochen wird, über den eine wackelige Hängebrücke führt, hört man sofort, wo der lauteste Büffelprotest entsteht: nämlich genau auf der Brücke, wo die nachdrängenden Büffel mit ihren Hörnern schmerzhafte Wunden auf empfindlichen Büffel-Hinterteilen verursachen. Sie werden das Prinzip der Widerstandswärme spätestens dann verstehen, wenn Sie versuchen, mit bloßer Hand eine Glühbirne zu wechseln, bevor sie abgekühlt ist.

Von Stromkreisen, Ameisen, Eidechsen und Schweinen

Seit jeher hat mich folgende Frage beschäftigt: Wenn das negative Ende einer Batterie überschüssige Elektronen (negative Ladung) und das positive Ende zu wenig Elektronen hat (positive Ladung), wenn sich Gegensätze außerdem anziehen, warum kann ich dann nicht einfach einen Draht von der negativen Seite einer Batterie zur positiven Seite einer anderen Batterie spannen, um Strom zu erhalten?

Es funktioniert leider nicht. Es fließt kein Strom. Hätte mir das jemand erklären können, dann wäre dieses Buch nie geschrieben worden, und voll Respekt für ihre Erfinder hätte ich die Elektronentheorie für den Rest meines Lebens gern akzeptiert.

Wenn Sie gern Leute in Verlegenheit bringen, müssen Sie nur jemanden vom Fach bitten, Ihnen das Problem zu erklären. Achten Sie darauf, ob er eine befriedigende Antwort geben kann, ohne die Grünis zu erwähnen. Aber setzen Sie ein klares Zeitlimit, damit er keine Gelegenheit hat, Sie mit Fachkauderwelsch zu verunsichern.

Damit Strom fließen kann, muss es nämlich einen Rückweg geben, eine geschlossene Schleife bzw. einen **Stromkreis**. Der Stromkreis ist also ein Pfad, der ohne Unterbrechung wieder zu dem Punkt zurückführt, von dem er ausging. Wenn es Ihnen langweilig wird, nur Katzennäschen zu elektrisieren, sollten Sie mit Stromkreisen herumexperimentieren.

Ein Stromkreis benötigt eine Spannungsquelle, zum Beispiel eine Batterie. Der Strom verlässt die negative Seite der Batterie, fließt durch einen Leiter (der wiederum durch eine Lampe oder einen Toaster führt) und kehrt dann zunächst zur positiven Seite der Batterie und schließlich zur negativen zurück. Die Vorrichtung, die diese Schleife unterbricht, nennt man **Schalter**. Der Stromkreis ist der Pfad, den die Elektrizität entlangwandert, einschließlich aller Ausflüge über Schalter und andere Geräte, bis sie schließlich zur Spannungsquelle zurückkehrt.

Wenn keine Elektrizität durch die Schleife fließen kann, weil der Pfad unvollständig oder unterbrochen ist, nennen wir dies einen «offenen Stromkreis». Ist die Schleife vollständig, sagen wir dazu «geschlossener Stromkreis». Man beachte, dass es nur einer einzigen Unterbrechung des Pfads bedarf, um den Strom vollständig anzuhalten. Darauf beruht die Funktionsweise eines Schalters: Durch die Unterbrechung des Stroms auf einem einen Zentimeter langen Abschnitt des Stromkreises kann ein einziger Schalter regeln, ob Strom tausend Weihnachtskerzen leuchten lässt oder nicht.

Jetzt müssen wir noch den Begriff **Kurzschluss** verstehen. Ein vernünftigerer Ausdruck dafür wäre eigentlich «Abkürzung».

Das ist es nämlich, was sich dahinter verbirgt. Immer wenn sich Grünis die Gelegenheit bietet, den Weg zur Party abzukürzen, tun sie das.

Die Bezeichnungen «offen» oder «geschlossen» in Bezug auf den Stromkreis verwirren viele Leute, denn man stellt den Schalter auf «an», um den Stromkreis zu schließen, und auf «aus», um ihn zu öffnen. Vielleicht helfen ein paar komplizierte mathematische Formeln oder lateinische Wörter, um das ein bisschen verständlicher zu machen.

Kleiner Scherz. Wie wär's stattdessen mit einer hübschen kleinen Fabel?

Als Ameise läufst du den Drahtzaun entlang.
Der Zaun hat ein Tor und nimmt ein Feld in die Zang'.
Ist das Tor geschlossen, läufst du einfach darüber,
Rund ums Feld und dann wieder zum Startplatz hinüber.

Innen im Draht laufen Grünis herum.
Du hörst ihr Flüstern und reges Gesumm.
Ist das Tor geschlossen, laufen Grünis behende,
im Draht um das Feld zum anderen Ende.

Ist das Tor aber offen, fliehn die Schweine ganz leicht.
Weil du Ameise bist, ist dir das ziemlich gleich.
Doch du selbst kannst jetzt nicht mehr ums Feld herumrennen,
Stehst am Torpfosten und musst dort fürchterlich flennen.
Vor Tränen ist dir die Eidechs' entgangen,
die dort lauert, um Tierchen wie dich zu fangen.

Bei offenem Tor müssen Grünis steh'n bleiben.
Doch Eidechsen können Grünis nicht leiden.
So haben die Grünis vor Eidechsen Ruh!

Der Zaun ist ein Stromkreis, der Schalter das Tor,
die Schweineflucht kommt nur des Reims wegen vor.
Nur die Eidechse schaut dir beim Schlafen zu.

Brutus, der flotte Erpel: Magnetismus

Dogmatiker, die an die Elektronentheorie glauben, sprechen nur
ungern über Magnetismus, denn er ist die Hauptursache ihrer
unterschwelligen Unsicherheit. Man weiß seit langem, dass elektrischer Strom immer von einem Magnetfeld umgeben ist. Ebenso weiß man auch, dass ein Magnetfeld immer dann, wenn es
einen Leiter durchquert, einen elektrischen Strom fließen lässt.
Das ist aber auch schon alles, was wir darüber wissen. Einstein
verbrachte die letzten dreißig Jahre seines Lebens damit, eine
«Einheitliche Feldtheorie» aufzustellen, die erklären sollte, warum dies geschieht. Unglücklicherweise glaubte er fest an die
Existenz von Elektronen, brachte seine Theorie nicht zustande
und starb über diesem Misserfolg. Hätte ihm doch jemand von
den Kleinen Grünis erzählt!
Bei Magnetismus denke ich immer an den Wirbel, den die Grünis
beim Düsen durch die Grüniluft hinterlassen – zu dumm, dass er
nicht sichtbar ist.

Stellen Sie sich deshalb eine Ente vor, einen grünen Erpel namens
Brutus, mit einem gefährlichen Blick und ziemlich zerzausten Federn – ein echter Playboy mit mehr Interesse an Partys und Frühstück im Bett als an Naturwissenschaften oder an dem täglichen
Entengeschäft. Werfen wir den alten Brutus in den Teich, breiten
sich kleine Wellen von seinem empört quakenden Körper aus,
konzentrische Kreise aus winzigen Wellen, die umso schwächer
werden, je weiter sie sich von ihm entfernen.
Unternehmungslustig, wie Brutus ist, fängt er an zu paddeln. Die

konzentrischen Kreise, die er macht, nehmen nun die Form eines nach hinten auslaufenden «V» an. Man nennt dies eine «Wirbelschleppe». Hält Brutus seine Geschwindigkeit gleich bleibend, nimmt die Wirbelschleppe die einfache V-Form an. Die Kräusel verstärken sich jetzt gegenseitig. Sie sehen nun aus wie eine Bugwelle, die sich hinter ihm herzieht, dabei aber weder ihre Form noch ihre Größe verändert.

Dennoch bewegen sich natürlich all die Kräusel. Ein Motorboot, das die Kraft von mehreren Millionen Enten besitzt (oder «Mega-Entenstärken»), hinterlässt eine gewaltige Bugwelle. Obwohl seine Wellen von einem Hubschrauber aus unbeweglich aussehen, können sie Ihr Kanu zum Kentern bringen, wenn Sie aus Versehen in sie hineinpaddeln. Die Wellen ziehen Sie buchstäblich heran. Fährt etwa ein Lastwagen auf der Autobahn an Ihnen vorbei, können Sie den Sog deutlich spüren. Wenn ein Haifisch nahe am Meeresboden schwimmt, wühlt seine Bugwelle Schlick auf.

Und wenn Grünis durch einen Draht wandern, wirkt ihre Bugwelle wie ein Magnet. Zumindest könnte es genau so sein. Es ergibt Sinn, man kann es sich vorstellen und die Elektronentheorie liefert auch keine bessere Erklärung für Laien. Lehrbücher begnügen sich mit der nüchternen Feststellung, dass Elektronen immer von einem mysteriösen Magnetfeld umgeben sind, wenn sie durch einen Leiter wandern. Niemand scheint das zu wundern.

Während wir nun über Elektrizität und Magnetismus nachgedacht haben, hat Brutus eine Gruppe ähnlich verrückter Erpel zusammengetrommelt und führt sie in einer langen Kette über den Teich. Von oben betrachtet vereinigen sich ihre Bugwellen zu einigermaßen parallel verlaufenden Linien beidseitig der Erpelkette. Sie sehen praktisch bewegungslos aus. Wie gemalt.

Schließen sich der Kette noch mehr Erpel an, treffen ihre Bugwellen auf die bereits vorhandenen und verschieben sie etwas nach außen. Wird es einigen Erpeln zu dumm und fliegen sie wieder weg, schrumpft die Bugwelle wieder und rückt näher an die Erpelreihe heran.

Bis jetzt sind wir auf der Wasseroberfläche geblieben und haben uns die Sache nur zweidimensional vorgestellt. Würden Brutus und seine Jungs ihre Vorstellung aber unter Wasser wiederholen, würden sogar dreidimensionale Kräusel entstehen. Das sähe dann so aus, als ob die Erpel inmitten konzentrisch um sie strudelnder Bugwellen schwämmen. Jeder Fisch, der sich zu nahe an sie heranwagte, würde von der Wirbelschleppe angesaugt und vermutlich sofort von einem Erpel verschlungen.

Kaum zu glauben, aber was ein Erpel kann, kann ein Grüni schon lange. Wenn sich Grünis bewegen, hinterlassen sie in der Luft einen Bugwellen-Strudel aus stehenden Ringwellen, die **magnetische Kraftlinien** oder **Feldlinien** genannt werden. Nur wenige Dinge aus unserem Universum werden in diese Bugwellen-Strudel hineingezogen. Eisen gehört dazu. Andere Materialien reagieren weniger stark auf den Sog. Erhöht man die Strommenge, vermehren sich diese Kraftlinien und beschreiben größere Ringe um den Draht herum. Lässt man weniger Strom fließen, schrumpfen die Linien wieder. Man kann beobachten, wie sie Eisenspäne zu konzentrischen Kreisen auf einem Stück Papier ausrichten, durch das man einen Strom führenden Draht gestochen hat.

Magnetismus wird durch Isolatoren, also Nichtleiter, nicht beeinträchtigt. Man kann ihn mit diesen Materialien nicht einsperren. Allerdings bevorzugt er gewisse Substanzen. Eisen scheint für den Magnetismus am leichtesten zu durchdringen zu sein. Wir können den Magnetismus also ermuntern, dort zu wirken, wo wir ihn haben wollen, indem wir ihm einen Pfad aus Eisen anbieten. Wie alle Grünis und die meisten von uns tendiert auch er dazu, immer den einfachsten Weg zu nehmen. Legen wir ein Stück Eisen dicht neben eine Leitung mit elektrischem Strom, wird ein Großteil des sie umgebenden Magnetfeldes durch das Eisen verlaufen.

Elektrisch erzeugten Magnetismus nennt man **Elektromagnetis-**

mus und elektrisch gesteuerte Magnete werden **Elektromagnete** genannt. Wickeln wir Draht um ein Eisenstück und lassen dann einige Grünis durch den Draht wandern, haben wir schon einen hübschen Elektromagneten. Solange der Strom fließt, können wir damit verstreute Büroklammern vom Boden aufheben.

Leute, die schon immer wussten, dass das Universum symmetrisch sein muss, werden über die folgende Nachricht besonders glücklich sein: Elektrizität erzeugt nicht nur Magnetismus, sondern Magnetismus kann ebenso auch Elektrizität erzeugen. Bewegt man nämlich einen Magneten dicht an einem Draht, kann man ein wenig elektrischen Strom darin erzeugen. Das funktioniert mit jeder beliebigen Bewegung, wenn die Kraftlinien den Draht kreuzen können. Jedes Mal, wenn eine Kraftlinie durch den Draht geht, fließt wieder ein bisschen Strom. Je stärker der Magnet, desto mehr Strom erzeugt man. Schnelle Bewegungen in hoher Frequenz lassen die Kraftlinien öfter den Draht kreuzen, und man erhält mehr Strom.

Es ist im Grunde egal, ob der Magnet ein natürlicher Dauermagnet ist oder ein Elektromagnet. Magnetismus bleibt Magnetismus. Tatsächlich kann jedes Magnetfeld in der Nähe eines Stromleiters in einem benachbarten Draht einen weiteren elektrischen Strom fließen lassen, auch wenn man ihn dort gar nicht gebrauchen kann. Aber natürlich nur, wenn seine Kraftlinien den anderen Draht kreuzen.

Magnetismus und Elektrizität sind wie Dr. Jekyll und Mr. Hyde in der Naturwissenschaft. Wie in der berühmten Erzählung werden wir nie erfahren, was da eigentlich vor sich geht, aber mit Sicherheit können wir sagen, dass zwischen beiden eine rätselhafte Beziehung besteht. Wo immer Elektrizität fließt, gibt es auch Magnetismus. Wo immer magnetische Kraftlinien einen Leiter kreuzen, lassen sie Strom fließen. Als ob sich Elektrizität in Magnetismus verwandelt und dann wieder zurück in Elektrizität …

Natürlich kann man sich auch an die grünen Erpel halten, die auf dem friedlichen Teich kleine grüne Wellen machen.

Die Welt durch eine
grasgrüne Brille gesehen

Als ich aufwachte, merkte ich sofort, dass irgendetwas anders war, kam aber nicht darauf, was es sein könnte. Der See lag wie jeden Morgen kalt, grau und ruhig da. Am Himmel leuchtete ein mattes Dämmerlicht und aus dunstiger Höhe sang ein Vogel sein einsames Lied. Der frühe Morgen in der Wildnis von Utah ist immer bezaubernd, aber heute war er irgendwie ganz anders. Alles sah fremd und unwirklich aus, und mein schläfriger Kopf versuchte zu verstehen, warum. Mike saß auf einem großen Steinbrocken neben mir.

«Werd bloß nicht stinkig, Mann. Es ist klasse, du wirst schon sehen. Lass einfach locker.» Seine Stimme klang beruhigend, als ob er mich auf etwas vorbereiten wollte.

Während ich mir noch die Augen rieb, stellte ich plötzlich fest, dass meine Hand dunkelrot glühte. Vor Schreck war ich sofort hellwach. Die andere Hand und meine Füße glühten ebenfalls. In Panik drehte ich mich zu Mike um und stellte fest, dass auch seine grüne Haut von einem dunklen glühenden Rot überzogen war.

«Das ist schon okay, Mann», sagte er ruhig. «Das ist Infrarot. Wärme, weißt du. Dein Körper strahlt immer so und jetzt kannst du es endlich mal erkennen. Wolltest du das nicht immer schon mal sehen?»

«Nein!», sagte ich ehrlich. «Ich will mein altes Sehvermögen zurückhaben!»

«Augenblick, Mann. Entspann dich, lass es einfach geschehen. Schau mal rüber zu dieser blühenden Wiese.»

Ich schaute hin, trotz meiner Panik. Die Blumen strahlten leuchtend violett, wie kleine farbige Lichter im Gras. Dabei war ich mir ziemlich sicher, dass sie keine Wärme abstrahlten.

«Das ist Ultraviolett. Es ist einfach eine Farbe des Lichts, die du normalerweise nicht sehen kannst. Die Blumen glühen nicht wie deine Hände, sie reflektieren nur das bisschen Sonnenlicht, das sich langsam über dem Horizont ausbreitet. Manche Insekten können ultraviolettes Licht sehen. Für sie sehen diese Blumen jeden Tag so aus. Klapperschlangen können übrigens Infrarot sehen. Und du kannst jetzt beides sehen. Ist das nicht die Wucht? Schau mal dort drüben!» Eine Feldmaus hastete durch das Gras und lief weg, dann hielt sie inne. Ich wusste, dass sie sich perfekt an ihre Umgebung anpassen konnte und ich sie normalerweise nicht sehen würde. Heute war sie ein winziger roter Leuchtturm, der Wärme abstrahlte. Wenn Klapperschlangen Infrarot sehen können, überlegte ich, war das Vertrauen der kleinen Maus in ihre Tarnung leider völlig unangebracht.

«Wow!», war alles, was ich herausbrachte.

«Weißt du, Mann», sagte Mike, «es ist gut, dass du nur einen kleinen Teil des Farbspektrums sehen kannst. Wenn du Funk- und Fernsehwellen, Mikrowellen und Wärmewellen neben den regulären Lichtwellen sehen könntest, wäre die Welt für dich so verwirrend, dass du dich überhaupt nicht mehr aus dem Haus trauen würdest. Wenn du zu erklären versuchst, was du siehst, sperren sie dich ein. Es wäre genauso, als könntest du den Wind sehen. An einem stürmischen Herbsttag würdest du für alles andere blind sein.»

«Wow!», wiederholte ich und schaute umher. Der Himmel wurde langsam heller, und jede Wolke strahlte in wildromantischen, blendend hellen Regenbogenfarben, wie ein funkelndes, diamantenbesetztes Kissen. Der ruhige See war ein Kaleidoskop wirbelnder Farben. Ich war mir sicher, dass ich noch viel mehr als nur infrarotes und ultraviolettes Licht sah.

«Infrarot und Ultraviolett waren nur Spaß», sagte Mike. «Hier ist das, was ich dir eigentlich zeigen wollte.» Er hatte die Batterie aus meinem Geländewagen genommen und schloss jetzt ein Starterkabel an die Klemmen an.

«He, warte, du machst einen Kurzen!», schrie ich, aber es war schon zu spät. Er hatte das eine Ende des Kabels schon an die positive Klemme und das andere an die negative angeschlossen.

«Partyzeit, Jungs», sagte er sanft, und Funken flogen aus seiner Hand. Plötzlich schwoll das Kabel an, bis es sich wie eine fette graue Schlange von Klemme zu Klemme ringelte. Ich sah genauer hin und erkannte, dass es nicht das Kabel war, das anschwoll, sondern ein gespenstischer Nebel, der den Draht umgab, in der Mitte ganz dunkel und nach außen heller werdend. Seltsam. Er schien wie in eine Röhre gepresst, wie konzentrische Baumringe, durch die das elektrische Kabel verlief, oder wie durchsichtige Wasserröhren, die ineinander gesteckt waren. Ich wollte sie berühren, aber meine glühend rote Hand bewegte sich geradewegs durch sie hindurch. Wenn Mike den Draht bewegte, ging auch der Nebel mit und schob sich einfach selbst beiseite.

«Was ist das?», fragte ich beeindruckt.

«Magnetismus, Mann. Es ist der Wirbel in der Grüniluft, den wir verursachen, wenn wir uns fortbewegen. Dieser Nebel ist immer dort, wo Elektrizität durch einen Draht wandert, nur kannst du es normalerweise nicht sehen. Es ist wie der Sog, den dein Geländewagen hinter sich herzieht, wenn er sich auf der Autobahn vorwärts quält. Den Sog kannst du auch nicht sehen, es sei denn, du fährst auf einer sehr staubigen Straße. Ich hab hier einfach etwas Staub hinzugefügt.»

«Das ist doch ein Traum, oder?» Ich fühlte mich wie im Spiegelkabinett eines Vergnügungsparks.

«Siehst du diese etwas dunkleren Linien?», fragte Mike. Ich hatte sie bereits bemerkt.

«Du meinst diese Dinger, die aussehen wie eine zylindrische Blase in der Blase?»

«Jep! Das sind Schichten verdichteten Nebels. Dies sind die magnetischen Kraft- oder Feldlinien. Drehen wir den Strom ein bisschen auf, werden sie vom Draht aus immer weiter nach außen wachsen. Wenn ich die Batterie aber ausschalte, so wie jetzt...»

Er zog das eine Ende des Kabels aus der Klemme. Wie ein Flaschengeist in seiner Flasche verschwindet, zog sich der graue magnetische Nebel eng um den Draht zusammen und verschwand schließlich ganz.

«Das ist doch cool, oder nicht?» Mike strahlte.

«Ungeheuer cool», pflichtete ich ihm bei. «Aber du meinst doch nicht im Ernst, dass jeder blöde Draht auf dieser Welt unter Strom mit einem magnetischen Feld wie diesem umgeben ist, oder? Ich glaube, das ist alles nur ein Trick von dir.»

«Der einzige Trick dabei war, Mann, dass ich dich das Ding habe sehen lassen. Jeder einzelne Draht auf dieser Welt ist von einem magnetischen Feld wie diesem hier umgeben, solange wir Grünis durch ihn hindurchrasen. Je mehr Strom im Draht, desto stärker ist das Feld, aber sogar ganz kleine Ströme wie in der Armbanduhr sind von einem winzigen Magnetfeld umgeben. Schau mal dort hinüber.»

Er zeigte auf die Strommasten. Sie waren von demselben grauen Nebel umhüllt, sehr viel größer und dunkler als derjenige, den Mike mit meiner Wagenbatterie gezaubert hatte. Sie schienen zu flackern und sich zu bewegen. Ich drehte mich um, um ihn danach zu fragen, aber Mike war schon wieder beim Wagen und stellte die Batterie zurück. Ich folgte ihm.

«Die andere coole Sache ist die», sagte er über die Schulter, «dass jedes Mal, wenn ein Draht ein Magnetfeld passiert, elektrischer Strom durch den Draht fließt. Und nicht nur durch den Draht. Durch jeden Leiter.»

«Und was ist mit den Eichhörnchen?»

«Wie bitte?»

«Da sitzt ein Eichhörnchen auf der Stromleitung. Lässt das magnetische Feld in seinem Körper Strom fließen? Oder sind Eichhörnchen keine Leiter?»

Mike lachte.

«Allerdings sind sie das. Obgleich sie froh sein können, dass sie nur sehr schlechte Leiter sind. Es ist also ein ziemlich kleiner Strom. Aber du hast Recht. Jedes Mal, wenn es durch dieses magnetische Feld hindurchklettert, wird ein winziges bisschen Strom durch seinen Körper rieseln.»

Die Sonne ging jetzt auf und steuerte ihr hell leuchtendes Gelb zum Spektakel des tanzenden Lichts bei, das mich umgab; die schimmernden violetten Blumen, der See und die Wolken, das rote Glühen aller Lebewesen um mich herum. Der magnetische Nebel flackerte und wand sich um die Stromleitungen wie ein endloser Geisterwurm. Mein neues Sehvermögen machte mir jetzt keine Angst mehr. Es machte Spaß. Das infrarote Glühen, das sich wie ein Dunst um meine Hände und mein Gesicht gelegt hatte, erschien mir ganz natürlich. Wenn manche Leute wirklich eine «Aura» haben, wie einige meiner Freunde behaupten, dann muss sie so aussehen, dachte ich.

«Und Magnetismus ist praktisch die ‹Aura›, die den elektrischen Strom umgibt», sagte ich laut.

«Du hast's kapiert», sagte Mike und nahm seine Angelrute auf. «Lass uns was zum Frühstück fangen.»

Ein wenig traurig bemerkte ich, dass meine Augen langsam zum normalen Sehvermögen zurückkehrten. Ich seufzte und ergriff meine Angel. Die Maus verblasste und wurde braun und unsichtbar im Laub, die ultravioletten Blumen knipsten ihre Farbenpracht aus. Jetzt konnte ich erkennen, dass es schlichte gelbe Löwenzahnblüten waren.

«Das hat Spaß gemacht», sagte ich.

«Nicht so viel Spaß wie Angeln», erwiderte Mike, und ich glaube, das meinte er sogar ernst.

«Ich glaube, es hängt davon ab, wie man die Dinge betrachtet», sagte ich.

«Genau», antwortete er. «Alles hängt davon ab, wie man die Dinge betrachtet.»

Ode an die Induktion

Zwei Ventilatoren stehn sich gegenüber,
Schalt einen an – er bläst zum andern hinüber.
Das Wehen des ersten bringt den zweiten zum Drehen,
sah man ihn auch grad noch ganz still nur stehen.
Summ, summ, summ,
Ventilator, summ herum.

Des ersten Geräts Rundum-Bewegung
wirkt auf das zweite als milde Anregung.
Doch dreht sich das zweite, man fragt sich, warum,
dem ersten entgegen, also andersrum.
Summ, summ, summ,
Ventilator, summ herum.

Zwei Drähte liegen Seit' an Seit';
Schick durch den ersten Elektriziteit.
Während sich in ihm der Strom noch aufbaut,
man schon auf magnetische Kraftlinien schaut.
Sie durchkreuzen gemütlich den zweiten Draht,
neuen Strom erzeugend, nach Magnetismus-Art.
Doch seht nur, das hätt' man gewiss nicht geschätzt,
der Strom in Draht zwei fließt entgegengesetzt.
Summ, summ, summ,
Strömchen, summ herum.
Fließt im ersten Draht der Strom dann stabil,
Bewegen sich auch die Linien nicht viel.
Draht zwei bleibt ohne Strom.
Das Ganze nennt man «Induktion».

Schaltet man dann den Strom im ersten Draht ab,
machen auch die kräftigsten Kraftlinien schlapp.
Doch beim Schrumpfen kreuzen sie akkurat,

weil's so schön war, noch einmal den zweiten Draht.
Und Strom wird in gleicher Richtung dann fließen,
wie wir ihn zuvor im ersten ziehn ließen.
Summ, summ, summ.

Das Wort «Induktion» woll'n wir nur verwenden,
Wenn Kraftlinien wachsen oder verenden,
und wenn sie durch einen Leiter durchschießen
und einen Zweitstrom entstehen ließen.
Induktion ist, wenn Kraftlinien wachsen und schrumpfen;
wenn Strom also steigen will oder versumpfen.
Induktion ist, wenn's Strom gibt nur durchs Bewegen
eines andren Magnetfelds, dem ersten entgegen.
Summ, summ, summ.

Wie bei jedem guten modernen Gedicht,
reicht auch hier einmaliges Lesen nicht.
Der Sinn dieser Zeilen wird dem sich erschließen,
den geduldig lesend nichts kann verdrießen.
Summ, summ, summ;
Strömchen, summ herum.

Wenn Grünis surfen gehen:
Induktion und Gegeninduktion

Ein schnittiges Erpel-Motorboot flitzt über einen ruhigen See und
lässt eine kräftige Bugwelle mit einer weißen Schaumkrone hinter
sich. Das Boot fährt Richtung Norden, aber die Wellen, die es
macht, rollen nach Süden. Sie wälzen sich vom Heck des Bootes
fort und bewegen sich weiter, bis sie einen halben Kilometer spä-

ter gegen die südliche Küste schlagen und den Anglern dort den Spaß gründlich verderben. Wäre das Boot elektrischer Strom, dann wären diese Wellen die magnetischen Kraftlinien. Grünis benutzen solche Wellen zum Surfen. Sie warten auf ihren winzig kleinen Surfbrettern, bis ein Boot vorbeikommt, schwingen sich dann schnell auf seine Bugwelle und surfen, bis sie in einem Knäuel verschlungener grüner Arme und Beine unter derben Flüchen an den Strand geschleudert werden. An einem heißen Sommernachmittag kann man oft Milliarden kleiner Grünis auf der Suche nach einer Party über den See flitzen sehen, während andere Grüni-Surfer in Gegenrichtung auf jenen Wellen reiten, die die ersten verursacht haben. Natürlich ist das ein gefährlicher Sport und die Surfer kommen dem Bootsverkehr häufig in die Quere. Aber diese Art Wellenreiten macht Spaß, ebenso wie es Spaß macht, elektrische Geräte zu reparieren, ohne vorher den Stecker gezogen zu haben – ein besonderer Kitzel eben. Naturwissenschaftler nennen das Grüni-Surfen **Induktion**, aber bisher hatten sie eigentlich gar keine Ahnung, wovon sie sprachen. Sie wussten nur Folgendes: Wenn man zwei Drähte nebeneinander legt und elektrischen Strom durch den ersten schickt, tritt aus unerfindlichen Gründen für einen Augenblick auch im zweiten Draht Strom auf, der jedoch in die entgegengesetzte Richtung fließt.

Wer sich nicht mit dem Bild vom Grüni-Surfen anfreunden kann, der ist zu folgender Erklärung verdammt: Strom schafft ein Magnetfeld um den Draht herum, in dem er fließt. Kreuzt dieses Magnetfeld einen anderen Draht, erzeugt er darin einen neuen elektrischen Strom. Schaltet man also im ersten Draht den Strom ein, breitet sich dessen Magnetfeld nach außen aus, durchquert jeden Leiter in der Nähe und induziert auch in ihm einen Strom. Hat der erste Strom einmal seine volle Stärke erreicht und bleibt er beständig, ist sein Magnetfeld ebenfalls beständig. Da sich das Feld nicht mehr bewegt, erzeugt es keinen zweiten Strom mehr, es sei denn, der Draht selbst bewegt sich mit ihm. Schaltet man nun den ersten Strom ab, schrumpft das ihn umgebende Magnetfeld schnell zusammen. Während es in sich zusammensackt, durchquert es in genau diesem Moment noch einmal den zweiten Leiter und erzeugt dort nochmals einen momentanen Strom. Wie es das Prinzip will, ist der zweite Strom dem ersten zunächst gegenläufig. Nimm der Strom im ersten Draht zu, fließt der induzierte zweite Strom im anderen in die Gegenrichtung. Nimmt im ersten Draht der Strom ab, fließen beide Ströme in dieselbe Richtung.

Vielleicht hat ja der eine oder andere von Ihnen einen eher makabren Humor und hackt gerne auf kleinen Grünis herum. Man kann nämlich deren Vorliebe für das Surfen leicht ausnutzen.

Man kann etwa zwei Drähte nebeneinander legen und durch beide gleichzeitig elektrischen Strom in gleicher Richtung fließen lassen. Jeder Draht wird dann im anderen einen zweiten Strom induzieren, der jeweils in die «falsche Richtung» fließt. Erst müssen also die zweiten Ströme überwunden werden, ehe die ersten Ströme ihre volle Kraft erreichen können. Der Endeffekt ist der, dass sich die Drähte für einen Moment lang so verhalten, als gäbe es in ihnen einen zusätzlichen Widerstand. In Wahrheit versuchen natürlich Milliarden winziger Motorboote, sich ihren Weg durch Milliarden entgegenkommender grüner Surfer zu bahnen, ohne dabei die Surfbretter oder ihre Kumpels zu zerstückeln. Ihrem Physiklehrer sollten Sie diese Erklärung aber vorsichtshalber lieber nicht anbieten.

Um die Wirkung der Induktion noch zu steigern, könnten wir einen Streifen Eisenblech zwischen die beiden Drähte legen. Weil magnetische Kraftlinien lieber Eisen durchdringen als Luft, neigen sie dazu, sich darin zu konzentrieren. Man kann auch einfach längere Drähte nehmen und sie sehr dicht nebeneinander legen. Der Strom im ersten Draht könnte dann immerhin genug Strom im zweiten induzieren, um für einen kurzen Augenblick eine Glühbirne zum Leuchten zu bringen, und das ohne dass sie an eine Spannungsquelle angeschlossen wäre oder dass der erste Draht berührt würde. Wird der Strom im ersten Draht abgeschaltet, leuchtet die Glühbirne im zweiten Stromkreis erneut einen Augenblick lang auf, und zwar dann, wenn die schrumpfenden magnetischen Kraftlinien den zweiten Draht wieder kreuzen. Irgendwie gespenstisch, nicht?

Jede Stromänderung im ersten Draht induziert einen Stromstoß im zweiten Draht. Dieser Strom im zweiten Draht ist wiederum von einem eigenen Magnetfeld umgeben. Während dieses wächst oder schrumpft, kreuzt es höchstwahrscheinlich den ersten Draht und erzeugt dort einen zweiten kleinen Strom. Dieser wiederum kann einen weiteren Strom im zweiten Draht induzieren und so weiter. Die Drähte beeinflussen sich also gegenseitig, ohne sich zu berühren. Je nachdem, ob der Strom stärker oder schwächer wird oder wie die Leiter angeordnet sind, unterstützt oder behindert die Induktion andere beteiligte Ströme. Diese gegenseitige Beeinflussung nennt man **Gegeninduktion**.

Grüni-Aufstand im Kabelsalat: Selbstinduktion

Elektrizität kann ungehindert durch ein sehr langes und verheddertes Kabel wandern, das verknäult auf dem Boden liegt. Es spielt keine Rolle, ob das Kabel verwickelt, verdreht, verknotet ist oder welches Durcheinander auch immer herrscht. Solange das Kabel durchgängig ist, kann Elektrizität es ohne weiteres durchwandern. Während der elektrische Strom fließt, ist er von einem Magnetfeld umgeben, das dem Kabel exakt durch jede Drehung und Wendung folgt. Jetzt fragen Sie, was passiert, wenn man plötzlich den Strom einschaltet? Müssen die Kraftlinien dann nicht wachsen? Müssen sie nicht verschiedene andere Teile des verhedderten Kabels kreuzen und dabei neue elektrische

Ströme induzieren? Doch halt!, rufen Sie jetzt. Es ist doch immer noch ein und derselbe Draht, auch wenn er als Kabelsalat daliegt. Kann ein erster elektrischer Strom in seinem eigenen Draht zweite Ströme induzieren?

Darauf können Sie wetten! Wer meine Kapitelüberschriften liest, kann sich wahrscheinlich denken, wie wir das nennen. Wenn ein Erststrom Zweitströme innerhalb ein und desselben Leiters induziert, spricht man von «kaltem Kaffee».

Kleiner Scherz! Es heißt natürlich **Selbstinduktion**. Ja, es ist möglich, mit dem Motorboot so auf dem See herumzukarriolen, dass man gegen seine eigenen Wellen ankämpfen muss. Und das Magnetfeld, das um ein und denselben Draht anschwillt und schrumpft, kann durchaus einen anderen Teil desselben Drahts kreuzen. Wenn der so geschaffene Strom in entgegengesetzte Richtung zum ersten Strom fließt, arbeiten die beiden Ströme gegeneinander. Weil der zweite niemals genauso stark ist wie der erste, wird der erste früher oder später doch gewinnen und schließlich zu voller Stärke anwachsen. Die Kraftlinien breiten sich dann nicht mehr aus, und der zweite Strom verschwindet. Doch im ersten Augenblick scheint unser Draht eine Menge Widerstand zu besitzen.

Dann schaltet man den Strom aus. Die Kraftfelder um den Draht herum schrumpfen. Sie induzieren nochmals einen zweiten Strom, während sie Teile des Drahts kreuzen. Weil sie dies aber in entgegengesetzter Richtung tun (schrumpfend, nicht sich ausbreitend), wechselt der Strom, den sie induzieren, ebenfalls die Richtung. Jetzt bewegt er sich in derselben Richtung wie der Hauptstrom. Der sterbende Strom induziert also einen zweiten Strom, der sein Leben verlängert, statt ihm entgegenzuarbeiten. Sie haben sich vielleicht schon gewundert, dass Sie Ihre Glühbirne nach dem Ausschalten noch einen Moment lang weiterleuchten sehen. Selbstinduktion erhält in diesem Fall also den Strom am Leben, bis sich die Kraftlinien aufgebraucht haben. Am dramatischsten wirkt die Selbstinduktion, wenn ein Draht zu sich selbst zurückgebogen ist, sodass jede Kraftlinie den Draht mehrere Male kreuzen muss. Aus diesem Grund wirkt in jeder Drahtspule ein hohes Maß an Selbstinduktion.

Doch auch ein schnurgerader Draht muss sich mit diesem Problem herumschlagen, und zwar deshalb, weil noch der winzigste Draht riesig ist im Vergleich zu einem einzelnen Grüni. Wenn die erste Gruppe tapferer, abenteuerlustiger Partygänger durch die Drahtmitte rast, sind die magnetischen Kraftlinien noch so klein, dass sie sich noch innerhalb des Drahts befinden. Je mehr Grünis ihnen folgen, desto stärker schwellen die Kraftlinien an. Während sich die Kraftlinien noch innerhalb des Drahtes befinden, induzieren sie einen zweiten Strom, der rückwärts fließt. Die beiden Ströme, die im selben Draht in entgegengesetzte Richtungen fließen, beeinträchtigen einander, bis der erste Strom, wieder einmal, schließlich die Oberhand gewinnt.

Das Gegenteil passiert, wenn man den Strom abschaltet. Die Kraftlinien um den Draht herum schrumpfen, und zwar durch den Draht hindurch zu seiner Mitte hin. Während sie das tun, induzieren sie einen zweiten Strom, der in dieselbe Richtung wandert wie der erste Strom. Bis sie vollständig verschwunden sind, fließt der zweite Strom weiter, selbst dann, wenn man das Kabel längst aus der Steckdose gezogen hat. Die Energie, die zunächst in den Aufbau des Magnetfeldes floss, wird darin gewissermaßen aufbewahrt und dem Draht in dem Moment zurückgegeben, in dem das Feld wegschrumpft – oft als Funke, etwa beim Herausziehen des Steckers. Selbstinduktion widersetzt sich jeder Zunahme der Stromstärke. Fairerweise muss man sagen, dass sie sich auch gegen jede Abnahme sperrt. Selbstinduktion widersetzt sich einfach *jeglicher* Änderung des Stroms. Versucht man, die Stromstärke zu erhöhen, erzeugen die entstehenden Kraftlinien einen Strom, der rückwärts fließt. Versucht man aber, die Stromstärke zu verringern, erzeugen diese schrumpfenden Kraftlinien einen Strom, der den ersten Strom weiter unterstützt und vor dem Abnehmen bewahrt. Wenn es nach der

Selbstinduktion ginge, dürfte sich Strom überhaupt niemals ändern.

Selbstinduktion kann also ein echtes Ärgernis sein. In anderen Fällen ist sie nützlich, etwa wenn wir elektrischen Strom daran hindern wollen, sogleich seine volle Stärke zu entfalten. Die verbreitetste Art, die Wirkung der Selbstinduktion zu verstärken, besteht darin, den Draht einfach aufzuwickeln. Je mehr Windungen der Draht hat, desto mehr Selbstinduktion entsteht, und desto länger braucht der Strom, ihre Auswirkungen zu besiegen. Mit einer ausreichenden Zahl nebeneinander liegenden Schleifen könnte man die Grünis sogar so lange aufhalten, bis die Party endgültig vorbei ist, wenn sie endlich ankommen.

Die Wirkung der Selbstinduktion ist am stärksten, während der elektrische Strom noch anwächst oder bereits schwindet, und sie wird bedeutungslos, während der Strom beständig fließt. Selbstinduktion reagiert also wie ein Widerstand, der sich je nach Situation ändert – beim Einschalten hoch, dann sinkend.

Merken Sie sich einfach den Satz: Selbstinduktion leistet jeder Zu- oder Abnahme des elektrischen Stroms Widerstand.

Romeos unerfüllte Sehnsucht: Kapazität

Stellen Sie sich vor, Sie wären ein Grüni, der in seinem grünen Sportwagen einen Draht hinunterbraust. Plötzlich kommen Sie an eine Weggabelung. Links sehen Sie einen tollen Parkplatz, so groß, dass Sie das Ende nicht erkennen können. Rechts läuft die Autobahn in einen einspurigen Feldweg mit Geröll und Schlaglöchern aus. Aus beiden Richtungen schallt laute und einladende Partymusik. Sie fahren so schnell wie immer und müssen sich deshalb sofort entscheiden. Was tun Sie?

Ich müsste darüber nicht nachdenken. Wenn ich Partymusik aus der Richtung des Parkplatzes hören kann, gehe ich davon aus, dass es auf der anderen Seite eine Ausfahrt und dann freie Fahrt über eine breite Straße gibt. Ich lasse meinen kleinen Motor, ohne zu zögern, aufheulen und rase über das endlose schwarze Asphaltband. In meinen Ohren klingt Chuck Berry, Sie hören vielleicht lieber die Rolling Stones oder Barry Manilow. Die meisten Grünis lieben die Rockgruppe AC/DC. Andere folgen dem Lockruf des Electric Light Orchestra überallhin.

Jedenfalls ist unser Partytrieb enorm stark, der Wind spielt mit unserem Haar und unsere kleinen Sportwagen schnurren zufrieden wie stolze Jungpumas auf der Jagd nach Beute. Während wir fahren, wird die Musik immer lauter. Also wissen wir, dass wir richtig liegen.

Aber plötzlich endet der Parkplatz. Statt einer Ausfahrt entdecken wir mit Schrecken eine Backsteinmauer, massiv und unüberwindlich. Wir treten sofort auf die Bremse. Wahrscheinlich schimpfen Sie jetzt auf mich. «Du hast dieses verflixte Buch geschrieben», höre ich Sie fluchen. «Du hättest es vorhersehen können!»

Während ich noch eine Entschuldigung stammle, bremsen die Autos hinter uns scharf ab und bleiben stehen. Wir hören zwar ganz deutlich die Musik hinter der Mauer, können sie aber unmöglich erreichen.

Allmählich füllt sich der riesige Parkplatz mit Sportwagen.

Allen ist nun klar, dass wir nicht zur Party kommen, wenn wir nicht denselben Weg zurückfahren, auf dem wir hergekommen sind. Unsere kleinen grünen Hupen tröten infolge der steigenden Aufregung immer lauter, und nach langwierigen Wendemanövern befinden wir uns endlich wieder auf dem Weg zur Party.

Wenn jetzt ein verspäteter Grüni den Draht herunterrast und an dieselbe Weggabelung kommt, sieht die Lage natürlich ganz anders aus. Rechts ist ein einsamer Feldweg, steinig, aber offenbar befahrbar. Links sieht er eine kilometerlange Schlange grüner Autos, Stoßstange an Stoßstange, alle hupend, die Fahrer fluchend und ihre kleinen grünen Fäuste schüttelnd bei dem Versuch, den Parkplatz zu verlassen. Ein elektrisches Stockcar-Rennen. Dieser Feldweg sieht plötzlich gar nicht so schlecht aus, oder?

Natürlich haben wir jetzt ein besonders gemeines Jargon-Wort für «die Wirkung überfüllter Parkplätze auf den Verkehr». Der korrekte Ausdruck dafür ist **Kapazität**. Kapazität ist das elektrische Gegenstück zum ganz alltäglichen Fassungsvermögen. Wie viele grüne Autos können wir in unsere grüne Parkplatzfalle hineinlocken, und wie lange können wir sie darin halten? Offensichtlich kann ein großer Parkplatz mehr parkende Autos fassen als ein kleiner. Eine gute, massive Backsteinmauer hält sie besser zusammen als ein Drahtzaun. Entsprechend kann ein Gegenstand mit viel Kapazität eine Menge elektrischer Ladung speichern.

Eine Wolke etwa hat viel Kapazität. Auf einer Wolke können sich viele Kleine Grünis versammeln. Die Luft, die sie von der Party auf dem Erdboden trennt, wirkt wie eine dicke Backsteinmauer. Die Grünis hören die Musik der Party und wollen natürlich sofort hingehen. Doch Luft ist ein guter Isolator, und es ist sehr schwierig für Elektrizität, durch sie hindurchzuwandern (Einige von Ihnen werden jetzt einwenden, Luft habe eben nur wenige freie Elektronen. Wenn Sie das auch gerade sagen wollten, müssen Sie jetzt zur Seite 1 zurückblättern und alles nochmal von vorn lesen.)

Zurück zum Parkplatz. Die Grünis hupen aufgeregt und fahren sich gegenseitig an die Stoßstangen. Beschimpfungen werden laut, die ersten werden handgreiflich, denn alle wissen, dass die besten Tänzerinnen unter den Mädchen alle längst mit irgendeinem anderen Grüni gehen, bevor wir dieses Durcheinander entwirren und zur Party kommen können.

Da passiert es. Die Musik wird noch viel lauter, es müssen also noch mehr Mädels auf die Party gekommen sein. «Auch das noch!», sage ich zu mir selbst. «Marvin Gaye mit seinem Song ‹Heard it Through the Grapevine›! Da kann doch niemand widerstehen!» Sofort steigt unsere Spannung. Wir müssen jetzt sofort auf diese Party! Eine Art kollektiver Wahnsinn packt uns, und wir fangen tatsächlich an, mit unseren hübschen kleinen Sportwagen gegen die Mauer zu fahren. Tausende von uns krachen einer nach dem anderen an die Ziegelwand. Tausende Grüni-Kfz-Mechaniker werden sich freuen.

Irgendwie klappt es. Die Mauer wankt, Risse entstehen, sie zittert, dann fällt ein Teil zu Boden. Die ersten Autos schießen durch die Lücke und machen sie breiter. Bald ist die Öffnung riesengroß, breit genug für Dutzende Autos, und der Schutt wird von einer Million grüner Räder zu Staub zermalmt.

Doch zurück zur Wolke. Steigt die Spannung hoch genug, reicht sogar die Luft als Isolierung nicht mehr aus. Ein kleines elektrisches Rinnsal bahnt sich seinen Weg zum Boden, dreht und windet sich, um den leichtesten Pfad nach unten zu finden. Dieses schmale Band aus Elektrizität wandert durch die Luft, reibt sich an ihrem hohen Widerstand und wärmt sie so auf. Die erwärmte Luft bietet wiederum weniger Widerstand als die kühle Luft in der Umgebung, sodass mehr Elektrizität durch sie hindurchschießen kann, die wiederum mehr Luft erwärmt. Natürlich ist dieser elektrische Pfad von magnetischen Kraftlinien umgeben, die sehr schnell von der Mittellinie des Stroms ausgreifen. Erraten: Selbstinduktion. Sogleich entsteht ein starker Strom, der in der Gegenrichtung, also von der Erde zur Wolke zurückfließt und ebenfalls die Luft anheizt. Von dort wirkt ein dritter induzierter Strom, der zurück zum Boden schießt und von weiteren Grünis aus der Wolke als Transportweg genutzt wird. Die Luft auf diesem Pfad wird nun so heiß, dass sie zu glühen beginnt und sich explosionsartig ausdehnt. So geht es blitzartig zwischen Wolke und Erde hin und her, etwa eine Million Mal pro Sekunde. Diese riesige Strommenge lädt die Luftmoleküle auf oder **ionisiert** sie. Dadurch wird Licht erzeugt und der Widerstand der Luft verringert. Ein Blitz bedeutet also nichts anderes als den Zusammenbruch der Kapazität einer Wolke. Wolken haben die wohl größte Kapazität überhaupt, und beim Zusammenbruch verkohlen sie nebenbei noch die Eiche im Garten.

Natürlich ist das alles eine Frage der Dosierung. Schon jede etwas breitere Stelle auf einem Feldweg bietet Platz für ein paar parkende Autos. Und sicher parken vor jedem Mäuerchen auf dem Weg zur Party ein paar hoffnungsvolle junge Burschen, die niemals ihre Chance bekommen werden.

Man kann sich Kapazität also einerseits als die Fähigkeit eines Stoffes, Ladung zu speichern, vorstellen und andererseits als «Köder» für Strom, der an einen unerreichbaren Ort gelockt wird. Leitet man elektrischen Strom in ein Objekt, das viel Kapazität besitzt, ohne der Elektrizität einen Ausweg zu bieten, wird so lange Strom fließen, bis das Objekt «voll läuft». Ist es einmal komplett geladen, fließt kein Strom mehr.

Kapazität ist das elektrische Gegenstück zu verlorener Hoffnung, unerwiderter Liebe oder unrealistischen Erwartungen.

Romeo hatte also sehr viel Kapazität.

Thomas Edison gegen Nikola Tesla: Gleichstrom und Wechselstrom

«DC» wäre ein guter Name für den knallharten Detektiv eines bestsellerverdächtigen Mystery-Krimis oder für einen mächtigen Geheimbund.

Stattdessen heißt so eine Einbahnstraße: Ist ein Stromkreis so angelegt, dass die Elektrizität nur in eine Richtung wandern kann, nennt man den Strom **Gleichstrom**. Man kürzt ihn mit dem Symbol «–» oder mit den Buchstaben **DC** ab (vom englischen Ausdruck «direct current»). Gleichstrom wird gewöhnlich von Batterien oder Gleichstromgeneratoren geliefert. Dank unserer überragenden elektrischen Fähigkeiten können wir einen elektrischen Strom auf seiner Fahrt zur Party aber auch umkehren. Ganz recht. Wir können die Grünis anhalten, sie herumdrehen und geradewegs dahin zurückrasen lassen, wo sie hergekommen sind. Zum Beispiel in dem wir die Drähte vertauscht an die Batterie anschließen. Grausam, wie wir sind, können wir sie dann erneut umkehren lassen. Hin und zurück. Im ersten Moment wandert die Elektrizität im Uhrzeigersinn den Stromkreis entlang, im nächsten gegen den Uhrzeigersinn, dann erneut im Uhrzeigersinn. Jeder normale Mensch wäre darüber zutiefst frustriert und überzeugt, dass keine Party der Welt es wert wäre, sich dafür so herumkommandieren zu lassen. Nicht so der Grüni. Sobald hinter ihm die Musik ertönt, steigt er voll ins Bremspedal, wendet und rast hoffnungsvoll in die neue Richtung. Grünis sind bewundernswert hartnäckig und optimistisch, wenn auch vielleicht manchmal etwas schwer von Begriff.

Strom, der seine Fließrichtung ständig wechselt, nennt man **Wechselstrom** und kürzt ihn mit dem Symbol «~» oder **AC** ab (vom englischen Ausdruck «alternating current»). Wechselstrom wird fast immer von einem Wechselstromgenerator geliefert, einem Gerät, in dem Magnete innerhalb einer Drahtspule kreisen.

Thomas Edison war ein begeisterter DC-Fan. Als er seine kleine Firma gründete, um seine Erfindungen zu verkaufen (vielleicht haben Sie schon von ihr gehört, sie heißt heute General Electric), fand er, dass die Welt viel schöner und einfacher wäre, wenn alle dieselbe Stromart benutzten. Er war für Gleichstrom. Da aber alle seine kleinen Erfindungen ausschließlich mit Gleichstrom arbeiteten, war seine DC-Begeisterung in wissenschaftlicher Hinsicht vielleicht nicht ganz objektiv.

Nikola Tesla dagegen stellte den riesigen Vorteil von Wechselstrom heraus: Wenn man ihn durch sehr lange Drähte schickt, verliert er nicht so viel Energie wie Gleichstrom. Allerdings war Herr Tesla für seine «Tesla-Spule» und andere Wechselstromgeräte berühmt und daher wohl auch nicht viel objektiver als sein

Kollege. Immerhin hatte er die Logik auf seiner Seite, und seitdem verkaufen alle Elektrizitätswerke Wechselstrom. Übrigens hat Herr Tesla nicht «General Electric» gegründet. Stattdessen hatte er einen Kumpel namens George Westinghouse, der die Druckluftbremse für Eisenbahnen erfand und vermarktete. Eisenbahnen fahren heute noch mit seinen Bremsen. Doch das ist eine andere Geschichte.

Wechselstrom ist möglicherweise nicht ohne neue Fachausdrücke zu verstehen. **Periode** für «ständige Wiederkehr» ist das erste. Periode bedeutet hier «einmal hin und zurück». Ein Grüni startet in Berlin und fährt in einem Draht nach Rom hinunter. Dann wechselt jemand die Batterie-Anschlüsse, und er rast denselben Draht nach Berlin zurück. Das ist einmal hin und zurück oder eine Periode. Wie Elektroingenieure nun mal sind, polen sie den Strom erneut um – und unsere Jungs sind wieder auf dem Weg nach Italien. Eine Periode beginnt in dem Moment, in dem ein Grüni Berlin verlässt, und endet erst, nachdem er in Rom war, zurück nach Berlin gereist und fertig für den Neustart ist. Eine Fahrt nach Süden, dann dieselbe Fahrt zurück nach Norden, von wo er herkam, und wieder südwärts gewendet an den Start.

Grünis reisen schnell. Sie können die Distanz fünfzigmal in der Sekunde überwinden.

Wir messen die Perioden nicht in Kilometern. Wir zählen nur, wie oft in einer Sekunde die Richtung gewechselt wird. Erfassen wir den Rhythmus und kehren den Strom hundertmal in einer Sekunde um, muss die Elektrizität fünfzigmal pro Sekunde hin und zurück wandern. Der Strom wechselt also mit fünfzig Perioden in der Sekunde. Jedes Hin und Zurück bedeutet zwei Richtungswechsel, einmal in Rom und noch einmal in Berlin, um sich wieder in die Startposition zu bringen.

Über große Entfernungen ist Wechselstrom Energie sparender, weil ihm die Selbstinduktion zu Hilfe kommt. Wenn man die Spannung umpolt, bevor auch nur ein Grüni Zeit hatte, sein Ziel zu erreichen, könnte man meinen, dass überhaupt niemals Elektrizität in Rom ankommt. Es ist aber ganz im Gegenteil so, dass die Selbstinduktion es ist, die die Grünis die Leitung herunterstößt oder -zieht. Sie ist also der Grund dafür, dass die ganze Sache überhaupt funktioniert.

Man kann elektrischen Strom sehr schnell wechseln lassen, tausend-, ja sogar Millionen Mal pro Sekunde. Auch dafür brauchen wir natürlich sofort ein Fachwort: Die Anzahl der Perioden pro Sekunde nennt man die **Frequenz** des elektrischen Stroms. Die Frequenz in europäischen Haushalten entspricht derjenigen in unserem Berlin-Rom-Beispiel: 50 Perioden pro Sekunde. Eben jetzt fließt genau so ein Strom durch unsere Glühbirne. Die Frequenz des winzigen Stroms in einer Radioantenne beträgt sogar rund 500 000 Perioden pro Sekunde.

Das war doch gar nicht so schwierig, oder? Gleichstrom fließt immer nur in eine Richtung wie der Verkehr in einer Einbahnstraße. Wechselstrom wechselt seine Richtung im Takt. Diese Wechsel werden in «Perioden pro Sekunde» gemessen. Eine Periode ist jeweils ein einmaliges Hin und Zurück und entspricht also zwei Strom-Umkehrungen. Wenn wir von der Anzahl der Perioden pro Sekunde sprechen, meinen wir damit die Frequenz. Frequenz wird in **Hertz** gemessen. Im europäischen Leitungsnetz für Haushalte spricht man von einer **Netzfrequenz** von 50 Hertz. Das ist ein gutes Beispiel für die alte Wissenschaftler-Masche, olle Kamellen als brandneue Erkenntnisse zu verkaufen, um mehr Forschungsmittel herauszuschlagen. Wem nichts Neues einfällt, der gibt halt altbekannten Tatsachen einen neuen Namen. Hertz oder Perioden (pro Sekunde) bedeuten ein und dasselbe.

Wenn der Gleichstrom einmal seine volle Stärke erreicht hat und stabil fließt, muss er die Selbstinduktion nicht mehr überwinden. Wechselstrom dagegen baut sich ständig auf und ab, wechselt die Richtung und beginnt wieder von neuem. Seine Kraftlinien sind ständig in Bewegung, sodass hier die Induktion dazugehört.

Am klügsten ist es also, Gleichstrom in Situation, einzusetzen, die kaum Induktion erfordern, und Wechselstrom dann, wenn

Sie die Induktion sogar irgendwie nutzen wollen. Muss man Elektrizität über weite Entfernungen transportieren, kann die Induktion dabei helfen, also empfiehlt sich dann Wechselstrom. Wenn Sie jedoch zuckende Magnetfelder und einen Haufen herumirrender Zweitströme vermeiden wollen, bleiben Sie lieber bei Gleichstrom.

Der Zauberer

Ich wagte es kaum, mich zu bewegen oder die Augen zu öffnen, als ich erwachte. Irgendetwas stimmte nicht, stimmte ganz und gar nicht. Ich konnte das Plätschern des Sees nicht mehr hören, keine Grille zirpte und kein Vogel sang. Mir war kalt, ich war ganz steif gefroren, und der Boden war zu hart. Der Rücken schmerzte und die Luft roch modrig.

«Es hat keinen Zweck, dich schlafend zu stellen», fauchte eine Stimme. Es war die Stimme eines alten Mannes, ein lautes, unangenehmes Zischen. Ich rührte mich immer noch nicht. «Bilde dir bloß nicht ein, dass du jemanden wie mich so leicht zum Narren halten kannst!» Und plötzlich ein greller Lichtblitz, den ich sogar durch meine geschlossenen Lider sehen konnte. Es gab einen lauten Knall wie von einem Feuerwerk oder einem Revolver. Ich fuhr hoch und riss die Augen auf.

Ich befand mich in einer Art Verlies, das in den massiven Felsen hineingehauen war, mit schweren Eisenstangen vor dem Eingang. Alles war feucht und roch muffig. Vermutlich befanden wir uns tief unter der Erde. Die einzige Lichtquelle war eine blakende, gelbe Fackel, die an der Wand steckte.

Vor mir stand ein Mann, den ich nur als «den Zauberer» kennen lernen sollte. Er war sehr viel größer als ich und außergewöhnlich hager. Er trug eine locker fallende, dunkelbraune Robe, die weich und teuer aussah und so perfekt wirkte, als habe er sie erst vor einer Stunde gekauft. Sein dünnes Haar dagegen hing in zerfetzten grauen Spinnweben über Schultern und Rücken herab. Er reckte mir seine rechte Hand entgegen, wobei blauer Rauch aus den langen spindeldürren Fingern entwich. Sein erschreckend seltsames Gesicht war schmal und bleich, die Wangenknochen traten unnatürlich hervor und warfen dunkle Schatten auf die Wangen. Die Augen lagen tief in ihren Höhlen, als wollten sie sich in den dunklen Löchern eines weißen Kalkfelsens verstecken. Dort irrlichterten sie rastlos hin und her, wobei sie im Widerschein der Fackel immer wieder aufblitzten. Er war ein sehr alter Mann, das konnte ich erkennen, und doch wirkte er lauernd wie ein junges Raubtier. «Wie eine Spinne …», jagte es mir plötzlich durch den Kopf, vermutlich wegen seiner dürren Erscheinung, der bleichen Haut, der blitzenden Augen und grauen Haarbüschel, die ihm um den Kopf wehten. Mich schauderte. Alle meine Sinne warnten mich, dass dieser Mann gefährlich und vermutlich verrückt sein musste. Er ließ langsam seine Hand sinken. Sogar seine Bewegungen erinnerten an eine langbeinige, weiße Spinne, die siegessicher zu der Beute krabbelt, die sich rettungslos in ihrem Netz verfangen hat.

Dann lächelte er. Wie alles an ihm waren auch seine Lippen dünn und trocken. Sein Lächeln ließ jede Wärme vermissen und gefiel mir ganz und gar nicht. Ein Reptilien-Grinsen war das, ein Henkerslachen, ein Gesichtsausdruck, den er noch nicht oft gezeigt hatte. Mit diesem Burschen war nicht zu spaßen. Wieder sprach er in seiner rauen Zischelstimme: «Ich hoffe, du hast gut geschlafen.» Da war keinerlei Gastfreundlichkeit in seiner Stimme und er ließ mir keine Zeit zu antworten. «Ich bin kein böser Mann.» – Ich fragte mich, ob das ein Trost sein sollte. – «Aber ich bin verzweifelt. Das solltest du wissen und dich danach richten. Wäre ich nicht so verzweifelt, hätte ich kein Interesse daran, dich zu foltern. Du musst verstehen, dass das nicht gegen dich persönlich gerichtet ist. Es muss einfach sein.»

Er räusperte sich. Meine Gedanken rotierten. Wo war ich überhaupt? Wie kam ich hierher? Wer war dieser Furcht erregende Alte in seinem mittelalterlichen Gewand? Wo war Mike? Warum war ich hier? Hatte er etwa «foltern» gesagt?

«Deine Fragen werden zu gegebener Zeit beantwortet werden», fuhr er fort, als könne er meine Gedanken lesen. «Zuallererst musst du begreifen, dass mir dein Wohlbefinden und dein Leben egal sind. Solltest du dich als nutzlos erweisen, töte ich dich. Ich muss hoffentlich nicht noch deutlicher werden. Verstanden?»

«Nein, gar nichts verstehe ich! Wo bin ich? Wo …?»

Zorn erfüllte die Augen des Zauberers. Viel schneller und eleganter als erwartet schoss seine Hand hervor und deutete auf den Boden vor meinen Füßen. Sofort züngelten Flammen aus dem Steinboden, tosten und zischten und stiegen rasend hoch, bis sie die Decke erreichten. Für einen Augenblick war es sengend heiß, und ehe ich noch zurückspringen konnte, spürte ich, dass meine Augenbrauen kräuselnd verkohlten. So plötzlich, wie sie gekommen waren, verschwanden die Flammen wieder. Ich nahm mir vor, keine weiteren Fragen mehr zu stellen.

«Dein Leben ist mir völlig egal», wiederholte er, als spräche er mit einem kleinen Kind, dem man die Dinge oft und möglichst einfach erklären muss. «Solltest du dich als nutzlos erweisen, wirst du umgebracht. Andererseits ist mir auch dein Tod egal. Bist du nützlich, wirst du erlöst. Das soll deine Belohnung sein.» Er fixierte mich einen Augenblick. «Ich glaube, du hast verstanden.»

«Ich heiße …» Er blickte mich an, besann sich aber und fuhr fort. «Mein Name tut nichts zur Sache. Wie du bereits vermutet hast, komme ich aus einem längst vergangenen Jahrhundert. Ich war, das heißt, noch bin ich der größte Zauberer meiner Zeit. Und es gibt viele große Zauberer!

Die Welt hat viele Geheimnisse, die Naturwissenschaft und Logik niemals erklären können. Naturwissenschaft und Logik schauen nur auf die Zusammenhänge. Sie sind Sklaven der Regel von

Ursache und Wirkung. Ein Naturwissenschaftler kann niemals Dinge entdecken, die aus diesen Zusammenhängen herausfallen, die jenseits der Gesetze von Ursache und Wirkung liegen. Solche Dinge nennt man Magie. Vor Äonen wusste man bereits, dass Magie nur erlernt werden kann, wenn man die verschwommenen Bereiche des Bewusstseins untersucht, die abenteuerliche Wildnis jenseits aller Logik. Tatsächlich stolpert man oft rein zufällig über die Magie. Ein Fluch, ein mächtiger Zauberspruch, das Schicksal, das in den Sternen steht: all diese Dinge werden nur ganz selten entdeckt, vielleicht alle hundert Jahre einmal. Nach Phänomenen, die jenseits der Regel von den Zusammenhängen existieren, kann man keine logische Suche betreiben. Doch wenn sie einmal erkannt sind, werden diese Geheimnisse von einer Zauberer-Generation zur nächsten weitergereicht. Niemand sonst weihen wir ein. Meine Bruderschaft besteht vom Anbeginn der Zeit und hat einen unermesslichen Reichtum an Magie angehäuft. Und ich bin, wie gesagt, der größte meiner Bruderschaft. Deshalb hat man mich gekidnappt.«

Ich war überrascht und wollte schon etwas sagen, aber der Zauberer hob die Augenbraue, und ich hielt lieber den Mund. Ich lerne schließlich schnell.

«Es gibt in der Zukunft Naturwissenschaftler, die sich die unermesslichen Kräfte der logischen Welt auf eine Art zu Eigen machen, die eure moderne Technologie wie ein Kinderspiel erscheinen lässt. Sie reisen durch die Galaxien und durch die Zeit – oder zumindest taten sie das bisher. Sie werden es nicht mehr tun, zumindest eine Zeit lang nicht.» Er starrte nachdenklich ins Weite. Mir schien, als läge eine Art Genugtuung in seinem Gesichtsausdruck.

Dann fuhr er fort: «Sie haben dennoch unglaubliche Macht. Wie die meisten bösen Männer haben diese Wissenschaftler Geschmack an der Macht gefunden, Geschmack an der Herrschaft über andere Leute. Sie haben all ihr Wissen über die Natur, die Quelle ihrer Macht, durch Gesetze und unverständliche Fachausdrücke zurückgehalten, sodass nur noch einige wenige Auserwählte alles Wissen allein beherrschen. Sie kontrollieren den ganzen Planeten. Doch von der Macht können sie nie genug bekommen. Sie gieren nach noch mehr Macht. Und irgendwie haben sie von meiner Bruderschaft erfahren. Seit sie die Macht der Magie erkannt haben, sind sie wie besessen. Sie haben beschlossen, den mächtigsten Zauberer aller Zeiten zu kidnappen, um ihm all seine Geheimnisse zu rauben. Sie glauben, dass sie ausgerüstet mit der Macht der Magie, meiner Macht also, und mit ihren naturwissenschaftlichen Erkenntnissen unbesiegbar wären. Also sind sie in die Vergangenheit zurückgereist, haben mich mit einer Art Narkosegewehr betäubt und mich mitgenommen. Darauf war ich dummerweise nicht vorbereitet.

Natürlich haben sie mich gewaltig unterschätzt. Ich habe den Unentschlossenheitsbann über sie geworfen, also konnten sie sich nicht darauf einigen, wie man mit mir verfahren sollte. Man nennt diesen Zauber übrigens manchmal auch ‹Finanzausschuss-Fluch› oder ‹Betriebsversammlungsbann›.»

Der Magier lehnte sich jetzt an die Wand und ließ durch das Zucken seiner Augenbraue die Fackel auflodern und sich wieder beruhigen, wie jemand, der beim Reden unbewusst mit seinem Bleistift spielt.

«Während sie sich noch stritten, stahl ich ihre Zeitmaschine und verschwand einfach, nicht ohne ihnen vorher noch eine Zeitreisenphobie anzuhexen. Sie werden mir nicht folgen, wenigstens eine Zeit lang nicht.»

Wieder dieses Reptiliengrinsen. Er war sich seines Könnens sicher, dachte ich bei mir.

«Meines Könnens, ja. Aber von Naturwissenschaften habe ich wenig Ahnung. Offenbar habe ich die Zeitmaschine falsch bedient und bin jetzt in der falschen Zeit gelandet.» Er drehte sich zu mir und starrte mich unfreundlich an. «Und du wirst mir helfen, von hier fortzukommen. In meine eigene Zeit zurückzukehren. Ich muss meine Geheimnisse an meinen Lehrling weitergeben. Ich werde nicht das letzte Glied in einer Kette sein, die zu einer Zeit begann, als Naturwissenschaft noch bedeutete, das Fleisch auf dem Feuer zu garen, statt es roh zu essen!» Seine Stimme wurde lauter, und wieder stand der blanke Zorn in seinem bleichen Gesicht. Die Fackel loderte auf, und ihr heller Schein drang in die tiefsten Nischen des Verlieses. «Du wirst mir helfen heimzukehren!», schrie er, dann hielt er abrupt inne. Mit beherrschter und tonloser Stimme fuhr er fort, aber die Fackel loderte noch gefährlich hell: «Oder du wirst sterben und ich finde einen anderen.»

«Aber wie kann ich …»

«Die Zeitmaschine hat einen elektrischen Steuermechanismus. Ich muss ihn verstehen lernen. Ich habe zwar die Pläne, aber sie sagen mir nichts. Und natürlich kann ich sie niemandem zeigen. In Gedanken habe ich deine Zeit abgesucht. Du bist ideal: Du schreibst ein Buch über Elektrizität und kampierst alleine am See. Dich wird niemand vermissen. Also musst du mich unterrichten.»

Bei «Dich wird niemand vermissen» zuckte ich zusammen. Seltsam, dass er mich genauso gefunden hatte wie zuvor schon Mike. Dieses Buchprojekt war offenbar weit bizarrer, als ich es mir je vorgestellt hatte. Gott sei Dank hatte er nicht mehr von Folter gesprochen. «Nur wenn unbedingt nötig», sagte er, meine Gedanken lesend. «Im Bildungswesen läuft gewöhnlich nichts ohne eine gewisse Folter.»

«Wir setzen sie kaum noch ein», beeilte ich mich zu sagen und ging in Gedanken alle Unterrichtsstunden in der Schule durch. Danach war ich mir nicht mehr so sicher. «Die Sache ist nur die, dass es eigentlich kein Standardlehrbuch werden soll …»

«Ist es wenigstens fachlich korrekt?»

«Na ja, ich habe kein Diplom oder so.»

«Diplom?» Er schien verwirrt. «Ich kenne diesen Begriff nicht. Ist das eine Art Werbemittel?»

«Ja, gewissermaßen», erwiderte ich. «Sieh mal, es gibt eine

Menge Jungs, die wesentlich mehr Ahnung davon haben als ich ...»

«Du bist es», sagte er in brutaler Offenheit, und die Botschaft war eindeutig: Die Diskussion war beendet. Ich schaute auf den Boden vor mir, der noch immer schwarz und warm war, und schluckte schwer.

«Großartig!», heuchelte ich. «Das wird lustig.»

Elektrizität wie im Mittelalter

«Ich habe eine gute Auffassungsgabe», sagte der Zauberer. «Du brauchst nichts zu wiederholen. Wie weit bist du mit deinem Buch?»

«Tja», sagte ich und dachte nach. Die Elektrizität schien irgendwie weit weg und irreal in dieser Situation. Das Fackellicht tanzte auf den kalten Felswänden der Zelle. «Ich habe bisher alle grundlegenden Eigenschaften der Elektrizität beschrieben», sagte ich zögernd. «Ich stand kurz davor, darüber zu schreiben, wie man sich diese Eigenschaften in Stromkreisen zunutze macht und welche Geräte sie verstärken oder abschwächen können.»

«Gut», sagte er. Für einen kurzen Moment schloss er die Augen und legte den Kopf leicht zurück, als wolle er sich konzentrieren. «Setz dich hierhin.» Er deutete auf einen kleinen Holztisch mit zwei Stühlen an der Wand. Ich hätte schwören mögen, dass er vor zehn Sekunden noch nicht da gestanden hatte. Steif erhob ich mich vom feuchten Boden und setzte mich auf einen der Stühle; er setzte sich mir gegenüber. Eine Öllampe auf dem Tisch leuchtete flackernd und tauchte uns beide in ihren unruhigen Schein.

«Die Pläne, die ich entziffern muss, benutzen viele seltsame Wörter und Symbole. Als Zauberer kenne ich die Macht von Wörtern und Symbolen. Am besten erklärst du mir rasch die Dinge, über die du geschrieben hast, weil sie dir noch frisch im Gedächtnis haften. Dann entlasse ich dich, damit du weiterschreiben kannst. In ein paar Tagen hole ich dich wieder her und du wirst mir dann dein Manuskript erklären. Auf diese Weise wirst du meine kostbare Zeit nicht mit langen und verwirrenden Erklärungen einfacher Sachverhalte verschwenden.»

«Weißt du», sagte ich, «manchmal kann ich nicht so schnell schreiben. Ich bin abgelenkt oder ich muss mich um etwas anderes kümmern. Es kann sein, dass ich eine Schreibblockade bekomme oder einfach nichts zu sagen habe. Es kann Monate dauern, bis ich das nächste Kapitel fertig habe ...» Der Magier zuckte nur mit den Schultern und lehnte sich in seinem Stuhl zurück.

«Dann töte ich dich eben. So lange habe ich nicht Zeit. Ich muss schnell zurück. Gut, dass du es mir jetzt schon gesagt hast, so verliere ich nicht so viel Zeit. Eigentlich könnten wir es auch jetzt gleich hinter uns bringen, damit ich mir jemand anderen suchen kann. Nimm's nicht persönlich, du verstehst schon. Ich mach es so schmerzlos wie möglich. Adieu!»

Er schloss die Augen und wollte wieder den Kopf zurücklegen. «Warte!», schrie ich. «Was ist das denn für eine Einstellung! In letzter Zeit habe ich wirklich schnell geschrieben! Die Wörter sind mir nur so aus der Feder geflossen. Außerdem dachte ich, du wolltest etwas über Elektrizität lernen. Worauf warten wir noch? Fangen wir an!»

Ein wenig überrascht machte er die Augen auf. «Bist du ganz sicher?»

«Und ob! Nur noch eine Frage: Kommt in den Plänen das Wort ‹Elektron› oder so ähnlich vor?»

«Ja, tatsächlich. Das Wort wird sogar sehr häufig benutzt.»

Ich erschrak. Das bedeutete zweierlei: Erstens, ich musste alles mithilfe der Elektronentheorie erklären. Zweitens, die Elektronentheorie hatte offenbar bis in die Zukunft hinein überlebt. Demnach würde sich die Grüni-Theorie wohl nie durchsetzen, und ich müsste mir einen Job als Klavierstimmer suchen, um meine Schriftstellerei zu finanzieren. Falls ich überlebte. Aber darüber konnte ich jetzt nicht nachdenken. Ich holte tief Luft.

«Alles besteht aus Atomen», begann ich. «Atome haben ein schweres Mittelstück namens Kern. Dieser Kern hat immer wenigstens ein Proton, manchmal auch Dutzende davon. Das Proton ist ein Teilchen mit einer positiven Ladung.»

«Positive Ladung?»

«Genau, das ist wie ein Kraftfeld ...» Sein Gesicht blieb ausdruckslos. Ich überlegte kurz. «Es ist wie ein Zauber. Das Proton hat eine positive Ladung, als ob es von weißer Magie umgeben wäre. Ein Kern kann außerdem noch ein Neutron haben. Das ist dasselbe wie ein Proton, bloß ohne Ladung. Keine weiße Magie. Um den Kern herum zirkulieren Elektronen. Elektronen sind so winzig, dass wir sie niemals sehen können. Aber jedes hat eine negative Ladung, die ihnen anhaftet wie ein Fluch in der schwarzen Magie. Niemand weiß genau, was Ladung ist. Wir wissen nur, dass zwei Dinge sich gegenseitig anziehen, wenn sie entgegengesetzte Ladungen besitzen. Also werden Elektronen mit ihrer negativen Ladung von Protonen mit ihrer positiven Ladung angezogen. Würden sich die Elektronen nicht so schnell bewegen, fielen sie geradewegs in das Proton hinein. Manchmal entsteht die Situation, dass es an einer Stelle mehr Elektronen gibt als Protonen. Die überzähligen Elektronen drängen nun zu einem Ort, an dem es überzählige Protonen gibt, damit sich die Ladungen ausgleichen können. Die Protonen selbst sind zu massig, als dass sie sich bewegen könnten. Die Differenz der Ladungen an den zwei Orten bestimmt die elektrische Spannung. Spannung wird in Volt gemessen, abgekürzt V. Bewegen sich diese Elektronen dann von Ort zu Ort, bezeichnen wir dies als elektrischen Strom. Sind viele Elektronen gleichzeitig unterwegs, sprechen wir von viel Strom. Die Stärke des elektrischen Stroms wird in Ampere gemessen, abgekürzt A.»

Der Zauberer hob die Hand, um mich zu unterbrechen: «Ich bin mir nicht ganz sicher, ob ich den Unterschied zwischen Strom und Spannung verstanden habe», sagte er.

«Spannung ist der Grund dafür, dass Elektronen wandern», erklärte ich. «Sie ist Ausdruck der Differenz zwischen zwei Ladungen. Wenn an einer Stelle tausend Elektronen mehr sind als an der anderen, besteht zwischen beiden Stellen eine bestimmte Spannung, ob man nun von 10 000 und 9000 oder von 100 000 und 99 000 Elektronen spricht. Strom dagegen ist keine Differenz und kein Verhältnis, sondern die tatsächliche Zahl der wandernden Elektronen. Wenn es natürlich eine Menge Widerstand gibt, bekommt man nur wenig Strom, obwohl die Spannung hoch ist.»

«Widerstand?»

«Opposition gegen den Stromfluss. Manche Materialien haben Elektronen, die leicht von ihren Umlaufbahnen abzulenken sind. Man nennt sie freie Elektronen. Hat ein Material eine Menge freie Elektronen, kann der elektrische Strom leicht hindurchfließen, und wir nennen es dann einen ‹guten Leiter›. Sind in einer Substanz aber alle Elektronen gebunden, kann Elektrizität nur schwer hindurchwandern, und wir sprechen dann von einer Menge Widerstand. Materialien mit sehr hohem Widerstand nennen wir ‹Isolatoren›. Ein kleiner Gegenstand aus einem leitenden Material ist für die Elektrizität schwerer zu durchdringen als ein größerer. Also besitzt er mehr Widerstand. Je länger der Pfad, desto mehr Widerstand. Widerstand wird in Ohm gemessen.»

«Kapiert», sagte er kopfnickend. «Vielleicht hast du doch noch nicht deine letzte Forelle gefangen. Vielleicht.» Es machte mir Sorgen, dass ihm die Frage meines Ablebens noch so gegenwärtig war. Ich schluckte hart und versuchte mich zu konzentrieren.

«Ein Stromkreis ist ein durchgehender Pfad von einer Spannungsquelle fort und schließlich zu ihr zurück.

Elektrizität fließt immer von der negativ geladenen Seite durch den Stromkreis zur positiv geladenen Seite. Ein unterbrochener Pfad ist ein ‹offener› Stromkreis. Elektrizität kann die Öffnung nicht überwinden.

Elektrizität und Magnetismus sind miteinander verwandt. Elektrischer Strom ist immer von einem Magnetfeld umgeben. Wenn ein Magnetfeld einen Leiter durchquert, lässt es im Leiter wiederum einen elektrischen Strom fließen. Wächst der Strom im Draht, wächst auch das Magnetfeld. Schwindet der Strom, schrumpft das Magnetfeld. Bewegt sich das Magnetfeld durch einen anderen Draht, lässt es in ihm einen Gegenstrom fließen. Wir nennen das Induktion. Lässt nun das um den Draht herum wachsende oder schrumpfende Magnetfeld eine Spannung entstehen, die der Stromänderung innerhalb desselben Drahtes entgegenwirkt, nennen wir das Selbstinduktion.

Manchmal werden Elektronen von einer positiv geladenen Stelle angezogen, obwohl ein Isolator sie daran hindert, den Stromkreis zu vervollständigen. Elektronen haben es an sich, sich dicht am Isolator zu versammeln. Je mehr Platz es für Elektronen auf dem Leiter gibt, desto größer der Effekt. Je kleiner die Lücke im Stromkreis, desto größer der Effekt. Auch manche Isolatoren verstärken diesen Effekt. Das heißt dann Kapazität. Kapazität wird in Farad, abgekürzt ‹F› gemessen, aber dazu später mehr.

Strom, der seine Richtung im Takt wechselt, wird Wechselstrom genannt (oder AC), um ihn von Gleichstrom (oder DC) zu unterscheiden, der nur in eine Richtung fließt. Zwei Richtungswechsel nennt man eine Periode. Die Anzahl von Perioden pro Sekunde nennt man Frequenz.»

Der Zauberer hob seine Hand, um meinen Redefluss zu unterbrechen.

«Genug!», sagte er. «Das ist das langweiligste Zeug, das ich je gehört habe! Ich bin sehr müde. Ich werde dich jetzt entlassen. Du wirst schnell weiterschreiben, während ich über die Informationen, die du mir geliefert hast, nachdenke. Bald werde ich dich wieder herbeirufen und wir setzen dann unsere Lektion fort. Vergiss niemals, dass ich verzweifelt bin und du dich nicht vor meinen Zauberkräften verstecken kannst.»

Er hielt inne, schüttelte den Kopf und fuhr dann in einem Ton fort, den ein Verleger anschlägt, wenn er versucht, dein Manuskript so freundlich wie möglich abzulehnen: «Hör mal, Kenn, dein Buch würde sicher viel erfolgreicher sein, wenn du versuchen würdest, Elektrizität etwas interessanter zu erklären. Bei dir hört sich das alles schrecklich langweilig an.»

Ich senkte den Kopf und nickte.

«Ich will's versuchen», erwiderte ich.

Die Qual der Wahl:
Reihen- und Parallelschaltungen

Ich wachte in meinem vertrauten grünen Schlafsack auf und hörte das Kreischen der Vögel über dem See und das Brutzeln von Speck über dem Lagerfeuer vor meinem Zelt. Tief sog ich den Duft ein, machte die Augen auf und lächelte. Es war also alles nur ein böser Traum gewesen. Ich bin überarbeitet, dachte ich. Die nächsten paar Tage würde ich nur angeln, meine Seele baumeln lassen und meine Spannung reduzieren, wie Mike zu sagen pflegte. Ich trat hinaus in das wunderbare helle Sonnenlicht von Utah. Das Gras war noch von Raureif überzogen, der Himmel tiefblau, und die Welt war schön.

«Mike», sagte ich, überglücklich, meinen kleinen grünen Freund zu sehen.

«Der Herr haben nach mir gerufen?», antwortete er.

«Junge, hatte ich einen schlimmen Traum!»

«Hast du doch immer, Bruder, oder? Wenn's keine Büffel sind, sind es Enten oder Ameisen oder sonst was. Was war es denn diesmal, Mann? Ach, übrigens, was ist denn mit deinen Augenbrauen passiert?»

Ich ahnte Schlimmes. Sofort lief ich zum Wagen und betrachtete mein Gesicht im Rückspiegel. Meine Augenbrauen waren fast verschwunden, bis auf ein paar übrig gebliebene Kohlefäden waren sie vollkommen versengt. Ich kehrte zum Lagerfeuer zurück und erzählte Mike von meinem Traum.

«Mist, Mann. Böser Trip. Zieht einen echt runter.»

Ich nehme an, dass er damit sein Mitgefühl ausdrücken wollte.

«Das muss man erst mal schlucken, Mensch», fuhr er fort.

«Ich bin ja noch neu hier. Den Grünis ist nichts Unheimliches fremd, aber dieser Typ jagt sogar mir Angst ein. Vielleicht gibt es ja eine gute Erklärung dafür, aber frag mich nicht, welche. Mücken haben deine Augenbrauen jedenfalls nicht weggebrannt.»

Allerdings nicht, dachte ich. Aber ein Hexenmeister aus ferner Vergangenheit, der in die Zukunft gekidnappt und versehentlich im Utah des 20. Jahrhunderts gelandet ist und einen Grundkurs in Elektrizität verlangt? Da fällt es fast leichter, an Elektronen zu glauben.

«Sieh mal», sagte Mike. «Vielleicht hat sich das alles irgendwie nur in deinem Kopf abgespielt. Vielleicht hast du geschlafwandelt und bist dabei zu dicht an die Glut des Lagerfeuers von gestern Abend gekommen. Was auch immer. Aber bis wir das herausfinden, musst du wohl damit rechnen, dass es den Typen wirklich gibt. Du willst das Buch doch ohnehin schreiben und ich möchte zu meinem Mädchen zurück. Ich meine, das Beste wäre es wohl, einfach weiterzuschreiben und abzuwarten, was passiert.»

«Ich schätze, du hast Recht.»

«Dann mal los! Wir sollten jetzt über Reihen- und Parallelschaltung * sprechen. Das ist jetzt an der Reihe.»

«O. k.», sagte ich, während ich mich nervös umschaute. Der ver-

---

* «Parallelschaltung» bedeutet lediglich «parallele Anordnung»; es bedeutet nicht, dass ein Schalter in den Stromkreis eingebaut sein muss.

traute See, die Bäume und Felsbrocken wirkten gar nicht mehr tröstlich auf mich. Der Morgen war frostig und der Sommer verabschiedete sich merklich, denn die Blätter verfärbten sich bereits.

«Eine **Reihenschaltung** ist wie eine Straße, die sich nicht gabelt. Du musst dich nicht entscheiden. Du rast einfach auf dieser Straße dahin, sie ist die einzige in der Stadt. Du fährst an einem Baum vorbei, einem Hamburger-Restaurant, sechs Häusern und einem Schrottplatz. Danach bist du wieder am Ausgangspunkt angekommen. Verstanden?»

«Was?», antwortete ich.

«Konzentrier dich, Mann», sagte er. «Bei Reihenschaltungen haben Grünis keine Wahl. Sie fahren die Straße hinunter, passieren der Reihe nach alle Kilometersteine, bis sie die gesamte Schleife hinter sich gebracht haben und zur Spannungsquelle zurückkehren.»

«O. k.», sagte ich. «Das ist wirklich einfach.»

«Eine Parallelschaltung funktioniert ein bisschen anders. In einem Parallelstromkreis gibt es eine Straßengabelung. Die Grünis müssen sich entscheiden. Du genießt es, die Straße hinunterzubrettern, und bis auf Weiteres sieht alles aus wie eine normale Reihenschaltung. Du fährst am Baum vorbei, am Hamburger-Kiosk, an den sechs Häusern und dem Schrottplatz. Aber plötzlich gabelt sich die Straße. Links liegen Maisfelder, rechts eine ganze Reihe chinesischer Restaurants. Früher oder später werden sich die beiden Straßen wieder vereinigen, aber jetzt musst du dich entscheiden.

Einige Grünis fahren die erste Straße entlang, andere die zweite. Auf der Party können sie alle vom Baum, dem Hamburger-Kiosk, den sechs Häusern und dem Schrottplatz erzählen. Aber einige werden nach chinesischen Frühlingsrollen riechen, und andere haben noch Maisfäden zwischen den Zähnen. Alle sind zwar bei derselben Party erschienen, doch sind sie auf verschiedenen, wenn auch parallel verlaufenden Routen gekommen. Ein

Stück der Strecke haben sie ‹in Reihe› zurückgelegt und das andere Stück ‹parallel›.»

Das klang logisch. In einer Reihenschaltung durchfließt alle Elektrizität jeden Teil des Stromkreises in derselben Reihenfolge. In einer **Parallelschaltung** nimmt Elektrizität einen oder mehrere andere Pfade und erreicht dennoch dasselbe Ziel. Ein Teil der Elektrizität fließt auf dem einen Pfad und ein anderer Teil auf einem anderen.

«Was ist, wenn einer der Pfade mehr Widerstand als die anderen hat?», fragte ich.

«Gute Frage. Trifft man auf eine Straßengabelung und sieht einer der davon ausgehenden Wege steinig aus, werden die meisten Grünis den besseren einschlagen. Aber einige werden auch den steinigen Weg mit dem meisten Widerstand nehmen, und zwar vor allem diejenigen mit Autos, die Allradantrieb haben. Je größer die Differenz des Widerstandes zwischen beiden ist, desto größer ist der Unterschied in der Stromstärke.

Eine andere nette Nebenwirkung von Parallelschaltungen: Fügt man einen Alternativweg hinzu, egal welchen Widerstand er hat, senkt das den Gesamtwiderstand im Stromkreis.»

«Du meine Güte!», rief ich. «Du gibst in einer Parallelschaltung Widerstand hinzu, und das verringert dann den Gesamtwiderstand? An dieser Stelle werden wir eine Menge Leser verlieren!»

Mike lachte und fuhr dann geduldig fort: «Ein Steg über eine Schlucht hat wesentlich mehr Widerstand als die Autobahn, die zu ihr hoch führt. Baut man einen zweiten Steg dazu, kommt man doppelt so leicht hinüber, obwohl jeder einzelne Steg eine Menge Widerstand hat. Bietet man eine zusätzliche Route an, ist es immer leichter, das Ziel zu erreichen. Es löst eine Menge Verkehrsprobleme. Wenn du zwanzig Stege über die Schlucht baust, gibt es viel weniger Gedränge am Ufer. Also gibt es insgesamt weniger Widerstand.»

«Ich frage mich, wann er wiederkommt», überlegte ich laut. Mike schüttelte nur den Kopf.

«Nun mach mal halblang, Bruder!», sagte er ein wenig angewidert. «Für mich steht schließlich auch einiges auf dem Spiel. Du wirst gegrillt und ich muss im Zirkus als kleines grünes Männchen auftreten. Lass dich nicht ins Bockshorn jagen. Bleib ganz cool. Wir haben schließlich noch was vor. Du denkst nochmal über Reihen- und Parallelschaltungen nach, bis die Sache Hand und Fuß hat. Ich vermute, der alte Fackelfinger wird ganz schön sauer sein, wenn du ihm unverständliches Zeugs zukommen lässt und er deshalb die Zeitmaschine ruiniert. Denk drüber nach. Ewig hier in Utah festsitzen, und alles nur deinetwegen? Kein schöner Gedanke.»

Ich verstand seinen Standpunkt und machte mich an die Arbeit.

Wie man Elektrizität schafft: Generatoren und Batterien

In Wirklichkeit können wir natürlich ebenso wenig Elektrizität wie Frieden schaffen. Wir wandeln lediglich eine andere Energieform wie Wärme, Bewegung oder chemische Energie in elektrische Energie um. Konkret benutzen wir diese Energien, um Spannung zu erzeugen, und lassen dann der Natur ihren Lauf. Wir tun das alles, weil Elektrizität vielseitig, sauber, speicherbar und verhältnismäßig leicht über weite Entfernungen hinweg zu transportieren ist. Wasserfälle oder Kernkraftwerke sind da schon wesentlich sperriger.

Wir wissen bereits, dass elektrischer Strom erzeugt wird, wenn ein Magnetfeld über einen Leiter bewegt wird. Nach diesem Prinzip funktioniert der größte Teil der Elektrizitätsgewinnung auf unserem Planeten. Der Leiter besteht gewöhnlich aus einem sehr langen Draht, der auf eine Spule gewickelt ist. Stellen Sie sich einfach einen langen Draht vor, der so oft um eine abgewickelte Toilettenpapierrolle geschlungen ist, bis er sie in einer dicken Schicht bedeckt. Zuvor hat man den Draht mit einer dünnen Lackschicht überzogen, um seine Windungen voneinander zu isolieren, die beiden Enden dagegen hat man zusammengelötet, um einen Stromkreis zu erhalten. Führt man nun einen Magneten in die Pappröhre ein und dreht ihn, kreuzen seine magnetischen Kraftlinien den Draht wieder und wieder. Die Energie, die aufgewendet wird, um den Magneten zu drehen, wird im Draht in elektrische Energie umgewandelt. Je schneller man dreht, desto höher die Spannung, die ja den Strom erst fließen lässt; je stärker der Magnet, desto höher die Spannung. Man kann dem Dauermagneten mit einem Elektromagneten etwas nachhelfen, der allerdings etwas von dem Strom wieder verbraucht, den wir fließen lassen. Je mehr Strom wir fließen lassen, desto kräftiger wird der Elektromagnet, der dann wiederum noch mehr Strom fließen lässt.

Funktioniert dieses kleine Gerät nur mit einem Dauermagneten, nennt man es **Dynamo**. Der kleine Apparat an Fahrrädern, der Scheinwerfer und Rücklicht zum Leuchten bringt, ist solch ein Dynamo. Früher funktionierten die Zünder von Benzinmotoren nach demselben Prinzip; sie hießen Magnetzünder oder **Magneto**. Sie liefern heute noch die Elektrizität für die Zündkerze einiger Benzin-Rasenmäher. Bis der Benzinmotor läuft, muss man bei vielen Rasenmähern eine Reißschnur ziehen, die Zündapparat und Motor dreht, damit die ersten Funken entstehen.

Macht die Maschine Gleichstrom mit einem Elektromagneten, heißt sie **Gleichstromgenerator**. Sehr alte Autos haben noch einen Gleichstromgenerator.

Ist ein Generator für Wechselstrom eingerichtet, nennt man ihn **Wechselstromgenerator**. Aller Wahrscheinlichkeit nach hat Ihr Auto einen Wechselstromgenerator mit Gleichrichtung, damit die Batterie aufgeladen bleibt, die Scheinwerfer leuchten, die Hupe und die Zündkerzen funktionieren. Viele Leute sprechen von einer Lichtmaschine, wenn sie einen Wechselstromgenerator meinen. In den meisten Situationen kommt es darauf auch nicht so genau an (etwa in «Schatz, lass die Lichtmaschine nicht auf deinen Fuß fallen!»). Wenn es allerdings wichtig ist, welche Art von Strom aus dem Gerät herausfließt, wird es schon schwieriger. Gleichstromgeneratoren liefern Gleichstrom (DC). Wechselstromgeneratoren liefern Wechselstrom (AC).

Die drehbare Drahtspule eines Generators heißt **Rotor**, der feste Teil **Stator**. Ich erwähne das nur, weil ich merke, dass Sie noch mehr Fachwörter hören wollen. Wenn Ihnen das immer noch nicht reicht: der Elektromagnet kann sich entweder im Stator oder im Rotor befinden. Bei dem Elektromagneten spricht man vom **Feld**, und die Drahtspule, in der die Elektrizität hergestellt wird, heißt auch **Anker**. Vergessen Sie diese Wörter am besten sofort wieder, sonst denken die Leute nur, dass Sie angeben wollen.

Während sich der Generator dreht, kreuzen magnetische Kraftlinien den Draht und lassen in ihm Strom fließen. Man kann im Grunde alles Mögliche verwenden, um ihn zum Rotieren zu bringen. Es gibt sogar kleine Generatoren mit Handkurbeln. Die Soldaten im Ersten Weltkrieg betrieben ihre Empfänger noch mit Kurbelgeneratoren, bevor im Laufe des 20. Jahrhunderts Batterien handlich wurden. Wohnen Sie in der Nähe eines Flüsschens, können Sie ein Wasserrad hineinstellen und damit den Generator in Bewegung setzen. Wenn Sie den Fluss stauen, kann das Wasser vom Damm hundert Meter herabfallen und durch eine Turbine zischen, die mit Ihrem Rotor verbunden ist. Sie können ihn auch an ein Windrad anschließen. Das bringt eine Menge Elektrizität.

Das Auto treibt den Rotor mit einem Keilriemen an. Haben Sie zufällig eine Menge Dampf zur Hand, können Sie ihn in einem Kessel sammeln und durch eine Turbine wieder austreten lassen, die wiederum mit einem Rotor verbunden ist. Sie haben keinen Dampf? Dann müssen Sie das Wasser zunächst erhitzen. Verbrennen Sie einfach Kohlen, Erdgas, Holz, Zeitungen oder Müll. In Kraftwerken geschieht auch nichts anderes. Sonnenlicht, das mit Spiegeln auf den Wasserkessel gelenkt wird, bringt das Wasser ebenfalls zum Kochen. Noch praktischer ist ein Geysir im Vorgarten, der als natürliche Dampfquelle fungiert. Auch Kernreaktionen geben eine Menge Wärme ab. Kernkraftwerke nutzen sie, um Dampf zu erzeugen und damit Turbinen zu drehen, die den Magneten in der Toilettenpapierrolle herumwirbeln und so Strom liefern.

Die nächstbeste Methode, Grünis hinter dem Ofen hervorzulocken, ist, ihnen Chemikalien vor die Nase zu halten. Wenn Sie eine leere Suppendose mit einer Säure wie Essig oder Zitronensaft füllen und einen Gegenstand aus Kohlenstoff (Steinkohle, Holzkohle, Graphit)* hineinhalten, reagiert die Chemikalie mit dem Metall der Dose und dem Kohlenstoff und erzeugt so eine Spannung. Legen Sie einen Leiter zwischen Kohlenstoff und Dose, der es dem Strom erspart, durch die Säure wandern zu müssen, fließt schon Elektrizität. Der Behälter kann aus nahezu jedem Metall bestehen. Anstelle von Kohlenstoff können Sie auch Metall verwenden, sofern es ein anderes ist als das der Dose. Das Experiment gelingt auch mit einer Lauge (das ist das Gegenteil von Säure) wie Ammoniak oder Natronlauge. Es klappt sogar mit Coca-Cola. Natürlich reagieren manche Kombinationen besser miteinander als andere. Die Dose nennt man eine **Zelle** oder auch ein Element. Mehrere Elemente zusammen heißen **Batterie**. Man gebe eine Substanz dazu, die die Säure aufsaugt und sie vor dem Auslaufen bewahrt, und schon hat man eine **Trockenbatterie**. Autos haben eine **Nassbatterie**, die aus Bleiplatten besteht, die durch Schwefelsäure voneinander ge-

---

* Ihren Einkaräter nehmen Sie lieber nicht (A. d. Ü.).

trennt sind. Die meisten Autobatterien enthalten sechs Elemente, von denen jedes 2 Volt produziert. Zusammengepackt in ein handliches Kistchen, werden sie als 12-Volt-Batterie verkauft.

Das Trockenelement in Ihrer Taschenlampe ist ein Primärelement. Die chemische Reaktion hält die Spannung zwar aufrecht, doch früher oder später ist das Material erschöpft, und Sie müssen die Batterie entsorgen. Autobatterien dagegen sind aus Sekundärelementen gemacht: Wenn man Elektrizität von außen hindurchschickt, kann man den chemischen Prozess umkehren und sie so immer wieder nachladen. Eine Batterie, bestehend aus Sekundärelementen, wird häufig auch **Akkumulator** genannt, kurz Akku.

Batterien haben den Vorteil, dass sie tragbar und bequem sind und Energie speichern, die man bei Bedarf abrufen kann. Leute, die ihre Generatoren aus Windenergie speisen, benutzen in Wirklichkeit Batterien zum Aufladen ihrer Akkumulatoren. Meistens ist es nämlich gerade absolut windstill, wenn ihre Lieblingsserie im Fernsehen läuft.

Die übrigen vier Methoden zur Elektrizitätslieferung sind verglichen mit Magnetismus und Chemikalien eher nebensächlich. Presst man zwei unterschiedliche Metalle zusammen und erwärmt sie, entsteht zwischen ihnen eine elektrische Spannung. Diesen Umstand macht man sich in elektronischen Thermometern und anderen Temperaturmessgeräten zunutze, ebenso im Sicherheitsschalter von einigen Gasheizungen. Erzeugt das «Thermoelement» keine Spannung, stellt die Heizung das Gas selbsttätig ab, denn das bedeutet, dass das Zündflämmchen ausgegangen ist. Viel Energie bringen diese Thermoelemente nicht. Ein schöner Beweis für die Symmetrie des Universums: Schickt man durch solch ein Thermoelement Strom, dann wird es kälter. Diese Eigenschaft wird allerdings, wie man sich vorstellen kann, nicht besonders oft genutzt.

Übt man auf gewisse Kristalle Druck aus, entsteht ebenfalls eine kleine elektrische Spannung. Das nennt man **Piezo-Effekt** oder «Kristallelektrizität». Als weiterer Beweis der universalen Symmetrie dehnt sich ebendieser Kristall aus, wenn man Spannung anlegt. Das ergibt wiederum interessante Anwendungsmöglichkeiten.

Scheint Sonnenlicht auf gewisse Materialien, entsteht ein schwacher elektrischer Strom. Viele Leute hoffen, dass sich dieses Phänomen verfeinern lässt, damit die aus Sonnenenergie gewonnene Elektrizität eines Tages die anderen Methoden ersetzen kann. Bis jetzt ist es aber noch zu teuer, um konkurrenzfähig zu sein.

Auch Reibung kann hohe Spannungen erzeugen, wie ich bereits zu Beginn erklärt habe; allerdings handelt es sich dabei um statische Elektrizität. Sie dient vor allem dazu, Computer abstürzen zu lassen oder Katzennäschen zu elektrisieren, obwohl sie auch in Kopiergeräten eingesetzt wird.

Mike beschwert sich über meinen Stil

«Langweilig, langweilig, langweilig! Das macht mich ganz krank!» Dass Mike von meinem Kapitel «Wie man Elektrizität schafft» nicht sonderlich beeindruckt war, war nicht zu übersehen.

«Aber ich hab doch ungeheuer viele Fachausdrücke hineingepackt», sagte ich, ein bisschen zu schuldbewusst. «Sogar ein paar Begriffe, die niemand je benutzt, genau wie in einem richtigen Lehrbuch. Außerdem habe ich alle wichtigen Arten der Stromerzeugung abgehandelt.»

«Aber wen interessiert das, Mann? Da kam nicht ein einziger Grüni vor, kein Büffel, keine Enten, keine Ameisen, keine kleinen Sportwagen, keine Motorboote. Du hast dich von dem alten Fackelfinger beeinflussen lassen. Du verdirbst dir den Stil. Keine einzige Provokation, dafür ein ganzes Kapitel lang nur Gesülze. Könnte genauso in einem Schulbuch stehen.»

«Ich fand es gar nicht so schlecht», sagte ich.

Mike grunzte nur.

«Sieh mal», argumentierte ich. «Man kann auf sechs verschiedene Arten Strom erzeugen. Davon werden nur zwei genutzt. Entweder bewegen wir ein Magnetfeld dicht an einem Draht vorbei, oder aber wir nehmen Chemikalien. Ich könnte ein ganzes Buch über die verschiedenen Generatorentypen oder die chemischen Reaktionen in Batterien schreiben, wenn du wissen willst, was Langeweile ist. Der Grundgedanke ist doch so einfach. Ich glaube nicht, dass wir dafür kleine Bildergeschichten brauchen. Wir haben es hier schließlich mit intelligenten Lesern zu tun.»

«Kein Bier, keine Party, kein Rock 'n' Roll», schmollte Mike.

«Ich finde, dass ich de ‹Piezo-Effekt› ziemlich elegant eingeführt habe», sagte ich. «Du weißt doch, das, wo ein Kristall elektrisch wird, wenn man Druck auf ihn ausübt. Und erst die ‹Thermoelemente›. Zwischen zwei verschiedenen, aneinander gepressten Metallen entsteht elektrische Spannung, wenn man sie erhitzt. Ich habe die statische Elektrizität erwähnt, die durch Reibung entsteht, und die Wirkung von Sonnenstrahlen auf Solarzellen. Wenn unsere Leser jetzt eine Klassenarbeit schreiben müssten über die sechs Arten, Strom zu erzeugen, würden sie sie glatt bestehen. Einfach, prägnant und leicht zu verstehen. Keine überflüssigen Details, und weitermachen. Mein Lebensmotto.»

«Kein Surfen, keine Grüni-Mädchen. Wie im Lehrbuch.»

«Na gut. Ich werde mich bessern.»

Der intergalaktische Dampfzirkus

Sie und ich haben den interessantesten Job im ganzen Universum: Wir betreiben den intergalaktischen Dampfzirkus, die unerhörteste und phantastischste Angelegenheit überhaupt. In abenteuerlich bunten Raumfahrzeugen düsen wir in einer riesigen Kolonne von Planet zu Planet, landen am Rande der Ballungszentren, schlagen dort unsere prachtvollen und pompösen Zelte auf und verkaufen den Leuten ein buntes Getöse, glitzerndes Durcheinander, helle Lichter und atemberaubende Kunststückchen. Wunderschöne junge Frauen sind dabei, die geschmeidig in knappen, mit Pailetten besetzten Kostümen herumstolzieren, und gut aussehende junge Männer mit gebräunten Muskelpaketen unter den bis zum Nabel aufgeknöpften Hemden. Aber das ist es nicht, was Tag für Tag und Planet für Planet die Mengen anzieht. Sie kommen wegen der Maschinen.

Ganz recht, Leute. Nur hereinspaziert! Sehen Sie die Maschine, die Wasser pumpt! Sehen Sie die Maschine, die Mais mahlt! Drehen Sie in unserem intergalaktischen Dampfzirkus-Zug Ihre Runden um das große Zelt herum! Attraktionen, meine Damen und Herren, Sensationen, und jede einzelne Maschine wird von einem geheimnisvollen Dämon angetrieben, jenem genialen Flaschengeist, jenem Weltwunder! Die reine Wahrheit, meine Damen und Herren! Tausend Attraktionen, alle dampfbetrieben! Dampf?

Und ob! Na gut, auf den hoch entwickelten Planeten ist unsere Show kein so großer Hit. Aber geben Sie mir ein mittelalterliches Publikum, und ich verkaufe so viel Zuckerwatte und Popcorn, wie Sie wollen.

Dampfkraft hat die Industrie revolutioniert. Dabei ist das Prinzip fast primitiv: Man erhitze Wasser – es verkocht als Dampf. Sperrt man den Dampf nun ein und erhitzt ihn weiter, dehnt er sich aus und baut Druck auf. Lenkt man diesen Druck in einen Zylinder, kann er einen Kolben verschieben. Leitet man ihn in einen Ventilator oder eine Turbine, drehen diese sich. Lässt man ihn durch Orgelpfeifen entweichen, ruft solch eine Dampforgel mit Sicherheit die Nachbarschaft auf den Plan. Dampf dehnt sich aus. Das ist auch schon alles, wozu er gut ist. Während er das tut, schiebt er alles fort, was sich ihm in den Weg stellt.

Die meisten älteren Dampfmaschinen ließen den Dampf einen Kolben innerhalb eines Zylinders vor- und zurückschieben. Die wunderbare Erfindungsgabe des Menschen nutzte dieses einfache Prinzip, um unseren ganzen Zirkus mit Wunderwerken zu füllen. Indem wir am einen Ende des Kolbens ein Gewichtsstück anbrachten, erfanden wir den Dampfhammer, der eine Unmenge Schwellen nagelnder Gleisarbeiter arbeitslos machte. Durch Aufsetzen einer Art Fahrradpumpe schufen wir eine Wasserpumpe, die das Leben von Tausenden Grubenarbeitern gerettet hat. Durch Ankoppeln einer Kurbelwelle an die Kolbenstange verwandelten wir die Auf-und-ab-Bewegung des Kolbens in eine Drehbewegung, die Lokomotiven oder Autos oder Mahlwerke oder Mähdrescher oder Motorsägen oder Traktoren antreiben kann.

Die moderne Welt, unser schöner Zirkus eingeschlossen, konnte nur entstehen, weil Dampf sich ausdehnt, wenn man ihn erhitzt. Das ist alles, was er kann. Dennoch treibt er Tausende verschiedene Geräte an. Dasselbe Prinzip, das den Teekessel pfeifen lässt, ließ auch Lokomotiven oder Ozeankreuzer fahren.

Elektrizität ist dagegen ein geradezu komplexes Phänomen: Die Funktionsweise aller Stereoanlagen, Elektrogitarren, Lichtbogenschweißgeräte und Digitaluhren dieser Welt beruht auf drei Tricks. Sie kennen bereits zwei davon: Wenn Elektrizität durch einen Leiter wandert, schafft sie ein Magnetfeld. Und: Wenn Elektrizität einen Widerstand überwindet, wird ein Teil der elektrischen Energie in Wärme umgewandelt.

Der dritte ist ebenso einfach: Einige Materialien leuchten, wenn Grünis auf sie prallen.

Phosphor ist eines dieser Materialien. Wir beschichten den Bildschirm von Fernsehbildröhren mit Phosphor oder Ähnlichem. Ihr Fernsehgerät zu Hause schleudert ständig Kleine Grünis gegen die Scheibe der Bildröhre, nur damit das Zeug leuchtet. Neongas ist ein weiteres Beispiel. Man fülle eine Röhre mit Neongas, leite Elektrizität hindurch, und das Gas leuchtet rot. Volltreffer! Eine Neonröhre.

Der «Phosphoreszenz-Effekt» ist zwar ganz hübsch, aber wir könnten kein ganzes Zirkusprogramm darauf aufbauen. Unsere beiden Stars der Manege, die Pferdchen, die den Kredit für unsere Zirkusausstattung abbezahlen, sind unsere alten Freunde Wärme und Magnetismus.

Sie wissen ja, dass jedes Mal etwas Wärme abgegeben wird, wenn Elektrizität durch einen Leiter wandert. Das liegt daran, dass jedes Material wenigstens ein bisschen Widerstand hat. Leiter, die eine Menge Widerstand haben, liefern auch mehr Wärme. Lötet man einen «hochohmigen» Draht, also einen mit hohem Widerstand, in einen Stromkreis ein, wird er besonders heiß. Baut man ein solches Stück Draht absichtlich in den Stromkreis, nennt man es **Heizkörper**.

Wir alle schauen gern in den Toaster hinein, während er sich aufheizt. Diese kleinen rot glühenden Drähte sind ebenfalls Heizkörper und bestehen aus hochohmigem Draht. Die dickeren Stäbe in einem elektrischen Backofen, die unsere Steaks grillen, sind natürlich Heizkörper. Unter der Wasserbettmatratze, die uns nachts wärmt, befindet sich ein Heizkörper im wasserdichten Plastikbehälter. Elektrische Kaffeemaschinen enthalten Heizkörper. Wäschetrockner nutzen Heizkörper. Sollten jemals elektrische Katzen erfunden werden, hätten sie einen Heizkörper in ihrem Inneren, um unseren Schoß zu wärmen.

Unser Leben sähe ganz anders aus, wenn Grünis, die gezwungen sind, sich durch Widerstand zu quälen, nicht vor Wut kochen würden. Soll ein elektrisches Gerät Wärme abgeben, ist todsicher irgendwo in ihm ein hochohmiger Heizkörper verborgen. Unser Leben sähe ebenso ganz anders aus, wenn elektrischer Strom nicht ständig von Magnetismus umgeben wäre. Die meisten elektrischen Geräte, die eine Bewegung ausführen, verwenden dazu einen Elektromagneten. Merke: Bewegt sich ein elektrisches Gerät irgendwie, ist aller Wahrscheinlichkeit nach ein Elektromagnet im Spiel. Magnetismus ist der einzig gangbare Weg, um viel mechanische Bewegung aus Elektrizität herauszuholen. Elektromotoren benutzen einen Elektromagneten, und Elektromotoren sind es, die Elektroautos, Kühlschränke, Wasserpumpen oder elektrische Triebwagen, Aufzüge, Alarmsirenen, automatische Türöffner, Klimaanlagen oder Förderbänder betreiben. Immer wenn sich etwas dreht, steckt ein Elektromotor dahinter, der mit Magnetismus arbeitet. Stereoboxen brauchen Elektromagnete für den Sound. Aquariumpumpen nutzen Elektromagnete, um dieses nervtötende Summen und nebenbei auch ein paar Luftblasen für die Guppys zu erzeugen. In Fernsehgeräten werden die Elektronen, pardon: die Grünis, durch elektromagnetische Felder geschickt und so gebündelt und auf die richtige Bahn gelenkt.

Wärme und Magnetismus sind die Hauptverbindungen zwischen der Welt der Grünis und der Welt der Menschen. Ohne sie würden wir wahrscheinlich immer noch versuchen, Dampf-Computer zu entwickeln.

Wie kann das sein?, fragen Sie sich jetzt. Wie kann die ganze Vielfalt der Elektrogeräte letztlich auf nichts anderes zurückgeführt werden als auf diese beiden? Ein paar Beispiele sollen das illustrieren.

Der Elektromotor ist ein Apparat von wunderbarer Einfachheit. Er erinnert stark an ein Karussell auf dem Jahrmarkt mit bunten Pferdchen, auf denen man reiten kann. Ein Effekthascher wie ich setzt auf jedes Pferd eine wunderschöne junge Frau, die ein knappes Flitterkostüm trägt und lächelnd der Menge zuwinkt. Die Damen haben in unserem Bild zwar absolut nichts zu suchen, ich möchte sie aber gern dabeihaben.

Um das Karussell herum stehen in gleichen Abständen Clowns.

Jedem Clown haben wir einen leistungsfähigen Elektromagneten in die Hand gegeben. Auf unser Kommando schaltet der erste Clown seinen Elektromagneten an. Langsam, aber sicher zieht der Magnet das ihm am nächsten stehende eiserne Pferd zu sich heran. Wenn es nahe genug ist, schaltet der Clown seinen Magneten wieder ab. Natürlich dreht sich jetzt das ganze Karussell, wenn auch noch sehr langsam. Kurz bevor es wieder anhält, geben wir dem zweiten Clown das Kommando. Er schaltet seinen Elektromagneten an und zieht ebenfalls ein eisernes Pferd zu sich her. Wenn wir unsere Clowns so anweisen, dass sie ihre Magneten genau rechtzeitig an- und abschalten, dreht sich das Karussell weiter und, wenn seine Trägheit überwunden ist, immer schneller. Genau so arbeitet ein Elektromotor: Kreisförmig angeordnete Elektromagnete, die wir periodisch an- und abschalten, sind um den zu drehenden Anker herumplatziert.

Ganz ähnlich verhält sich der Elektromagnet in einem Lautsprecher. Ein dünner Eisenstreifen liegt dicht am Elektromagneten. Wenn wir den Strom anwachsen lassen, zieht der Magnet das Metall immer stärker zu sich heran. Verringern wir den Strom, wird der Magnet wieder schwächer, und das Metall bewegt sich zurück in seine ursprüngliche Position. Jede Stromänderung setzt das dünne Metall in Bewegung. Bewegt es sich schnell genug, hören wir ein Summen, weil das vibrierende Metall die Luft, die es umgibt, zum Schwingen bringt. Wir können den Metallstreifen an einer Papp- oder Kunststoffscheibe befestigen, um ihm eine größere Oberfläche zu geben. Dadurch kann er noch mehr Luft zum Schwingen bringen. Regeln wir den Strom sehr präzise, können wir den Magneten so schnell und so subtil reagieren lassen, dass das Vibrieren des Metallstreifens wie ein Symphonieorchester oder sogar wie Chuck Berry klingt. Es gibt allerdings eine Grenze für die Geschwindigkeit, mit der der Magnet seine Anziehungskraft ändern kann, vor allem, wenn man ihn mit einem *Eisenkern* verstärkt hat. (Haben Sie bemerkt, wie geschickt ich den Begriff «Kern» habe einfließen lassen? Der Kern ist alles, womit man eine Spule füllen kann. Es gibt Luftkerne und Eisenkerne und Toilettenrollenkerne. Gute Elektromagnete haben einen Eisenkern.) Wie stark sich ein Magnet einer Änderung der Stromstärke widersetzt, nennt man **Hysterese**, übrigens mein persönlicher Fachsprachen-Favorit. Ich stelle mir dabei immer einen hysterischen Magneten vor, der bockig schmollt, weil er schon wieder seine Stärke oder seine Polarität (Nord in Süd oder umgekehrt) ändern soll. Steigert die Änderungsfrequenz im Lautsprecher, kämpft man gegen die Hysterese des Elektromagneten an. Bei 20 000 Hertz kommt der Elektromagnet schließlich nicht mehr mit, er bricht verzweifelt zusammen und weint dicke magnetische Tränen, und die hohen Geigentöne klingen irgendwie verzerrt.

Mit Ausnahme einiger phantastischer, aber wenig bekannter Tricks ist das Endergebnis aller elektrischen Geräte entweder Magnetismus oder Wärme oder Phosphoreszenz. Dieselbe menschliche Erfindungsgabe, die die simple Ausdehnung von Dampf zu einer industriellen Revolution aufgebläht hat, hat sich auch dieser drei bemächtigt und sie als Bausteine für Rundfunk, Satellitenfernsehen, Computer und Ablängkreissägen benutzt.

Und alle funktionieren nur deshalb, weil Grünis so gerne auf Partys gehen.

Die Glühbirne

«Der arme, alte Thomas Alva», sagte der Mann im grauen Tweedmantel und schüttelte traurig den Kopf. «Er kann's einfach nicht lassen.»

Sechs Männer, alle sehr gepflegt, lehnten an der polierten Eichenbar, nickten verständnissinnig und tranken ihr Bier. In der kleinen Kneipe war es dunkel. Es roch nach Holzpolitur und Pfeifenrauch. Die anderen Gäste, ausschließlich Männer, saßen in kleinen Gruppen um die Tische und unterhielten sich gedämpft. Aus dem anderen Raum drang ab und zu das Klicken von Billardkugeln, man konnte Gelächter und derbe Flüche hören. Die Luft roch nach Zigarren. Die Gruppe an der Bar blickte ernst.

«Es ist wirklich ein Jammer», sagte der Wirt, aber sein Grinsen offenbarte seine wahren Gedanken. Ihm gehörte diese Kneipe, und dies waren seine Stammkunden. Immer dann, wenn der alte Thomas Alva «exzentrisch wurde», wie sie es nannten, wurden die Freunde nervös und konsumierten jede Menge Bier. Denn Thomas tat wirklich ziemlich seltsame Dinge.

«Dieses Mal ist es noch schlimmer», sagte einer von ihnen und winkte dem Wirt, eine weitere Runde auszuschenken. «Er redet von Kleinen Grünis.» Keiner lachte. Alle machten sich Sorgen um ihren sonderbaren Freund und fragten sich, wie lange sie seine Ausflüge nach Wolkenkuckucksheim wohl noch geheim halten könnten.

«Er spielt auch mit kleinen Heizkörper-Schnipseln herum», flüsterte ein anderer und schaute sich vorsichtig um, als ob er sichergehen wollte, dass ihm niemand anderes zuhörte.

«Das ist neu.»

«Ich meine klitzekleine Heizkörperschnipsel. Kleiner als jeder Draht. Er nennt sie Glühfäden.»

«Für was braucht er die denn?»

«Das ist genau der Punkt. Sie sind völlig unbrauchbar!»

Alle schüttelten ratlos den Kopf und stürzten ihr Bier hinunter. Wird ein einträglicher Abend werden, dachte der Wirt.

«Es wird immer schlimmer», sagte der Erste.

«Nein, wirklich?», erwiderte der Wirt, wischte ein Glas mit einem Tuch aus und konnte seine Freude kaum verbergen.

«Doch! Er probiert die verschiedensten Dinge als Heizkörper oder Glühfäden aus, wie er sie nennt. Abartiges Zeug. Er hat schon Rosshaar genommen und Baumwollschnur. Als Nächstes wird er Fledermausflügel oder Krötenaugen nehmen. Das ist doch nicht normal. Wenn das jemand herausfindet ...»

«Still! Er kommt!» Wie auf Kommando drehten sich alle um und sahen einen untersetzten Mann in einem zerknitterten Mantel durch die überfüllte Bar auf sie zukommen. Seine Augen waren aufgerissen, sein Gesicht gerötet. Er wirkte extrem aufgeregt.

«Bambu-u-s! Bambu-u-s!», schrie er. Es klang, als ob er einen exotischen Vogel nachahmte. «Bambu-u-u-s!», schrie er noch einmal und die anderen Gäste wichen vor ihm zurück.

«Nur ruhig Blut, Tom, es ist alles in Ordnung. Komm, trink ein Bier!»

Er goss es in einem einzigen Zug hinunter.

«Bambus!», wiederholte er, diesmal etwas leiser, dann öffnete er seine Hand, als wollte er ihnen einen unbezahlbaren Diamanten zeigen. Sie gab einen Splitter Holzkohle frei. Der Wirt stieß einen belustigten Pfiff aus.

«Elektrische Reibung!», sagte Thomas. «Sie hat den Bambus aufgeheizt! Ihn verkohlt!»

«Schon gut, Tom. Wie wär's mit noch 'nem Bier? Geht aufs Haus.»

«Versteht ihr nicht? Ich habe ein winziges Stück Bambus als Heizkörper benutzt. Der Bambus wurde heiß, so heiß, dass er glühte! Es war schaurig-schön. Wie ... Wie ... wenn ein Stuhl brennt ... nur kleiner natürlich. Wir sind jetzt ganz nah dran. Es dauerte nur ein paar Sekunden, aber ...» Er machte eine Pause und starrte in die Ferne. Seine Freunde schauten in dieselbe Richtung – aber er war eindeutig an einem Ort, an den sie ihm nicht folgen konnten. Dann hellte sich sein Gesicht auf.

«Sauerstoff! Natürlich! Wenn ich den Sauerstoff um den Bambus herum wegnehme, wird er immer noch so heiß, dass er glüht, aber er wird nicht verbrennen! Kann er gar nicht ohne Sauerstoff! Versteht ihr? Wenn ich ein winziges Heizelement nehme – hab ich euch schon gesagt, dass ich sie Glühfäden nenne? Doch, hab ich schon ... Wenn ich diesen Glühfaden, sagen wir mal, in einem Glaskolben zum Glühen bringe, ergibt das eine Lampe. Wenn kein Stauerstoff im Kolben ist, wird er ganz lange glühen.

Man könnte ein ganzes Aquarium damit beleuchten! Ich glaube, ich werde sie ‹Lampenkolben› nennen. Jeder, der ein Aquarium hat, wird einen wollen! Wir werden alle reich!»

Er hob die Augen und schaute zur Decke. Einen Augenblick lang wirkte er wie ein Präriewolf, der den Mond anheulen will. Seine Freunde hielten den Atem an. Dann drehte er sich ohne ein weiteres Wort um und verließ die Bar. Seine Freunde atmeten unisono aus und starrten ihm mit offenem Mund nach.

«Noch 'ne Runde?», fragte der Wirt aufmunternd. Alle nickten. «Armer, alter Thomas Alva», sagten sie und griffen nach ihrem Bier.

Angeln verboten: Komponenten und Schaltpläne

Wenn Sie um Ihr Grundstück ein paar «Angeln verboten»-Schilder aufstellen, glauben die Leute, dass sie einen famosen Angelplatz schützen wollen. Warum sonst sollten Sie die Schilder aufstellen? Sie werden Sie für einen habsüchtigen Egozentriker halten, der es verdient hat, dass man ihn hintergeht, und niemand wird die Schilder beachten. Solche Schilder haben für umherstreifende Angler erfahrungsgemäß ausgesprochenen Aufforderungscharakter, und sie werden über das Gelände herfallen wie die Heuschrecken.

Dagegen stellen Sie mit ein paar Schildern mit der Aufschrift «Willkommen zum Jahrestreffen der Finanzämter – Öffentlichkeit zugelassen» Sicher, dass sie den gesamten Fischbestand für sich behalten können. Genauso verhält es sich mit der Überschrift dieses Kapitels. Ich wollte Sie nur daran erinnern, wie wirksam Fachjargon die weniger motivierten Leser aussortiert. ES GIBT HIER

KEINE ABSCHLUSSPRÜFUNG! Wer dieses Buch in der Hoffnung liest, eines Tages komplizierte Manipulationen im tiefsten Innern elektrischer Geräte unternehmen zu können, wird verstehen wollen, wie man einen Schaltplan lesen oder genaue Kennwerte errechnen kann. In diesem Fall, wunderbar, lesen Sie einfach aufmerksam jedes Wort in den folgenden Kapiteln und machen Sie sich Notizen, wie Sie es bis hierher schon getan haben.

Wer aber auf Elektrizität nur mäßig neugierig ist, braucht noch lange nicht zu verzagen. Wir haben noch eine Menge Spaß vor uns. Sollten Sie hier und da auf eine Formel oder ein Diagramm stoßen, die Sie nervös machen, schließen Sie einfach die Augen und blättern ein oder zwei Seiten weiter, wie es die echten Wissenschaftler tun. Sie werden nichts verpassen. Leser, die bis hierher gekommen sind und ihre Angelruten dabeihaben, sollten den Köder auspacken und sich ein Plätzchen im Schatten suchen.

Komponente ist eines der einschlägigen Phantasiewörter und bedeutet «kleines elektrisches Teil». All diese merkwürdig aussehenden, bunten Dinger, die wie kleine Käfer tief im Innern Ihres Fernsehgeräts lauern, heißen Komponenten. Es gibt nur etwa ein Dutzend verschiedene Arten, aber jede kann in vielen Formen, Größen und Farben hergestellt werden. Das geschieht natürlich nur, um die Leute zu verwirren. Eine Batterie ist eine Komponente. Eine Glühbirne ist eine Komponente. Komponenten sind die Dinge, die wir auf verschiedenste Weise zusammensetzen, um unsere Grünis zu manipulieren.

In unserem Fachwörter-Spielchen werden wir jetzt den Einsatz erhöhen, ganz professionell. Wir geben nicht nur jeder einzelnen Komponente ihren eigenen Namen, nein, wir werden ihr auch ein Symbol zuordnen, ein Bildchen, das sie ohne Worte in einem Diagramm darstellen kann. Die Symbole für Elektrizität sind wie die Noten, die die Komponisten verwenden, um Musikstücke zu schreiben. Die Symbole sind auf der ganzen Welt so ziemlich dieselben, eine Weltsprache, die alle Experten kennen. Wenn Sie und ich die Leute gern glauben machen wollen, wir hätten Ahnung von Elektrizität, sollten wir diese Sprache ebenfalls lernen.

Die wohl geläufigste Komponente von allen ist Draht, ein simpler Leiter mit ganz wenig Widerstand. Das Symbol für Draht ist eine gerade Linie. Man beachte, dass ich sagte: eine gerade Linie. Weder Sie noch ich haben je einen schnurgeraden Draht gesehen, aber das genau ist es, was man zeichnet, wenn man einen Schaltplan aufstellt: ordentliche gerade Linien, die nur 90-Grad-Wendungen machen. Eine gerade Linie ist auch das Symbol für jeden anderen guten Leiter; Aluminiumfolie etwa leitet Elektrizität genauso gut wie Draht. Im Schaltplan sehen dann beide gleich aus:

Sind zwei Leiter elektrisch verbunden, befindet sich an ihrer Schnittstelle ein schwarzer Punkt:

Manchmal kreuzen sich zwei Linien zwangsweise, weil eine Zeichnung immer nur zweidimensional ist, während ein Draht über oder unter einem anderen verlegt sein kann. Wenn kein schwarzer Punkt eingezeichnet ist, sind die beiden Leiter voneinander isoliert, und es ist reiner Zufall, dass sie sich überkreuzen. Manche Diagramme zeichnen deshalb einen kleinen Bogen in eine der Linien, um dies zu verdeutlichen:

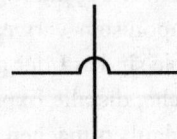

Eine Batterie besteht aus Elementen mit einer Reihe positiver und negativer Platten. Das Symbol für Batterie erinnert daran:

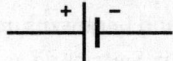

Immer wenn Sie dieses Symbol sehen, ob nun in Topeka im US-Staat Kansas oder in Zürich in der Schweiz, will Ihnen jemand sagen, dass sich eine Batterie im Stromkreis befindet.

Erinnern Sie sich an die Schalter? Schalter sind wie Tore in einem Zaun, die die Wanderung der Ameise um das Schweinegehege unterbrechen. In diesem Zusammenhang ergibt das Symbol für Schalter einen Sinn:

Es sieht tatsächlich aus wie ein Tor, das offen steht. Man kann sich leicht vorstellen, wie es zuschlägt und den Stromkreis schließt.

Schalter werden immer offen dargestellt, weil man sie sonst mit einem durchgehenden Draht verwechseln würde.

Noch ein Beispiel: Eine Glühbirne ist im Prinzip ein Glaskolben (ohne Sauerstoff darin) mit einem winzigen Heizkörper, der so heiß wird, dass er glüht. Heute benutzt man Wolfram statt Bambus als Material für den Glühfaden.

Das Symbol* für eine Glühbirne ist:

* In einigen Lehrbüchern wird auch dieses abstraktere Symbol verwendet:

Die Skizze eines Stromkreises mit diesen Symbolen nennt man **Schaltplan**. Sie können sich einen Schaltplan Ihres Fernsehgerätes kaufen und ihn dann quasi als «Straßenkarte» benutzen, um die Teile zu lokalisieren und herauszufinden, welche ihren Dienst aufgegeben haben. Wenn Sie richtig geübt im Schaltplanlesen sind, können Sie sich auch den Schaltplan des neuesten Spezialeffekts für Ihre Elektrogitarre besorgen, die Komponenten dazu kaufen und Ihre E-Gitarre selbst aufrüsten. Damit können Sie Ihrer Band eine Menge Geld ersparen.

Wer Fachausdrücke mag, wird auch an Schaltplänen seine helle Freude haben. Sie sind wie Fachsimpeln ohne Worte. Das hat eine gewisse intellektuelle Eleganz. Wie jede wirklich gute Fachsprache kann auch der Schaltplan riesige Mengen von Informationen schnell und leicht vermitteln, während ein Uneingeweihter nur «Bahnhof» versteht. Fachsprachenmäßig also ein Volltreffer, ebenso wie Latein, die Steuererklärung oder der Bundeshaushalt.

Wir können alle unsere Symbole zu einem Schaltplan zusammensetzen:

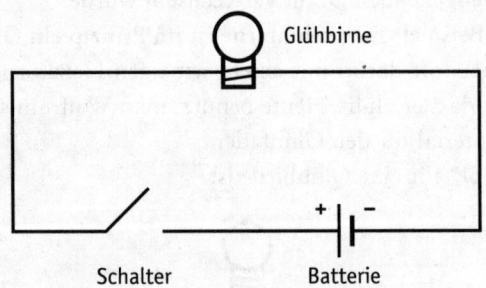

Diese Skizze zeigt einen perfekten Stromkreis, der eine Batterie enthält, etwas Draht, einen Schalter und eine Glühbirne. Wenn Sie den Schalter betätigen, geht das Licht an. Tatsächlich ist dies der Schaltplan einer einfachen Taschenlampe, wenn auch in einigen Taschenlampen anstelle des Drahtes das Metallgehäuse als Leiter verwendet wird. Elektrisch gesehen, gibt es da keinen Unterschied. Sie haben soeben Ihren ersten Schaltplan gelesen!

Was es bedeutet, ein Norweger zu sein

Es ist eine kaum bekannte Tatsache, dass alle Leute, die die Elektrizitätslehre vorangebracht haben, Norweger sind. Die Norweger sind ein sehr zurückgezogen lebendes Volk, eher menschenscheu, und geben nichts auf den Ruhm, der ihnen zusteht. Ebenso wie sie ihren Lieblingsfisch Kabeljau für die Welt ungenießbar machen, indem sie die toten Fische zu Ziegeln trocknen, ihre grässlich mumifizierten Körper wie Brennholz hinten auf der Veranda aufschichten, um sie später in Lauge einzuweichen und schließlich den ganzen Tag in Wechselbädern aus klarem Wasser zu kochen, so schlagen sie auch die Anerkennung aus, die die wissenschaftliche Gemeinschaft ihnen eigentlich schuldet, indem sie sich kaum noch norwegisch klingende Namen geben. Kabeljau, den bescheidene Norweger für die Nachwelt konservieren, heißt übrigens «Lutefisk» und ist ein Essen, das man niemals in einem guten Restaurant bestellen würde, allein schon, weil man noch nie davon gehört hat. Mein Vater behauptet immer, es schmecke wie Hummer.

Norwegische Naturwissenschaftler haben sich Pseudonyme wie «Einstein», «Marconi», «Faraday» oder «Kirchhoff» zugelegt und es so geschafft, ihre Heimat von Starrummel und Boulevardzeitungen weitgehend freizuhalten. Ich meine, nun ist die Zeit gekommen, ihre unangebrachte Bescheidenheit zu korrigieren und für Klarheit zu sorgen. Schließlich bin ich selbst ein halber Norweger. Ich hoffe, dass sie mich dereinst verstehen werden und dass ich das Richtige tue. Immerhin habe ich Lutefisk gegessen. Dafür habe ich noch etwas gut. Interessanterweise ist «Schaltplan» (norwegisch: «Schaltenplan») ein altes norwegisches Wort, das die Pläne bezeichnet, die junge heiratsfähige Männer für die Nacht zu schmieden pflegten. Sobald alles schlief, schlichen sie sich aus dem Haus, um die Mädchen zu besuchen, die im Sommer auf den hoch gelegenen Weideplätzen die Ziegen hüteten:

«Vie sieht der Schaltenplan aus, Thormod?»

«Gud, ich verde sagen, dass ich ins Betten gehe, und dann, venn die Alten schlafen gehen, verden vir aus dem Fensteren schlüpfen.»

«Das is ein guder Schaltenplan. Danke dir.»

Heute ist ein «Schaltplan» natürlich die Zeichnung eines elektrischen Stromkreises.

Eine neue Komponente: der Widerstand

Stellen Sie sich vor, Sie wachen mitten in der Nacht auf und verspüren das dringende Bedürfnis, mehr Widerstand in einem Stromkreis einzufügen. Vielleicht blendet Sie ja die Taschenlampe. Wenn Sie doch nur den Strom verringern könnten, der durch die kleine Glühbirne fließt, um sie etwas schwächer leuchten zu lassen! Sie erinnern sich, dass es die Strommenge verringert, wenn man den Widerstand in einem Stromkreis erhöht, aber wie um alles in der Welt können Sie das hinkriegen?

Diejenigen, die bis hierher begriffen haben, dass das Klügste an meinen Kapiteln die Überschriften sind, können diese Frage schnell beantworten. Die Angelsachsen machen sprachlich einen Unterschied zwischen der Komponente «Widerstand» (englisch: resistor), und dem Phänomen «Widerstand» (englisch: resistance). Im deutschsprachigen Raum lötet man schlicht eine Komponente namens Widerstand ein. Wollen Sie zehn Ohm Widerstand hinzufügen, löten Sie einfach einen 10-Ohm-Widerstand in den Stromkreis ein. Wollen Sie tausend oder eine Million Ohm dazutun – kein Problem, es gibt Widerstände mit solchen Werten.

Es gibt drei mögliche Gründe dafür, dass ein Material viel Widerstand hat. Es kann etwa von Natur aus einen hohen Widerstand haben. Viele Widerstände im Schaltkreis bestehen aus nicht viel mehr als einem Stück Kohlenstoff in einer Schutzhülle. Kohlenstoff hat viel Widerstand und ist billig. Dünne Leiter (das Prinzip Fußsteg) haben ebenfalls eine Menge Widerstand. Metallfolie, die mikroskopisch dünn ist, aufgedampft auf einen Isolator, fungiert als Widerstand. Und schließlich hat ein sehr langer Pfad mehr Widerstand als ein kurzer. Verlängert man also den Stromkreis um ein paar Kilometer Draht, funktioniert es ebenfalls, aber das macht man einfach nicht. Weil es zu teuer und zu umständlich ist.

Das Symbol für Widerstand sieht folgendermaßen aus:

Jetzt können wir unser Taschenlampenlicht abschwächen. Unser Schaltplan sieht nun so aus:

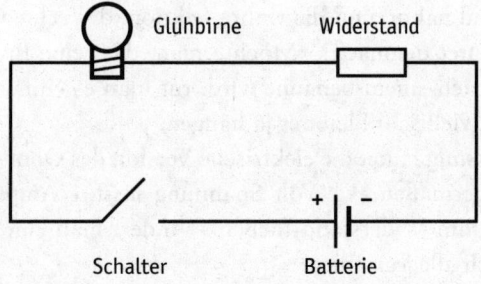

Sein Name, sein Gesetz,
sein Mantra: Ohm

In Wirklichkeit hieß er Lars Thorvillson, aber wie die meisten norwegischen Wissenschaftler versteckte er sich hinter einem Pseudonym: «Georg Ohm».

Lars (ich meine Herr Ohm) wusste, was wir alle mittlerweile wissen: Die Stromstärke in einem Stromkreis wird sowohl von der Spannung als auch vom Widerstand beeinflusst. Sein persönlicher Beitrag zu dieser Entdeckung war die Erkenntnis, dass es eine besondere, messbare Beziehung zwischen den dreien gibt.

Ohm sagte: «Nehmen wir an, dass eine Spannungseinheit eine Stromeinheit durch eine Widerstandseinheit fließen lassen kann. Mal sehen, was passiert.» Wie Sie wissen, wird Spannung in der Einheit Volt gemessen. Die Einheit für Strom ist Ampere. An dieser Stelle verließ Herrn Ohm jegliche Bescheidenheit, und er nannte die Einheit für Widerstand kurzerhand **Ohm**. In einem weiteren Anfall von ganz und gar unnorwegischem Größenwahn bezeichnete er den Zusammenhang, den er entdeckt hatte, **Ohm'sches Gesetz**, und so wird es noch heute genannt. Glauben Sie Ihren Lehrern kein Wort, wenn sie Ihnen weismachen wollen, dass diese Namensgebung erst viel später zu Ehren des alten Georg Simon gewählt wurde. Ich bin sicher, dass er das gleich selbst in die Hand nahm, und die wahre Lektion, das echte Ohm'sche Gesetz, lautet demnach: «Möchte man, dass eine Brücke oder ein Park nach einem benannt wird, tut man es einfach selbst.» Wer weiß, vielleicht bleibt es ja hängen.

In Kurzfassung lautet die elektrische Version des Ohm'schen Gesetzes folgermaßen: «1 Volt Spannung lässt 1 Ampere Strom durch 1 Ohm Widerstand fließen.» Ändert man eine Variable, ändern sich alle Variablen.

Ich nehme an, dass Ohm norwegische Worte benutzt hat, als er die Angelegenheit niederschrieb. Er kürzte «Spannung» nämlich mit einem großen «U» ab, «Strom» mit einem großen «I» und «Widerstand» mit einem «R». Vielleicht war er auch wesentlich begabter als Fachsprachenerfinder, als man ihm allgemein zugetraut hatte. Mit der folgenden eleganten Formel können Sie herausfinden, wie die Variablen sich gegenseitig verändern:

Spannung = Widerstand × Strom

Die abgekürzte norwegische Formel, die immer noch angewendet wird, sieht so aus:

$U = RI$

Also: Spannung (U) gleich Widerstand (R) mal Strom (I). Wenn wir also wissen, dass durch 10 Ohm Widerstand 10 Ampere Strom fließen, bekommen wir heraus, dass 100 Volt Spannung die Grünis vorantreiben oder -ziehen.

Wenn wir durch 6 Ohm Widerstand 5 Ampere Strom fließen sehen, so wie hier,

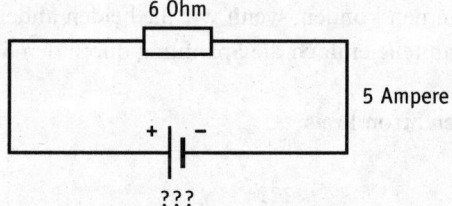

dann wissen wir, dass es sich um eine 30-Volt-Batterie handeln muss. Funktioniert das nicht prima? Strom mal Widerstand gleich Spannung. Und man kann noch viel mehr damit anfangen.

Angenommen, wir kaufen eine 10-Volt-Batterie und schließen an sie einen 5-Ohm-Widerstand an. Wir sind jetzt gespannt, wie viel Strom fließt.

Diejenigen, die (anders als ich) einfache Schulmathematik verstanden haben, werden erkennen, dass man die Formel einfach umstellen kann, um diese Information zu erhalten, nämlich: Strom gleich Spannung geteilt durch Widerstand. Die veränderte Formel sieht so aus:

$I = \dfrac{U}{R}$

Wenn es schon eine Weile her ist, dass Sie irgendwelche Rechnungen ohne Taschenrechner gemacht haben, möchte ich daran erinnern, dass es bedeutet, dass zwei Größen miteinander zu multiplizieren sind, wenn sie dicht nebeneinander stehen (R I). Wenn die eine Größe über der anderen steht ($\frac{U}{R}$), bedeutet dies, dass man die obere durch die untere teilen muss (U geteilt durch R). Der Strich, der beide Variablen voneinander trennt, bedeutet also «geteilt durch».

Um die Stromstärke in unserem Beispiel herauszufinden, ersetzen wir die Buchstaben in der Formel durch die Zahlenwerte, die wir kennen:

$I = \frac{10}{5}$

10 geteilt durch 5 ist gleich 2. Zwei Ampere Strom fließen also durch unseren kleinen Stromkreis.

Wir können die Formel auch so umstellen, dass wir den Widerstand bestimmen können, wenn wir die beiden anderen Größen kennen. Man teile einfach die Spannung durch den Strom:

$R = \frac{U}{I}$

Im folgenden Stromkreis:

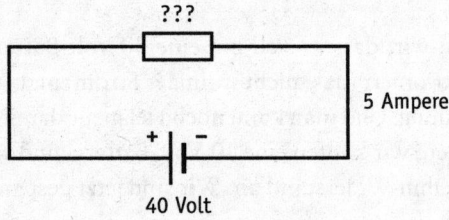

ist die Spannung (40 Volt) geteilt durch den Strom (5 Ampere) gleich dem Widerstand. Vierzig geteilt durch 5 macht 8. Es ist also ein 8-Ohm-Widerstand.

So einfach das Ohm'sche Gesetz auch ist, ist es doch auch irgendwie zum Aus-der-Haut-Fahren. Welchen Sinn haben diese Abkürzungen? Ich kann mir noch merken, dass «U» für Spannung steht, weil es womöglich «Urdrang» bedeutet, was wiederum dem «Partytrieb» ähnelt. «R» ist wohl «Resistenz» wie Widerstand. Übrig bleibt «I» für Strom, was ich sehr schwierig fand. Erst habe ich mir vorgestellt, wie sich die Kleinen Grünis in kleinen grünen Sportwagen durch den Draht bewegen und dabei schreien: «Ich bin der Strom! Ich bin der Strom!» Ich konnte es mir immer noch nicht merken. Schließlich habe ich mir einfach gemerkt, dass «U» der «Urdrang» ist und Spannung bedeutet, «R» für Resistenz steht und «Widerstand» bedeutet und «I» der Strom sein muss, weil es zuletzt übrig bleibt. Dann hatte ich plötzlich vergessen, welche Variable in der Formel man mit welcher multipliziert und welche man durch welche teilt. Dann fiel mir der Schweizer Kanton Uri ein, und ich schrieb:

$$U = RI,$$

was eine einfache Multiplikation ist. Die Formel beginnt mit dem Urdrang (Spannung). Also verfolgte ich die Spur von «U» in den anderen beiden Formelvarianten. Detektivische Erkenntnis: U steht immer oben. Es soll der Strom bestimmt werden? Man nehme:

$$I = \frac{U}{R}$$

Es soll der Widerstand bestimmt werden? Man nehme:

$$R = \frac{U}{I}$$

Man könnte argumentieren, dass Lars es uns hätte einfacher machen können, aber dann wäre es nicht annähernd so lustig geworden. Das Ohm'sche Gesetz ist schon eine kleine Anstrengung wert. Denn nichts macht mehr Eindruck, als hin und wieder kleine Formeln in eine ganz alltägliche Unterhaltung einfließen zu lassen.

Es gibt allein in Deutschland, Österreich und der Schweiz zwei oder drei Millionen Menschen, die das Ohm'sche Gesetz etwa so gut verstehen wie Sie jetzt. Wer weiß, vielleicht treffen Sie ja mal einen davon. Vielleicht verlieben Sie sich sogar. Wenigstens sind Sie nicht schockiert, wenn er es vorsichtig anspricht. Wenn so viele Leute mit dem Ohm'schen Gesetz umgehen können, können Sie es auch.

Andererseits entsprechen zwei oder drei Millionen Leute weniger als drei Prozent der deutschsprachigen Bevölkerung. Sie gehören also ab sofort zu einem äußerst exklusiven Klub.

Das Ende vom Lied

Wir schreiben das Jahr 1827. Die Dampflokomotive ist zwar schon erfunden, doch in den Hotelhallen warten die Leute noch auf Postkutschen. Die Postkutsche kommt selten pünktlich, das Gepäck liegt regelmäßig in der falschen Kutsche, das Personal ist unhöflich, und ab und zu entführen Räuberbanden die eine oder andere Kutsche. Es ist eine primitive, unzivilisierte Zeit. Ganz anders als heutzutage.

Wir befinden uns in einer Hotelhalle irgendwo in Europa, die vor Geschäftigkeit brummt. Die meisten haben Taschen, einige schlafen unruhig auf den Stühlen, und andere stehen in Grüppchen beieinander und reden. Wohin man auch blickt: Menschen gehen auf und ab und blicken flüchtig auf ihre Taschenuhren, besorgt und in Gedanken versunken. In einer Ecke der riesigen Halle weicht ein seltsam gekleideter Mann einer Norwegerin mittleren Alters aus.

«Lars! Bist du's? Lars Thorvillson!» Die kräftig gebaute Dame war hartnäckig.

«Sie müssen sich irren, gnä' Frau», erwiderte er. Sein Tonfall war freundlich, aber er war offensichtlich nervös. «Mein Name ist Ohm. Georg Simon Ohm.»

«Ach was, Lars, ich weiß doch genau, dass du's bist! Seit dem großen Picknick in Stavanger haben wir uns nicht mehr gesehen. Was machst du so weit von zu Hause? Und warum bist du so komisch angezogen?» Der Mann war in ein weißes, wallendes Gewand gekleidet und sein Kopf war bis auf einen langen Pferdeschwanz kahl geschoren.

«Sie irren sich, gnä' Frau. Ich heiße Georg, nicht Lars. Aber hier, lassen Sie mich Ihnen eine Blume schenken.» Er überreichte ihr eine langstielige Schwertlilie von schöner tiefblauer Farbe.

«Danke, Lars, ich meine Georg, oder wie immer du dich nun nennst.»

«Die Blume ist mein Geschenk für Sie und ich hoffe, sie macht Ihren Tag ein wenig fröhlicher», sagte er ruhig mit seiner geschulten Stimme. Während sie die Blume nahm und bewunderte, fuhr er fort: «Ich arbeite dafür, Frieden und Harmonie in die Welt zu bringen. Das ist mein Lebensziel. Die Schwertlilie ist das Symbol dafür. Wenn Sie ebenfalls Frieden und Harmonie auf der Welt wollen, ist jede Gabe, die Sie erübrigen können, hochwillkommen.»

Die Frau sah überrascht und ein wenig fassungslos drein. Selbstverständlich wollte sie Frieden und Harmonie auf der Welt. Gut, schließlich hatte sie die Blume angenommen. Sie fühlte sich hereingelegt und seltsamerweise auch schuldig, als sie in ihrer Tasche nach etwas Geld suchte und es ihm gab.

«Schönen Tag noch», rief er ihr nach, als sie von ihm wegeilte. Er wandte sich an einen jungen Mann, der die Angelegenheit beobachtet hatte.

«Siehst du», sagte er, «so macht man das. Erst gibst du ihnen die Schwertlilie, dann machst du dein Geschäft. Klappt immer.»

«Das klingt einfach», gab der junge Mann zu. Wie Georg trug er ein Gewand und einen nahezu kahl geschorenen Kopf. «Und dann, am Abend, gebe ich dir das Geld, nicht wahr?»

«Genau. Du gibst mir das Geld und alle Schwertlilien, die du nicht verkauft, ich meine, weggegeben hast. Ich weiß, du bist ein ehrlicher Kumpel, es gibt aber auch andere, die nicht so ehrlich sind. Ich mache das schon so lange, dass ich genau weiß, wie viel

Geld du für jede Schwertlilienschachtel bekommst. Ich kann daran ablesen, wie viel Schwertlilien du ausgeteilt und mit wie vielen Leuten du gesprochen hast.»

«Das ist ziemlich clever!», sagte der junge Mann beeindruckt.

«Danke. Mit Friedensarbeitern in jeder Postkutschenstation Europas und Amerikas wäre meine Buchhaltung ohne ein gutes System ein Alptraum.»

«Und was bekomme ich für diese Tätigkeit?»

«Ah, du bist ein Glückspilz. Du erfährst die Gnade, Frieden und Harmonie in der Welt verbreiten zu helfen! Du gestaltest eine neue Welt, mein Sohn, eine globale Menschheitsfamilie, eine Ära der Ruhe und des Einsseins mit allen Lebewesen. Zusätzlich bekommst du eine Schale Reis jeden Mittag und darfst deine Sandalen behalten.»

«Super!» Der junge Mann konnte es kaum erwarten, Frieden und Harmonie in die Welt zu bringen. «Aber warum müssen wir hier hinten in der Ecke bleiben?»

«Das ist eine neue Vorschrift. Sie wollen uns nicht in die Haupthalle lassen. Sie glauben, wir belästigen die Fahrgäste. Sie lassen uns hier hinten herumstehen, weil sie glauben, dass hier sowieso keiner vorbeikommt. Der Teufel steuert ihren Verstand, deshalb tun sie so etwas. Sie können nichts dafür. Der Teufel benutzt sie, um uns davon abzuhalten, Frieden und Ruhe in die Welt zu bringen. Er hat uns sogar Konkurrenz verschafft.»

«Wie kann es Konkurrenz geben, wenn man Frieden in die Welt bringt? Das ist doch eine Sache, für die man zusammenarbeiten könnte.»

«Natürlich, mein Sohn, natürlich. Aber das sind keine Missionare des guten Willens, wie wir es sind. Das sind knallharte Geschäftemacher. Ihr einziges Motiv ist Habgier. Und sie haben den Segen der Obrigkeit.»

«Nein!»

«Es ist leider wahr. Wir sind nicht nur in den entlegensten Teil jeder Station abgeschoben worden, sondern die Gäste müssen auch all diese Händler passieren, bevor sie uns erreichen. Wenn sie ihr Geld auf die Konkurrenz verschwenden, werden wir keine einzige Schwertlilie los.»

«Was verkaufen sie denn?»

«Stoffpuppen, mein Sohn. Scheußlich, unförmig und teuer. Der Teufel hält Einzug in jede europäische Kinderseele und macht sie ganz wild auf dieses widerliche Spielzeug. Stoffpuppen sind der Feind, gar keine Frage. Wenn es viele Stoffpuppenverkäufer gibt, kannst du der Menschheit keine innere Ruhe bringen. Niemand will dann deine Schwertlilie.»

«Mal sehen, ob ich das begriffen habe. Du errechnest also anhand der von mir verteilten Schwertlilien, wie viel Frieden ich der Welt gebracht habe.»

«Richtig.»

«Aber je mehr Puppen es in der Station gibt, desto weniger Schwertlilien kann ich weggeben.»

«Auch richtig.»

«Meine Güte, mein Herr, ich wünschte, es gäbe eine Möglichkeit, die Leute zu uns herüberzulocken. Wir könnten die Puppen besiegen!»

Herr Ohm setzte ein wissendes Lächeln auf.

«Genau darum geht es», sagte er und beugte sich über eine große Holzkiste auf dem Boden. Er öffnete sie. Heraus stolzierte ein riesiger Vogel, ein nordamerikanischer Truthahn. Er blickte verwirrt um sich, schüttelte seine Flügel und gab ein indigniertes Geräusch von sich. In Europa gibt es solche Truthähne nicht, sodass der junge Mann noch nie zuvor solch einen Vogel gesehen hatte. Er wich zurück. Georg knüpfte eine Schnur um eines der Truthahnbeine und band ihn an der Kiste fest.

«Was ist das?», fragte der Junge mit aufgerissenen Augen.

«Das», sagte Herr Ohm, «ist ein Adler!»

«Der ist ja riesig.»

«Aus Amerika», fuhr Herr Ohm fort. «Alles wächst dort viel größer. Die Leute hier in Europa haben noch nie einen amerikanischen Adler gesehen. Es wird im Nu einen Menschenauflauf geben.»

«Sind die nicht gefährlich?»

«Vollkommen zahm, mein Sohn. Man hat mir gesagt, dass meine Vögel die direkten Abkömmlinge einer Herde von Benjamin Franklin persönlich seien. Um einen amerikanischen Adler zu sehen, werden die Leute schnurstracks an diesen Stoffpuppen-Verkäufern vorbeigehen!»

«Bist du sicher, dass das funktioniert?»

«Absolut. Ich habe es in Paris ausprobiert. Eine bestimmte Anzahl Leute wird herkommen, um einen Adler zu sehen. Doppelt so viele werden kommen, um zwei Adler zu sehen. Ich kann dir genau sagen, wie viele Schwertlilien du verteilen wirst, wenn ich weiß, wie viele Adler du hast und wie viele Stoffpuppen-Verkäufer es gibt. Immer, wenn ich auf einen Markt gehe, überprüfe ich, wie viele Puppenverkäufer dort sind, überlege mir eine angemessene Schwertlilienquote und bestimme so die Anzahl der Adler, die mitzubringen sind. Oder, sagen wir, ich möchte ein Auge auf die Konkurrenz haben. Ich zähle die Adler und errechne den Schwertlilienverkauf, und dann kann ich dir in einer Minute sagen, wie viele Stoffpuppen-Verkäufer in der Station sind. Ich habe sogar eine Formel dafür aufgestellt. Wo hab ich doch bloß gleich die Formel … Egal, ich finde sie schon noch. Jetzt zeig ich es dir nochmal, dann machst du's selber. Mach mir einfach immer alles nach.»

In diesem Augenblick betrat eine Gruppe norwegischer Touristen die Station. Georg drehte sich weg und versuchte, sein Gesicht mit der Hand zu bedecken, aber einer von ihnen hatte ihn schon erspäht.

«Lars! Lars Thorvillson! Schaut mal alle her, da ist Lars Thorvillson!»

Die ganze Gruppe umringte die beiden Männer in den weißen Gewändern.

«Ohm! Ich heiße Georg Ohm! Ich war überhaupt noch nie in Norwegen!»

Da lachten die Reisenden gutmütig.

«Warum in aller Welt bist du so komisch angezogen, Lars? Schau, Cäcilia, es ist der Lars Thorvillson aus Stavanger!»

«Ohm! Ich heiße Georg Ohm! Ohm, Ohm, Ohm!»

Aber sie gaben nicht auf. Endlich gelang es ihm, der Menge zu entkommen und aus dem Gebäude zu rennen. Er überließ es seinem Lehrling, sich selbst zu verteidigen. Schließlich zerstreuten sich die Touristen, um den Postkutschenfahrplan zu studieren.

Der junge Mann war sich nicht sicher, ob er verstanden hatte, was gerade geschehen war. Er wollte eigentlich nur der Menschheit Frieden bringen. Die letzten Worte, die er vom Meister gehört hatte, waren: «Mach mir einfach immer alles nach.» Für den Rest seines Lebens stand also er in der Postkutschenstation, verschenkte Blumen und sagte leise vor sich hin: «Ohm, Ohm, Ohm.»

Widerstand in einer Reihenschaltung

Ihre Taschenlampe ist immer noch zu hell. Wir haben schon 100 Ohm Widerstand eingelötet. Das hat ein wenig geholfen, aber Sie und ich sind ja Perfektionisten und deshalb noch nicht zufrieden, also wollen wir den Schein der Taschenlampe noch mehr abschwächen.

Könnten wir den 100-Ohm-Widerstand nicht einfach durch einen 200-Ohm-Widerstand ersetzen?

Das könnten wir, wenn wir einen 200-Ohm-Widerstand hätten. Es war aber nun mal billiger, einen ganzen Beutel voll 100-Ohm-Widerständen zu kaufen. Bewanderte Elektrizitätsexperten, die wir sind, haben wir schon eine Idee. Zunächst rufen wir uns den Schaltplan der Taschenlampe wieder ins Gedächtnis.

Nehmen wir an, die Glühbirne hat 500 Ohm Widerstand. Der

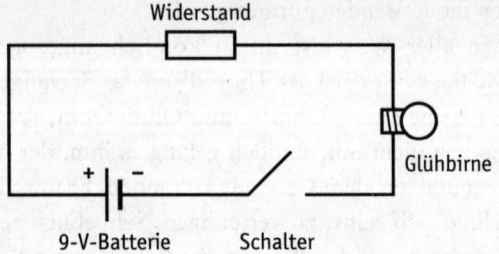

Widerstand

Glühbirne

9-V-Batterie   Schalter

100-Ohm-Widerstand und das 500-Ohm-Birnchen sind in Reihe geschaltet, der ganze Strom muss also durch beide hindurch, um den Stromkreis zu umrunden. Wir addieren also die beiden Werte und erkennen, dass es jetzt insgesamt 600 Ohm Widerstand in unserem Stromkreis gibt. Sie möchten jetzt vielleicht wissen, wie viel Strom fließt. Für den Strom lautet das Ohm'sche Gesetz: $I = \frac{U}{R}$

Für unsere Taschenlampe gilt also:

Strom (Ampere) = 9 (Volt) geteilt durch 600 (Ohm)

Wir dividieren 9 durch 600 und·erhalten 0,015 Ampere Strom. Es kam Herrn Ohm niemals in den Sinn, dass er durch seine willkürliche Wahl der Einheiten bei weniger als einem vollen Ampere landen könnte. Als Folge seiner schlechten Planung müssen wir uns heute mit dem Begriff «Milliampere» rumschlagen, was «Tausendstel eines Ampere» bedeutet. Unser Taschenlampenstromkreis führt also 15 Milliampere Strom, und das ist zu viel für uns. Wenn wir einen weiteren 100-Ohm-Widerstand zum ersten in Reihe dazulöten, wie hier:

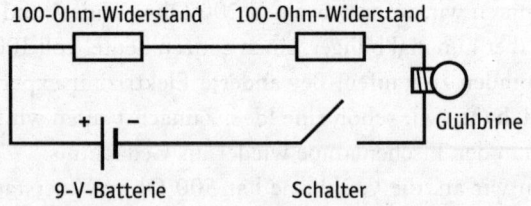

100-Ohm-Widerstand   100-Ohm-Widerstand

Glühbirne

9-V-Batterie   Schalter

leuchtet die Taschenlampe schwächer. Dank dem Ohm'schen Gesetz können wir ausrechnen, dass jetzt weniger als 13 Milliampere Strom fließen. Jedes Mal, wenn wir einen Widerstand in die Reihe dazulöten, verringern wir den Strom und die Taschenlampe leuchtet schwächer. Wenn wir 1000 Ohm in einen Stromkreis einfügen wollen, könnten wir dazu zehn 100-Ohm-Widerstände wie eine Lampengirlande hintereinander löten.

Löten wir aber die Widerstände nebeneinander wie hier:

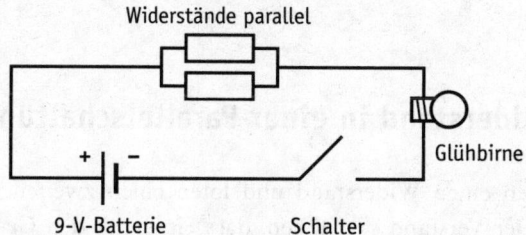

Widerstände parallel

+ −

9-V-Batterie   Schalter

Glühbirne

sind sie nicht mehr in Reihe, sondern parallel geschaltet. Ein Teil des Stroms fließt durch den einen und ein anderer Teil durch den anderen Widerstand. Der zweite Widerstand wirkt wie ein zweiter Fußsteg über eine Schlucht; für Büffel ist es nicht einfach hinüberzugelangen, aber immerhin machen zwei Fußstege die Sache schon etwas leichter. Die Zugabe von Widerständen in Parallelschaltung verringert also den Strom nicht. Unsere Taschenlampe leuchtet sogar umso heller, je mehr Widerstände wir parallel einlöten. Bei einer solchen Anordnung kann man also nicht einfach die Werte der Widerstände zusammenzählen und daraus errechnen, wie viel Gesamtwiderstand es im Schaltkreis gibt.

Wenn Sie sich nicht sicher sind, ob die Widerstände in Ihrem Schaltkreis in Reihe oder parallel geschaltet sind, bedenken Sie Folgendes: In einem Reihenstromkreis wandert jeder Grüni durch jede Komponente in derselben Reihenfolge. Verfolgt man also mit dem Bleistift den Pfad auf einem Schaltplan, fährt man durch jede Komponente, ohne rückwärts zu gehen oder den Stift vom Papier nehmen zu müssen. Es gibt keine Alternativen, keine Weggabelungen. In einem Parallelstromkreis gibt es dagegen immer mindestens eine Alternative. Grünis können auf diese Weise einen geschlossenen Stromkreis durchwandern, ohne jede einzelne Komponente passieren zu müssen.

Um den Gesamt-Widerstandswert von Widerständen in Reihe zu bestimmen, zählt man also einfach die einzelnen Werte zusammen.

Widerstand in einer Parallelschaltung

Sie haben einen Widerstand und löten einen zweiten parallel hinzu. Der Verstand sagt Ihnen, dass Sie damit den Gesamtwiderstand im Stromkreis erhöht haben. Doch da irrt Ihr Verstand. Denn Sie haben ja einen weiteren Pfad für den Strom hinzugefügt und nichts unternommen, um den ersten Pfad entsprechend schwieriger zu machen. Wenn kein Grüni den neuen zweiten Pfad nähme, hätte sich der Widerstand des Stromkreises nicht verändert. Doch schon wenn nur einer oder zwei von ihnen über den neuen Pfad fahren, bedeutet dies eine Verbesserung des Verkehrsflusses. Parallel gelötete Widerstände muss man sich also eher als alternative Pfade vorstellen, die zufällig auch Widerstand haben, und nicht als zusätzliche Hindernisse auf dem vorhandenen Pfad. Je mehr Widerstände vom selben Wert man parallel in einen Stromkreis einlötet, desto geringer wird paradoxerweise der Gesamtwiderstand, den man im Stromkreis hat.

Dies

hat also mehr Widerstand als dies:

Wie errechnet man also den Gesamtwiderstand von parallelen Widerständen? Jemand, der wesentlich cleverer ist als ich, hat es herausbekommen und es auf eine Formel gebracht. Ich bin mir sicher, dass er Norweger war. Um etwas über Elektrizität zu erfahren, muss man sich aber nicht die ganze Formel merken oder sie gar verstehen. Es gibt allerdings einige sonderbare Menschen, die lieber mathematische Probleme lösen, als etwa Eiscreme zu essen. Für den unwahrscheinlichen Fall, dass einer von ihnen dieses Buch liest, werde ich von Zeit zu Zeit eine Formel einflechten. Bitte glauben Sie mir, dass wir alle viel sicherer leben, wenn wir diese Mathefreaks ruhig stellen.

Die Formel, mit der man den Gesamtwiderstand von parallelen Widerständen ermittelt, sieht so aus:

$$R \text{ (gesamt)} = \frac{1}{1/R1 + 1/R2 + 1/R3 \ldots \text{usw.}}$$

Nehmen wir also an, wir haben drei parallel gelötete Widerstände und jeder hat 3 Ohm:

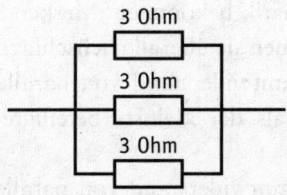

Den gesamten Widerstand erhält man dadurch, dass man die Zahl 3 (für 3 Ohm) an die Stelle von R1, R2 und R3 setzt:

$$R = \frac{1}{1/3 + 1/3 + 1/3}$$

Das Addieren ist leicht:

$$R = \frac{1}{1} = 1$$

Der Gesamtwiderstand beträgt also 1 Ohm. Wie man sich denken kann, musste ich ein wenig herumprobieren, bis ich ein Beispiel fand, das sich so hübsch auflösen ließ.

Nehmen wir noch eins:

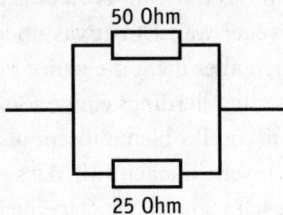

$$R = \frac{1}{1/R1 + 1/R2} = \frac{1}{1/50 + 1/25} = \frac{1}{3/25} = 8\ 1/3\ \text{Ohm}$$

Zugegeben, hier habe ich den Taschenrechner benutzt, genau wie Sie auch. Jetzt haben Sie die Formel, und mein Buch ist durch elegante Mathematik-Einschübe in den Augen der Kritiker rehabilitiert. Zwar sind einige meiner weniger abenteuerlustigen Leser wimmernd auf der Strecke geblieben, dafür haben die Süchtigen ihre Dosis Mathematik bekommen. Merken Sie sich die Formel bloß nicht! Sie können sie überall nachschlagen. Merken Sie sich nur, dass der Gesamtwiderstand von parallelen Widerständen immer kleiner ist als der kleinste beteiligte Widerstand. Wie bitte?

Ich sagte, der Gesamtwiderstand von parallelen Widerständen ist immer kleiner als der kleinste beteiligte Widerstand.

Denken Sie mal darüber nach.

Belinda

«Nicht schon wieder!», schoss es mir durch den Kopf. Ich brauchte die Augen gar nicht erst aufzumachen. Auch so spürte ich den kalten Steinboden unter mir. Mein Nacken war ganz steif, die Luft verbraucht und stickig. Kein Vogelzwitschern weit und breit, kein Plätschern war vom See zu hören. Ich wusste schon, was mich erwartete.

«Willkommen daheim», zischte eine heisere, dünne Stimme. Ich erschauerte.

«Schön, wieder da zu sein», sagte ich, während ich mich aufsetzte und mir den Nacken massierte. Es war dasselbe Verlies mit denselben Fackeln, die unruhig an den Wänden flackerten, derselbe einfache Tisch mit zwei Stühlen, und auch der Zauberer stand an derselben Stelle wie zuvor und deutete auf den Tisch. Schwerfällig stand ich auf und gehorchte seinem stummen Befehl.

«Ich möchte dich mit jemandem bekannt machen», krächzte der Zauberer, als ich mich setzte. Er drehte sich um und trat einen Schritt zurück. «Das ist Belinda.»

Hinter dem alten Mann stand schüchtern eine junge Frau von außergewöhnlicher Schönheit. Sie trug ein dunkles Gewand, hatte einen hellen Teint und lange schwarze Haare. Ihre Gesichtszüge waren so ebenmäßig und lieblich wie bei einem Kind, ihre Augen groß und sanft. Richtige Rehaugen, dachte ich.

Doch Belinda war eindeutig kein Kind. Sie schritt auf mich zu, wobei ihr Körper sich mit wunderbar harmonischer Geschmeidigkeit unter dem einfachen Gewand bewegte. Als sie nahe genug war, dass ich ihren zarten Duft wahrnehmen konnte, lächelte sie mich an. Ich schwöre: Mein Herz blieb fast stehen, die Spucke blieb mir weg, und ich wollte auf der Stelle im Boden versinken.

«Belinda ist meine Assistentin», sagte der Zauberer, und ich glaubte, einen amüsierten Unterton gehört zu haben. Ich riss mich zusammen.

«Freut mich, dich kennen zu lernen», sagte ich, indem ich ihre makellose Hand schüttelte.

«Mich auch», erwiderte sie sanft.

«Belinda wird uns mit den Dingen versorgen, die unsere Arbeit angenehmer machen», fuhr der Zauberer fort. «Ich glaube, wir könnten eine Tasse Kaffee vertragen, bevor wir anfangen, meinst du nicht?»

Ich nickte, während Belinda sich umdrehte und graziös in einer dunklen Öffnung der düsteren Felswand verschwand. Wie gebannt starrte ich ihr nach.

«Keine Sorge, sie wird mit dem Kaffee bald wieder da sein», sagte der Alte. «Stelle ich da einen gewissen Spannungswert bei dir fest?»

«Sie kommt mir sehr intelligent vor», erwiderte ich.

«Damit wir uns recht verstehen», sagte der Zauberer, «du bist nach wie vor ersetzbar. Aber immerhin hast du dich bemüht, mich mit den Informationen zu versorgen, die ich brauche. Deshalb belohne ich dich mit gewissen Annehmlichkeiten.»

«Du meinst also …»

«Ich meine den Kaffee.»

«Ach so.»

Belinda kam mit heißem Kaffee zurück, köstlichem Kaffee, soweit ich es beurteilen konnte. Dann zog sie sich zurück und ließ sich in der Dunkelheit nieder.

«Sollen wir anfangen?» Seine Frage ließ mir keine andere Wahl. Ich atmete tief durch und konzentrierte mich wieder auf die Elektrizität.

«Also, wir sprachen schon über Spannung, Strom, Widerstand, Magnetismus, Induktion und Kapazität, richtig?» «Ja.»

«Gut, das sind auch schon fast alle wichtigen Punkte der Elektrizitätslehre. Damit sind wir bereits in der Lage, Stromkreise zu bauen, die auf diesen Phänomenen beruhen.»

«Von mir aus sofort», sagte er ein wenig ungeduldig.

«Es gibt zwei Arten von Stromkreisen», fuhr ich fort, «Reihen- oder Parallelschaltungen. Befinden sich die Komponenten ‹in Reihe›, bedeutet das, dass sie wie bei einer Perlenschnur angeordnet sind. Der Strom fließt nacheinander durch die Komponenten, wobei durch jede Komponente der gesamte Strom fließt.»

«Komponente?»

«Richtig. Komponenten sind die Bestandteile des Stromkreises. Wir setzen Komponenten zu Stromkreisen zusammen.»

«Ich verstehe. Wenn du die Komponenten hintereinander miteinander verbindest, hast du eine Reihenschaltung. Aber was ist ein paralleler Stromkreis?»

«Bei einem parallelen Stromkreis liegen die Komponenten nebeneinander, sodass ein Teil der Elektrizität durch die eine und der andere Teil der Elektrizität durch die andere Komponente wandert. Also fließt in jeder Komponente parallel zur anderen Strom.»

«Wie Eisenbahnschienen?»

«Nein, nicht ganz», sagte ich. Er verstand es noch nicht.

«Verlaufen Eisenbahnschienen nicht parallel?»

«Natürlich tun sie das. Aber schau: Die Schwellen liegen doch auch parallel nebeneinander, oder? Stell dir jede Schwelle als elektrische Komponente vor. Vielleicht die eine als Widerstand, die andere als Glühbirne, die nächste als Lautsprecher und dann wieder eine als Widerstand und so fort. Jetzt schließen wir eine Schiene an die eine Seite unserer Batterie an und die andere Schiene an die andere Seite. Einige Grünis laufen jetzt die eine Schiene entlang und wandern über die Schwellen zur anderen Schiene. Sie strömen durch die Komponenten. Diese Komponenten sind also ‹parallel› geschaltet.»

«Grünis?»

«Äh, ich meine Elektrizität. Vergiss einfach, dass ich ‹Grünis› gesagt habe.»

«Hmm», brummte er.

Schnell sprach ich weiter. «Es gibt nur wenige Möglichkeiten, um Strom zu erzeugen. Die gebräuchlichste ist die, einen Magneten dicht an einem Draht vorbeizubewegen. Alle Dynamos benutzen dieses Prinzip. Wir benutzen aber auch Chemikalien, um Elektrizität zu erzeugen. So entsteht etwa fast immer Elektrizität, wenn unterschiedliche Metalle in Säure gelegt werden. Die übrigen Möglichkeiten, Strom herzustellen, sind weniger wichtig. Reibung kann statische Elektrizität erzeugen. Sonnenlicht schafft Strom, wenn es auf bestimmte Substanzen scheint. Zwei unterschiedliche Metalle, die zusammengepresst und erhitzt werden, können ebenfalls Elektrizität liefern. Und einige Kristalle lassen unter Druckeinwirkung einen winzigen Strom entstehen.»

«Und warum erzeugen diese Dinge Strom?», wollte der Zauberer wissen.

«Ist das denn so wichtig?»

Der Magier dachte einen Moment nach, und ich beobachtete, wie die Fackeln plötzlich heller wurden und gefährlich aufloderten.

«Vermutlich nicht», sagte er und die Fackeln beruhigten sich wieder.

«Um ehrlich zu sein, verstehe ich auch nicht genau, warum das so ist, und ich glaube, dass niemand es versteht. Andererseits verstehe ich ebenso wenig die Vorgänge, die das Hungergefühl verursachen, aber ich kann es dennoch unzweifelhaft erkennen und meinen Hunger stillen, ohne ein Biochemiker sein zu müssen.»

«Gutes Argument», sagte er und winkte in den Schatten. Sofort brachte Belinda jedem von uns einen Berliner und Kaffee. Und wieder schenkte sie mir ein Lächeln. Ein bezauberndes Lächeln, distanziert und doch freundschaftlich, das eine Reihe ebenmäßiger Zähne sehen ließ. Sie war ganz offensichtlich unterfordert, dachte ich. Und wenn Belinda gar keine Hilfskraft war, sondern eine Gefangene? Oder gar eine Sinnestäuschung? Ich rieb die Stelle an meiner Stirn, wo einmal meine Augenbrauen gewesen waren, und beobachtete, wie sie wieder im Schatten verschwand. Ein Zauberer von seinen Fähigkeiten brauchte doch niemanden, der ihm Kuchen holte. Möglicherweise war sie nur meinetwegen da. Wenn sie eine Sinnestäuschung sein sollte, dachte ich bei mir, dann macht der Zauberer seinen Job sehr gut. Jetzt trommelte er mit den Fingern auf dem Tisch herum.

«Es gibt drei Methoden, um Elektrizität in Arbeitskraft umzuwandeln», sagte ich seufzend und biss in den Berliner, dem noch Belindas Duft anhaftete. Aber ich zwang mich zur Konzentration. «Wenn Elektrizität durch ein beliebiges Material wandert, heizt es der Widerstand auf. Dieses Prinzip setzt man in Geräten zur Wärmelieferung ein. Derjenige Teil, der heiß wird, heißt Heizkörper oder, wenn er sehr klein ist, Glüh- oder Heizfaden. Heizkörper können so heiß werden, dass sie glühen. Es sind die Heizfäden in den Glühbirnen, die das Licht produzieren. Die zweite Methode, Elektrizität für sich arbeiten zu lassen, ist, Elektromagnete zu bauen. Schaltet man Elektromagnete ein und aus, lassen sie elektrische Motoren laufen, Lautsprecher schwingen, Luftpumpen im Aquarium blubbern und den elektrischen Rasierapparat Bartstoppeln stutzen. Immer wenn ein elektrisches Gerät Bewegung verursacht, benutzt es aller Wahrscheinlichkeit nach einen Elektromagneten. Einige Substanzen leuchten, wenn Elektrizität vorhanden ist. Leuchtstoffröhren und Fernsehbilder erzeugen damit Licht.»

«Fernsehen?»

«Genau. Fernsehen ist wie … jeder hat Fernsehen.» Ich wollte mich eigentlich nicht darauf einlassen, die Funktionsweise oder gar den gesellschaftlichen Aspekt des Fernsehens zu erklären. «Es ist wie ein großes schwarzes Brett. Die Leute im ganzen Land bekommen ihre Informationen durchs Fernsehen. Der Bildschirm des Fernsehgerätes leuchtet, weil er mit einer Substanz bestrichen ist, die leuchtet, sobald sie von Elektrizität getroffen wird.»

«Oh.»

«Die übrigen Methoden, Elektrizität anzuwenden, sind eher unbedeutend. Einige Kristalle dehnen sich leicht aus, wenn man sie Elektrizität aussetzt. Manche Thermoelemente* werden kälter, wenn Strom durch sie fließt. Die Moleküle von flüssigen Kristallen orientieren sich bei angelegter Spannung von selbst in die eine oder die andere Richtung, je nach ihrer Ladung. Man kann die sonderbarsten Fotos aufnehmen, wenn man statische Elektrizität statt Licht auf einen Fotofilm treffen lässt.** Und viele glauben, dass Pflanzen besser wachsen, wenn in ihrer Nähe Strom fließt. Ich nehme aber nicht an, dass in deiner Zeitmaschine irgendwas davon verwendet wird.»

«Keineswegs», erwiderte der Magier mit in die Ferne gerichtetem Blick. «Aber ich kann dir eines sagen: Ich habe gerade in die Zukunft geblickt. Einer der Effekte, den du heute für unbedeutend hältst, wird in der Zukunft enorm wichtig werden. Eine ganze Industrie wird daraus entstehen, und ein paar Leute werden märchenhaft reich damit werden.»

«Ist einer meiner Leser darunter?»

«Gut möglich», sagte er milde. «Kann schon sein. Mach weiter.»

«Gut. Jetzt kommen wir zu den Zeichnungen. Jede Komponente hat ein Symbol. Zum Beispiel steht eine gerade Linie für einen Leiter, und ein Widerstand wird durch ein Rechteck dargestellt. Wir setzen diese Symbole zu einer Skizze des Stromkreises zusammen und nennen sie einen Schaltplan.»

«Das sieht nicht besonders schwierig aus», meinte er.

«Ist es auch nicht», sagte ich, während ich den Rest meines Berliners aufaß.

«Jetzt kommen wir zum Ohm'schen Gesetz. Wenn man den

---

* auch Peltier-Elemente genannt (A. d. Ü.).
** auch Kirlianographie genannt (A. d. Ü.).

Widerstand in einem Stromkreis erhöht, fließt weniger Strom hindurch. Andererseits fließt mehr Strom, wenn man die Spannung erhöht. Kennt man zwei Variablen aus dem Trio Spannung, Widerstand und Strom, kann man mit dem Ohm'schen Gesetz herausfinden, wie groß die dritte sein muss, denn Spannung ist gleich Widerstand mal Stromstärke. Die Kurzformel dafür heißt $U = RI$. Das ist das Ohm'sche Gesetz.»

«Ich hasse Mathematik!», stieß der Zauberer zwischen den Zähnen hervor. Urplötzlich hob sich mein Stuhl vom Boden ab, und alle Fackeln tanzten wie verrückt. «Geht mir genauso!», stimmte ich ihm aus voller Überzeugung zu. «Glaube mir, wenn ich nicht annehmen würde, dass dir die Formel bei deinem Projekt helfen würde, würde ich sie nicht einmal erwähnen. Hier, nimm meinen Taschenrechner. Ich werde dir die Formeln aufschreiben, die du brauchst. Mit dem Taschenrechner ist es ein Kinderspiel.» Ein Glück, mein Stuhl senkte sich wieder.

«Ich habe schon von diesen Taschenrechnern gehört ...», sagte er und schaute interessiert auf das kleine Gerät, das ich aus meiner Hosentasche hervorholte.

«Sie sind einfach genial», sagte ich. «Damit macht es richtig Spaß.» Ich zeigte ihm, wie man den Taschenrechner bedient. Er verstand sehr schnell. Diesen Taschenrechner würde ich nie mehr wieder sehen.

«Sieh mal», sagte ich. «Es gibt da noch zwei Dinge, über die ich geschrieben habe und die etwas mit Mathematik zu tun haben.» Ich wollte ihn vorwarnen, damit er nicht wütend wurde. Es machte mich ziemlich nervös, wenn er wütend wurde.

«Kann ich dafür meinen Taschenrechner benutzen?» Jetzt nannte er ihn schon «seinen» Taschenrechner. Seufzend sah ich ein, dass ich ihn endgültig abschreiben musste.

«Aber klar!», sagte ich. «Wenn Widerstände in Reihe geschaltet sind, zählt man sie einfach zusammen, um den Gesamtwiderstand zu erhalten.»

«Lass uns ein paar Beispielaufgaben ausrechnen!» Ich nannte ihm einige, die er ruck, zuck mit dem Taschenrechner erledigte. «Das macht ja wirklich Spaß!», rief er. «Wie zählst du Widerstände zusammen, wenn sie parallel geschaltet sind?»
«Mit dieser Formel», sagte ich und schrieb:

$$R = \frac{1}{1/R1 + 1/R2 + 1/R3 \ldots \text{usw.}}$$

Wider Erwarten ärgerte er sich überhaupt nicht. Geschwind rechnete er ein paar Beispiele aus und schien ziemlich zufrieden mit sich selbst zu sein. Dann lehnte er sich zurück.
«Gut gemacht!», sagte er. «Wenn du weiterhin so gut vorbereitet zu unseren Besprechungen kommst, überlebst du es vielleicht. Es ist interessant, dass es desto weniger Gesamtwiderstand gibt, je mehr parallele Widerstände man schaltet. Es hat den Anschein eines Paradoxons und ich mag Widersprüche. Ich werde dich jetzt verlassen. Aber ebenso wie ich an die heilsame Wirkung von Strafen glaube, erkenne ich auch den Wert von Belohnungen. Du hast dir eine Belohnung verdient.» Er wandte sich in die Dunkelheit. «Belinda!», befahl er. Die reizende junge Frau kam näher. Mir schwindelte, das Blut schoss mir in den Kopf. Welche Art von Belohnung hatte der Zauberer im Sinn? Ich wollte ihn gerade fragen, da war er auch schon verschwunden. Belinda kam näher – jede Bewegung ein Gedicht, jeder ihrer anmutigen Schritte eine Sinfonie. Ich war von dieser Frau einfach hingerissen. Diese Gestalt, dieses wundervolle Traumbild mit seinen weichen Bewegungen, das strahlte wie eine üppige tropische Blume! Gleich würde ich erfahren, wer sie war und warum sie hier war. «Belohnung», hatte der Zauberer gesagt. Was er wohl damit meinte?
Sie stand ganz dicht vor mir. Mein Herz schlug bis zum Hals. Sie streckte mir ihre Hand entgegen, lehnte sich zu mir herüber und flüsterte:

«Eier.»

«Was?», fragte ich verwirrt. Sie lächelte süß.

«Eier», wiederholte sie und berührte mit ihrer hübschen, kleinen Hand meine Schulter.

«Ich versteh nicht recht ...»

Plötzlich rüttelte sie an meiner Schulter, das Verlies versank in der Dunkelheit und ihre Stimme verzerrte sich.

«Bloß nicht!», dachte ich, als ich verstand, was passierte. Ich schüttelte meinen Kopf und versuchte dagegen anzukämpfen, aber ohne Erfolg. Als ich die Augen aufmachte, rüttelte mich Mike an den Schultern.

«Ich sagte, die Eier sind fertig, Bruder. Steh auf und wandle!»

«Oh nein!», rief ich.

«Ich glaube, du hattest einen Alptraum, Junge. Du hast dich ganz unruhig herumgewälzt. – Keine Ursache», sagte mein grüner Freund, wobei er seine Hand hochhob, als ob er meinen Dank abwehren wollte. «Hallo, wach auf! Du bist wieder sicher in der Realität. Komm frühstücken!»

Noch nie in meinem Leben waren mir Eier so zuwider.

Der Parkplatz bei der Seufzerschlucht

Der Kondensator ist das Käsesandwich unter den elektrischen Komponenten. Jede Brotscheibe ist ein Leiter, und der Käse ist ein sehr dünner Isolator. Die Brotscheiben (die Leiter) nennt man «Platten», und den Käse, der sie voneinander trennt, nennt man **Dielektrikum**. «Dielektrikum» ist eines der bezauberndsten Beispiele für Fachsprache, weil es so ungeheuer offiziell klingt und doch nicht mehr bedeutet als «ein Isolator, der die zwei Platten in einem Kondensator voneinander trennt». Luft kann ein Dielektrikum sein, Papier kann ein Dielektrikum sein. Glas,

Plastik, Glimmer, Holz, Polyester, selbst ein Vakuum kann ein Dielektrikum sein. Tatsächlich könnte man auch Käse nehmen. Aber natürlich funktionieren einige Dinge besser als andere.

Legt man ein Blatt Wachsfolie zwischen zwei Blätter Aluminiumfolie, hat man bereits einen funktionierenden Kondensator gebaut.

Aber wozu soll das gut sein?

Wenn man diese Aluminiumfolien-Platten mit den beiden Seiten einer Batterie verbindet, erhält man einen offenen Schaltkreis. Das Wachspapier-Dielektrikum ist ein guter Isolator. Strom kann also nicht hindurchfließen. Aber es ist so dünn, dass die Grünis noch die Partymusik hören und die Spannung spüren können. Also fahren sie, so weit sie können. Sie fahren von der negativen Seite der Batterie zur Aluminiumfolie, verteilen sich auf ihr und suchen einen Pfad, um auf die andere Seite zu gelangen, bis die Folie keine weiteren grünen Jungs mehr aufnehmen kann.

Zur selben Zeit verlassen die Grünis, die auf der anderen Aluminiumplatte warten, ihre Parkplätze und brettern zur positiven Seite der Batterie hinunter, wo die Party stattfindet. Die Grünis, die von der positiven Platte aus starten, nenne ich «Glücksgrünis».

Zunächst hat ein Kondensator keinen Einfluss auf den Rest des Stromkreises. Grünis bewegen sich auf ihn zu, Grünis bewegen sich von ihm weg. Es könnte sich genauso gut um ein Stück Draht handeln. Doch dann kommt alles anders.

Während die Grünis die Platte auffüllen, wird es immer schwieriger, einen Parkplatz zu finden. Es entwickelt sich eine negative Ladung, die Neuankömmlinge abstößt. Innerhalb des Bruchteils einer Sekunde weiß jedermann, dass die Straße verstopft ist, der Verkehr staut sich den ganzen Weg zurück bis zum negativen Pol, und das Dielektrikum zeigt jetzt sein wahres Gesicht. Es ist ein Isolator, ein Stromstopper, ein Partymuffel.

Wenn sich unsere kleine Geschichte dem Ende zuneigt, hat eine Platte eine negative Ladung, die andere Platte eine positive Ladung, und das Dielektrikum lacht sich ins Fäustchen. Kein Strom fließt. Doch der Kondensator ist, wie man sagt, «geladen».

Wenn wir den Grünis jetzt einen Pfad zwischen den beiden Platten anbieten, werden sie ihn sofort einschlagen, um die Ladungen auszugleichen. Grünis vom überfüllten Parkplatz auf der ersten Platte werden auf die leere zweite Platte fahren und dort parken.

Das Symbol für den Kondensator mit den beiden Platten in Seitenansicht ist sehr anschaulich:

Stellen wir uns vor, wir löten einen Kondensator und einen Widerstand parallel in einen Stromkreis:

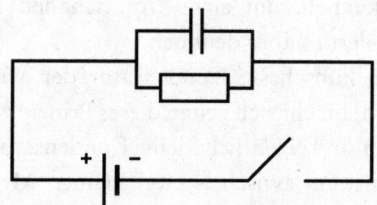

Wir schließen den Schalter. Grünis eilen zu der Kondensatorplatte, die dem negativen Batteriepol am nächsten liegt. Das erscheint ihnen als der einfachste Weg, während andere den Widerstand durchfahren. Innerhalb kürzester Zeit ist der Kondensator vollständig geladen. Es gibt keinen Platz für weitere Grünis. Ist es so weit, wandert der gesamte Strom durch den Widerstand. Der Kondensator hat sich bisher wie ein Widerstand verhalten, dessen Widerstandswert sich mit der Zeit erhöhte. Sind die Platten groß genug und ist der parallele Widerstand klein genug, kann es mehrere Minuten dauern, bis der Kondensator völlig aufgeladen ist. Dabei fließt immer mehr Strom durch den Widerstand, während immer weniger durch den Teil des Stromkreises fließt, der den Kondensator enthält.

Es gibt sehr große Kondensatoren, die eine Menge Grünis beherbergen können. Wenn man aus Versehen beide Anschlüsse berührt, können sie uns buchstäblich in Kohle verwandeln. Kommen Sie also bloß nicht auf die Idee, etwa mit einem großen Kondensator zu füßeln! Einige Kondensatoren können ihre Ladung monatelang halten, auch wenn das Gerät längst nicht mehr angeschlossen ist. Wenn der Partytrieb der Grünis sehr, sehr stark ist, kann jedoch auch der Isolator überwunden werden. Unser Dielektrikum ist da keine Ausnahme. Bei einer bestimmten Spannungshöhe bricht jedes Dielektrikum zusammen, bekommt ein Leck und lässt Grünis durch – ein Durchschlag. Das Gerät ist damit beschädigt, und man muss den Kondensator ersetzen. Es empfiehlt sich also, die maximale Spannungstoleranz des Kondensators zu kennen, um einen Totalschaden zu vermeiden. Manchmal passiert es aber dennoch.

Der vermutlich hübscheste Kondensator der Welt (neben den Gewitterwolken) macht sich genau dieses Prinzip zunutze: Neonglimmlämpchen sind eigentlich kleine Kondensatoren, die Neongas als Dielektrikum zwischen zwei kleinen Metallplatten benutzen. Wenn die maximale Spannung überschritten ist, strömt Elektrizität durch das Gas von Platte zu Platte. Neongas leuchtet rot, wenn Elektrizität hindurchwandert. Diese kleinen Neonglimmlämpchen sind praktisch, denn die Entfernung zwischen den Platten bestimmt die Durchschlagsspannung. Solange man unter dieser Spannung bleibt, geschieht gar nichts. Sobald man sie aber erreicht – Bingo! Das kleine Licht geht an. Da dabei das Gas nicht verbraucht wird, funktioniert es immer wieder und zeigt zuverlässig an, wann eine bestimmte Spannung erreicht ist. Lehrer stellen ihren Schülern Glimmlämpchen übrigens nicht als Kondensatoren vor, sondern erklären ihnen daran die ionisierende Wirkung des Neongases.

Einen Kondensator bewertet man danach, wie groß die Ladung ist, die er halten kann. Hierfür maßgebend ist sowohl die Höhe der Spannung zwischen den Platten, als auch wie viel Strom fließen würde, wenn man ihn mit einem Leiter entladen würde. Die Kapazität eines Kondensators zeigt also an, wie viel Energie er speichern kann. Kapazität wird in **Farad** gemessen, nach dem norwegischen Naturwissenschaftler Gen Genson. Als ihm klar wurde, dass niemand einem Wissenschaftler zuhören will, dessen Vorname wie «Gähn» ausgesprochen wird, nahm er den Namen Michael Faraday an. Davon wurde die Einheit Farad abgeleitet. Diese interessante historische Fußnote werden Sie allerdings in anderen Büchern vergeblich suchen. Wieder einmal hatte hier jemand willkürlich eine Größe für eine Maßeinheit festgelegt, und wieder einmal stellte sich heraus, dass sie für den allgemeinen Gebrauch zu groß war. Deshalb hören wir viel von Mikrofarad (ein millionstel Farad) oder sogar Pikofarad (ein billionstel Farad).

Sie war wirklich *entschieden* zu groß.

Wettrennen auf Norwegisch

Die Olafsons kennen ein kleines Spielchen, das sie gern mit Familien treiben, die aus der Stadt kommen – ein Ulk nur für Eingeweihte. Kommt eine Familie zu Besuch und prahlt mit ihren sportlichen Kindern, schlagen die Olafsons ein Wettrennen vor: 1600 Meter – unser bester Bengel gegen euren besten Bengel. Da die Olafsons wirklich nicht sportlich aussehen, fallen die Besucher jedes Mal darauf rein.

Nachdem man sich auf den Wetteinsatz geeinigt hat (50 Pfund Lutefisk sind Standard), gehen die beiden Familien zum Schulsportplatz hinunter. Die Aschenbahn ist genau wie jede andere auf der Welt 400 Meter lang. Das 1600-Meter-Rennen besteht also aus vier Runden. Als einzige kleine Kuriosität fällt auf, dass quer über die Bahn ein Drahtzaun verläuft, der fast sechs Meter hoch ist. Die Firma, die den Schulhof eingezäunt hat, hat entweder die Pläne falsch gelesen oder den Zaun vor lauter Begeisterung über die Aschenbahn hinweg einfach weitergezogen, keiner weiß es so genau. Die Schule darf ihn aber nicht abreißen, weil sie ihn als Beweismaterial für ihre Klage gegen die Firma braucht. Also ist die lokale Schulrennbahn nun eine Sackgasse. Eine Runde kann man aber gut laufen; der Zaun blockiert die Bahn nur an einer Stelle, bevor er in der Mitte des Feldes endet. Dass die diesjährige Leichtathletik-Mannschaft irgendwelche Rekorde brechen wird, erwartet ohnehin niemand.

Die Wettregeln sind einfach. Um den Zaun herumzulaufen ist unfair. Euer Junge läuft zuerst – wir alle stoppen seine Zeit. Wer die beste Zeit macht, gewinnt. Legt schon mal den Lutefisk zurecht.

Die Besucher schauen den Maschenzaun hoch. Sechs Meter sind wirklich viel. Sie müssen ihn für einen 1600-Meter-Lauf viermal überklettern. Andererseits ist der Zaun für den Jungen der Olafsons genauso ein Hindernis wie für sie. Und immerhin geht es um 50 Pfund Lutefisk.

Sie willigen also in die Bedingungen ein. Ihr Junge fängt an zu laufen. Er läuft tatsächlich eine gute Zeit, rennt wie ein Rennpferd. Unglücklicherweise klettert er auch so gut wie ein Rennpferd. Er braucht 10 Minuten für die halbe Zaunhöhe.

Aber er ist ein ehrgeiziger Junge; obwohl seine Knochen schmerzen, macht er weiter. Es stellt sich aber heraus, dass der Zaun so hoch ist, dass er jetzt Höhenangst bekommt und langsam panisch wird. Dennoch steht er die Tortur durch und gibt sein Bestes. Doch nach weiteren fünf Minuten Todesqualen ist man sich einig, dass diesmal der Zaun gewonnen hat, und der junge Athlet macht sich vorsichtig an den Abstieg, außer Atem und völlig außer Fassung.

Doch die Besucher sind noch nicht bereit, die 50 Pfund Lutefisk kampflos aufzugeben. Nein, mein Herr. Der Olafson'sche Junge ist schließlich auch noch keine 1600 Meter gerannt. Und bevor er das nicht tut, wollen sie die Niederlage nicht einräumen.

Also trabt Ollie los, der Olafson'sche Junge. Mit Bedacht startet er vom Zaun aus, den Rücken fest dagegen gedrückt. Die Mitglieder der Besucherfamilie tauschen ein selbstgefälliges Lächeln aus. Als Ollie wieder am Zaun ankommt, ihn berührt, sich dann umdreht und die zweite Runde in Gegenrichtung läuft, erstirbt das Lächeln.

Die Luft erzittert von norwegischen Flüchen, deren höflichste Übersetzung lautet, dass die Besucher dies für mehr als unfair halten. Die Olafsons sind, wie immer, über diese Reaktion empört. Keine Menschenseele hat schließlich jemals gesagt, dass man die gesamte Meile im Uhrzeigersinn zu laufen habe. Meine Güte, jeder sieht doch, dass da ein Drahtzaun quer auf der Bahn steht. Es kostet doch wertvolle Zeit, wenn man das Ding nach jeder Runde überklettert. Nein, Bedingung war, 1600 Meter auf der Bahn zu rennen, ohne um den Zaun herumzulaufen. Es ist doch offensichtlich, dass man sich bei Erreichen des Zauns am besten umdreht und die nächste Runde in Gegenrichtung läuft.

«Schiebung!», kreischen die Besucher, während Klein Ollie in die letzte Runde trabt. Er macht keine besonders gute Zeit auf den 1600 Metern, etwas über neun Minuten. Dabei ist es noch eine von Ollies besseren Zeiten, und immerhin war sie gut genug, um 50 Pfund Lutefisk zu gewinnen.

Die Olafsons werden übrigens selten ein zweites Mal besucht.

Die Moral von der Geschichte:

«Es kommt nicht immer darauf an, wie schnell du rennst; manchmal ist es wichtiger, dass du die Spielregeln verstehst.»

Kondensatoren und Kapazität

«Was ist Lutefisk?», fragte Mike, nachdem er das Kapitel gelesen hatte.

«Lutefisk ist ein traditionelles skandinavisches Essen. Eigentlich ist es Kabeljau, in Salz konserviert und getrocknet. Um ihn dann zuzubereiten, weicht man ihn in Lauge ein und kocht ihn den ganzen Tag, bis er die Konsistenz einer Qualle hat. Dann zwingt man seine Kinder, ihn zu Weihnachten zu essen, damit sie etwas über ihre Vorfahren lernen, während die Erwachsenen Truthahn oder Schinken kriegen. Prima Sache.»

«Hmm», sagte Mike. Er dachte nach. Schließlich sagte er: «Könntest du dir vorstellen, dass jemand dieses letzte Kapitel gelesen und nicht verstanden hat, dass es eigentlich um Kondensatoren ging?»

«Nein», antwortete ich. «Wie könnten sie das nicht verstehen? Es ist doch sonnenklar.»

«Irgendwie schon», sagte Mike. «Aber du hast das Wort ‹Kondensator› nicht einmal benutzt. Glaubst du nicht, dass einige der jüngeren Kinder den Sinn des Ganzen verpassen?»

«Das kann schon sein», seufzte ich. «Aber wieso sollte ich in einem Buch über Elektrizität die Geschichte eines norwegischen Wettrennens beschreiben, bei dem quer über die Aschenbahn ein Drahtzaun läuft, wenn es nicht um Kondensatoren ginge?»

«Warum sagst du es nicht einfach? Nur für alle Fälle, weißt du.»

«Also gut», sagte ich. «Der Zaun steht natürlich für das Dielektrikum. Für einen Läufer ist es sehr schwierig, über einen Zaun zu klettern, und für Elektrizität ist es sehr schwierig, ein Dielektrikum zu überwinden. Also fließt der Strom so lange, bis er am Zaun ankommt. Dann hört er auf. Es sei denn, man kehrt die Richtung des Stroms um. Dann fließt er in die entgegengesetzte Richtung, bis er erneut durch das Dielektrikum aufgehalten wird.»

«Ich glaube, das kannst du noch einfacher ausdrücken.»

Ich holte tief Luft.

«Gleichstrom wird von einem Kondensator abrupt gestoppt. Wechselstrom lässt sich dagegen nicht aufhalten.»

«Schon besser. Jetzt erzähl ihnen noch, wie die Frequenz des Wechselstroms die Sache beeinflusst, und dann gehen wir angeln.»

«Einverstanden. Wechselstrom ist wie ein Wettläufer, der jedes Mal umkehren muss, wenn er einen Pfiff hört. Pfeift es oft genug, schafft er es nie zum Maschendrahtzaun. Ist die Rennbahn voll von solchen Läufern und es pfeift alle drei Sekunden, hat der Zaun auf jeden von ihnen nur einen geringen Einfluss. Sie wirbeln nur eine Menge Staub auf und zertrampeln das Gras am Rand der Bahn. Wenn es aber nur jede halbe Stunde pfeift oder nie, bringt der Zaun alle zum Stehen. Je niedriger also die Frequenz, desto mehr Einfluss hat der Kondensator. Ist der Kondensator groß genug und die Frequenz hoch genug, hat der Kondensator keinerlei Einfluss auf den Wechselstrom.

Im ersten Augenblick, wenn Strom in ihn hineingeleitet wird, verhält sich ein Kondensator wie ein Widerstand mit sehr kleinem Widerstandswert, der im Laufe der Zeit immer höher wird. Kehrt man die Richtung des Stroms um, beginnt der Prozess von neuem: erst wenig, dann immer mehr Widerstand. Gleichstrom wird also gestoppt, weil der Widerstand sich stetig erhöht. Wechselstrom hingegen nicht. Je höher die Frequenz, desto weniger ist der Kondensator für ihn ein Hindernis.»

«Genau wie auf der norwegischen Schulaschenbahn», schmunzelte Mike.

«Genau so. Lass uns angeln gehen.»

Wie man Kapazität bestimmt

Drei Fragen haben Einfluss darauf, wie viel Kapazität ein Kondensator hat:

1. Wie groß ist die Fläche der Platten?
2. Wie dicht liegen sie beieinander?
3. Welches Dielektrikum liegt dazwischen?

Je größer die Fläche der Platten, desto mehr Platz gibt es für die Grünis, und desto mehr Ladung können die Platten speichern. Mehr Fläche gleich mehr Parkplätze gleich mehr Kapazität.

Je dichter die beiden Platten beieinander liegen, desto einfacher ist es, die Musik zu hören oder die Spannung durch die dielektrische Barriere hindurch zu spüren. Also gibt es umso mehr Kapazität, je dichter die Platten beieinander liegen. Natürlich liegt auch die Durchschlagsspannung umso niedriger, je näher sie beieinander sind.

Als Dielektrikum eignen sich einige Materialien besser als andere. Das Material muss ein guter Isolator sein, doch es soll die Grünis gleichzeitig die Party hören und die Spannung spüren lassen. Ein Pappdeckel lässt zum Beispiel Geräusche durch, kann aber eingefleischte Partylöwen nicht zurückhalten. Eine Backsteinmauer wäre sicherer, aber leider würde die Musik sie nicht durchdringen können. Ein Drahtzaun mit Stacheldraht obendrauf dagegen schreckt Partygänger ziemlich wirkungsvoll ab, während man die Musik in voller Lautstärke hört. Wachspapier ist ein gutes Dielektrikum, Luft ist auch nicht schlecht, Polyester funktioniert gut und auch Glimmer. Viele Materialien sind geeignet. Je geeigneter sie sind, desto größer ist ihre **Dielektrizitätskonstante**. Luft hat die Dielektrizitätskonstante «eins», und alle anderen Materialien werden damit verglichen.

Lötet man nun Kondensatoren in einem Stromkreis zusammen, muss man sich nur ins Gedächtnis rufen, welche Regeln ihre Kapazität beeinflussen. Danach kann man vorhersagen, wie sich die Kombination aus mehreren Kondensatoren verhält.

Wenn man einen Kondensator parallel zu einem anderen in den Stromkreis lötet, vergrößert man effektiv die Plattenfläche. Sie wissen bereits, dass mehr Fläche mehr Kapazität bedeutet.

Dies:

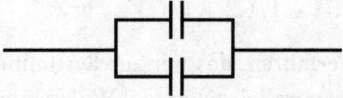

ist gleich diesem:

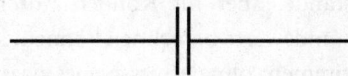

Um die Gesamtkapazität von mehreren parallelen Kondensatoren zu bestimmen, muss man also nur ihre Einzelwerte addieren.

Lötet man Kondensatoren dagegen in Reihe, vergrößert man effektiv den Abstand zwischen den Platten. Grünis müssen nun die Spannung durch mehr als ein Dielektrikum hindurch empfinden. Sie müssen die Musik durch mehr als eine Mauer hindurch hören. Da die Erhöhung des Plattenabstands die Kapazität verringert, wird bei Kondensatoren in Reihe die Gesamtkapazität tatsächlich kleiner.

Falls alle Kondensatoren denselben Wert haben, hat dies:

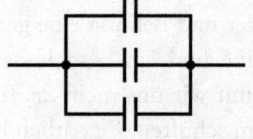

mehr Kapazität als dies:

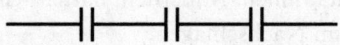

Die Formel, mit der man die Gesamtkapazität von Kondensatoren in Reihe errechnen kann, kommt Ihnen sicher irgendwie bekannt vor:

$$C \text{ (gesamt)} = \frac{1}{1/C1 + 1/C2 + 1/C3 \ldots \text{usw.}}$$

Es ist dasselbe Verfahren, das wir zur Bestimmung des Gesamtwiderstands von parallel gelöteten Widerständen angewendet haben. Nur die Buchstaben sind andere. Die Rechnung ist dieselbe. Allerdings muss man sich zusätzlich merken, dass sie für *parallele* Widerstände, aber für Kondensatoren *in Reihe* gilt. Wenn Sie Widerstandswerte berechnen können, können Sie auch Kapazitäten bestimmen, ohne etwas Neues dazulernen zu müssen. Das ist ein glücklicher Zufall, der beweist, dass Sie und ich auf einen untadeligen Lebenswandel verweisen können.

«Welche Frequenz, Kenneth?»

Ich schreibe dies im Jahre 1986, in der ersten Oktoberwoche. Ich erwähne das Datum nur, damit Sie meine Geschichte nachprüfen können. Die Nächte sind jetzt zu kalt zum Zelten, aber das Buch ist noch nicht fertig. Mike konnte noch nicht heimkehren, und ich habe den Zauberer und Belinda eine ganze Weile nicht gesehen. Also haben Mike und ich beschlossen, in der Nähe eine Hütte zu mieten, damit wir uns nicht zu Tode frieren, während wir weiter vor uns hin schuften. Eigentlich hätten wir unser kleines Projekt gern auf irgendein Unigelände verlagert, um in der Mensa einen Cheeseburger essen oder, wenn uns danach wäre, Billard spielen zu können. Außerdem hätten wir dann auch eine Unibibliothek zum Nachschlagen.

Widerstrebend haben wir uns dann jedoch eingestanden, dass

Mikes grüne Haut auf jedem Campus zu viel Aufmerksamkeit erregen würde (die Universitäten von Colorado oder Berkeley vielleicht ausgenommen, wo jeden Tag seltsame Dinge geschehen). Die Brigham-Young-Universität der Mormonen in Utah kommt jedenfalls nicht infrage. Also haben wir uns eine Hütte gemietet.

Danach fuhr ich in die Stadt und kaufte Vorräte ein, alles, was man so braucht: Bier, Käsechips und Marshmallows, die regionalen Erzeugnisse eben. Eine Zeitung nahm ich auch mit. Doch eine kurze Nachricht darin trieb mir den Schweiß auf die Stirn und hielt mich die ganze Nacht wach. Ich war zutiefst erschrocken. Dem Leser mag sie entgangen sein, aber sie stand wirklich drin. Ich habe den Zeitungsausschnitt aufbewahrt.

Der bekannteste Fernsehnachrichtenmann des Landes, Dan Rather, wurde von zwei Männern in Business-Anzügen angerempelt, als er eine New Yorker Straße entlangging*. «Kenneth, welche Frequenz?», fragten sie ihn. «Welche Frequenz, Kenneth?» Er versicherte ihnen, dass er nicht Kenneth sei. Sie fragten noch einmal, und als er die Frage nicht beantworten konnte, schlugen sie auf ihn ein. Glücklicherweise konnte er ihnen entkommen. Im ganzen Land haben die Leute von ihrem Abendessen hochgeschaut, über die Sechs-Uhr-Nachrichten den Kopf geschüttelt und mit den Worten «Hmm, wie seltsam» den Vorfall sofort wieder vergessen.

Ich nicht. Denn ich heiße Kenneth, obwohl mich jeder Kenn nennt. Und ich schreibe gerade ein Buch über Elektrizität, in dem viel von Frequenzen die Rede ist. Tatsache ist, dass ich genau diesen Abschnitt in meinem Buch umgeschrieben habe. Und es gibt jemanden, der dazu Fragen an mich haben könnte; jemanden,

---

* Der Überfall auf Dan Rather hat sich 1986 tatsächlich so zugetragen. Die Rockgruppe R.E.M. verarbeitete diesen Vorfall in ihrem Song «What's the Frequency, Kenneth» (A. d. Ü.).

der nicht zögern würde, mich oder jeden beliebigen anderen zu verprügeln. Jemand, der aus getrockneter Eidechsenhaut und Krötenzungen vermutlich auch zwei Schläger erschaffen könnte. Aber warum ist der Zauberer nicht einfach direkt zu mir gekommen?

Dann begriff ich, dass unser alter Zeltplatz ja leer war. Vielleicht konnte er mich nicht finden!

Zuerst spürte ich bei diesem Gedanken eine gewisse Erleichterung. Ich war in Sicherheit. Dann überlegte ich nochmal. Der alte Bursche war immerhin clever genug, kostenlos eine Botschaft mit meinem Namen über alle Fernseher und Zeitungen im Land verbreiten zu lassen. Selbst General Motors könnte das nicht. Er hatte also eine Frage an mich und wollte eine Antwort. Wenn er sich auch in der ihm fremden Welt des 20. Jahrhunderts nicht besonders gut auskannte, hielt ich es doch für klug, ihn nicht zu unterschätzen. Früher oder später würde er mich ohnehin finden. Und wenn er den Eindruck hätte, dass ich mich vor ihm verstecken wollte, wäre er sicher aufgebracht.

Ich lag die ganze erste Nacht in unserer neuen Hütte wach und starrte ins Kaminfeuer. Ich unterhielt das Feuer und bin mir sicher, dass mein Haar noch heute nach Rauch riecht.

Am nächsten Tag ging ich zu unserem alten Lagerplatz zurück und nagelte einen Zettel an einen Baum, auf dem ich unseren Umzug erklärte. Mit gemischten Gefühlen zeichnete ich eine Landkarte und markierte die Stelle, an der sich unsere Hütte befand.

Dann kehrte ich wieder zurück und schreibe seither wie verrückt.

Die Spule

Wenn Sie eine Menge Selbstinduktion benötigen, wickeln Sie Ihren Draht einfach auf eine Spule. Die magnetischen Kraftlinien, die sich um den Draht herum ausweiten oder schrumpfen, haben dann keine andere Wahl, als seine Windungen zu durchqueren und kleine Spannungen zu erzeugen, die immer etwas gegen Ihre Absichten einzuwenden haben: Versuchen Sie, den Strom zu erhöhen, sind diese kleinen Spannungen dagegen. Wollen Sie den Strom verringern, versuchen sie ihn fließen zu lassen. Eine Spule widersetzt sich also jeder Änderung des Stroms.

Um die Selbstinduktion einer Spule zu vergrößern, muss man nur noch mehr Drahtschleifen hinzufügen, die Schleifen enger zusammenpressen oder einen Eisenkern hineinstecken.

Wenn wir in einem Stromkreis mehr Selbstinduktion brauchen, löten wir eine Drahtspule ein. Eine Spule ist als Komponente zu betrachten und ihr Symbol sieht folgendermaßen aus*:

Ich weiß auch nicht, wie Sie sich dieses Symbol merken wollen, aber vielleicht fällt Ihnen ja eine Eselsbrücke ein. Warum aber sollte man mehr Selbstinduktion in einem Stromkreis benötigen? – Vielleicht möchte man seine übrigen Komponenten vor einem plötzlichen Stromanstieg schützen. Kein Problem: einfach eine Spule einlöten. Plötzliche Stromstöße zählen zu den Dingen, die man am besten mit einer Spule verhindert. Je dramatischer der Stoß, desto mehr Selbstinduktion bewirkt er, d. h., auf desto mehr Gegenstrom trifft er in der Spule. Es wirkt wie chinesische Handschellen: Je kräftiger man an ihnen rüttelt, desto fester ziehen sie sich zu. Der einzige Fluchtweg führt über die Entspannung.

* In deutschen Lehrbüchern oft auch so dargestellt:

Nehmen wir an, es ist wichtig, dass ein Gleichstrom in einem Stromkreis konstant bleibt, sich also nicht bei jeder kleinen Störung ändert. Auch hier kann eine Spule helfen. Wenn der Strom die anfängliche Selbstinduktion der Spule erst einmal überwunden hat, hat sich bereits eine gewisse Energiemenge in Form des Magnetfelds angesammelt, das nun die Spule umgibt. Nimmt der Strom nun kurzzeitig ab, gibt das schrumpfende Feld etwas Energie in den Stromkreis zurück und erhält den Strom aufrecht. Andererseits muss jeder noch so kleine Stromanstieg die Selbstinduktion der Spule überwinden. Dadurch wird er ebenfalls bis zu einem gewissen Grad gemildert, zumindest wird seine Energie gespeichert und nur allmählich wieder in den Stromkreis abgegeben.

Spulen stabilisieren den Strom in einem Stromkreis. Sie widersetzen sich jeglicher Änderung des Status quo und mögen es gar nicht, wenn sich der Strom ändert. «Aha!», höre ich den Leser ausrufen. «Was halten Spulen denn von Wechselstrom?»

Die einfache Antwort lautet: «Nicht viel.» Wechselstrom ändert sich ständig. Er baut sich bis zu einem Spitzenwert auf, fällt ab, wechselt die Richtung, baut sich wieder zu einem Spitzenwert auf und fällt erneut ab. Eine Spule ist ein entschiedener Gegner dieses ewigen Hin und Her. Deshalb ist es für Wechselstrom sehr schwierig, durch eine Spule zu fließen. Liefert eine Spule genügend Selbstinduktion und kehrt sich die Fließrichtung rasch um, kann Wechselstrom die Spule gar nicht durchdringen. Sie wirkt dann wie ein offener Schalter, sozusagen wie eine elektrische Sackgasse.

Ich stelle mir eine Spule gern als Widerstand vor, der im ersten Augenblick, wenn der Strom ankommt, eine Menge Ohm hat, dann aber in kurzer Zeit an Widerstand verliert. Damit ist sie das genaue Gegenteil eines Kondensators, der immer mehr Widerstand aufbaut, je länger er sich auflädt.

Wenn die Frequenz eines Wechselstroms niedrig genug ist, fließt dennoch etwas Strom durch die Spule. Braucht er eine Sekunde, um die Selbstinduktion zu überwinden, und wechselt der Strom alle fünf Sekunden, wirkt die Spule während jeder Wechselperiode ein paar Sekunden lang. Ändert sich die Fließrichtung des Stroms jedoch tausendmal in der Sekunde, bleibt er nie lange genug in eine Richtung ausgerichtet, um etwas auszurichten. Die Selbstinduktion in der Spule wird dann immer maximal wirksam sein. Man kann froh sein, wenn am Ende überhaupt ein paar verdatterte Grünis aus der Spule stolpern, aber die sind dann mit Sicherheit zerschunden, gereizt und vermutlich keine nette Gesellschaft.

Die Frequenz des Wechselstroms bestimmt also die Wirkung einer Spule im Stromkreis.

Das bringt uns zum interessantesten Anwendungsbereich von Spulen und zu einem weiteren herrlichen Fachwort. Man kann Wechselstrom mittels einer Spule davon abhalten, von einem Teil eines Stromkreises in den anderen zu gelangen. Ja, man kann den Wechselstrom tatsächlich ganz aus dem Stromkreis vertreiben. Töte ihn, zermalme ihn, vernichte ihn.

Meinetwegen erdrossle ihn.

Spulen, die man dazu benutzt, Wechselstrom zu unterdrücken, der oberhalb einer gewissen Frequenz liegt, nennt man **Drosselspulen** oder einfach «Drosseln».

Kondensatoren und Spulen, als Widerstände verkleidet

Die Frequenz des Wechselstroms bestimmt, wie viel Einfluss eine Spule oder ein Kondensator auf einen Stromkreis hat. Diese beiden Komponenten verhalten sich nicht so passiv wie etwa ein reiner Widerstand. Sie reagieren auf Veränderungen im Stromkreis.

Sie reagieren auf die Frequenz. Sie reagieren aufeinander. Dieselbe Spule oder derselbe Kondensator verhalten sich in verschiedenen Stromkreisen ganz unterschiedlich.

Deshalb können wir ihre Opposition gegen den fließenden Strom nicht einfach «Widerstand» nennen, obwohl sie sich genauso verhält. Nein, mein Herr. Hier tritt wieder die Fachsprache auf den Plan. Denn weil Kondensatoren und Spulen im Schaltkreisdiagramm nicht als Widerstandssymbole sichtbar werden, nennt man die beiden nun **Blindwiderstand**.

Kondensatoren haben **kapazitiven Blindwiderstand**. Er wirkt ebenso wie ein Ohmscher Widerstand, nur dass er im ersten Moment des Stromflusses am kleinsten ist. Je höher die Frequenz, desto kleiner der kapazitive Blindwiderstand.

Spulen haben **induktiven Blindwiderstand**. Er wirkt ebenfalls genau wie ein Ohmscher Widerstand, nur dass er im ersten Augenblick des Stromflusses am größten ist. Je höher die Frequenz, desto größer der induktive Blindwiderstand. Ohmsche Widerstände haben nur den guten alten Widerstand. Sein Wert ändert sich nicht, egal wie hoch die Frequenz ist.

Blindwiderstand wird ebenfalls in Ohm gemessen. Um zu errechnen, wie viel Blindwiderstand eine Komponente hat, muss man die Frequenz des Wechselstroms im Stromkreis kennen, ebenso die Kapazität oder Induktivität der Komponente.

Lötet man sowohl eine Spule als auch einen Kondensator in einen Stromkreis, können sie sich gegenseitig aufheben, weil der kapazitive Blindwiderstand am größten ist, wenn der induktive Blindwiderstand am kleinsten ist und umgekehrt. Noch lustiger wird es, wenn man den Gesamtwert an Widerstand ausrechnen will: zwei Sorten von Blindwiderstand, die gegeneinander arbeiten, plus vermutlich etwas vom guten alten Widerstand, alles in einem Stromkreis.

Die Lösung liegt nahe: noch mehr Fachausdrücke!

Die vereinigten Widerstände gegen den Strom im Wechselstromkreis nennt man **Scheinwiderstand** oder **Impedanz**. Man kann sich den Scheinwiderstand wie den «normalen» Wechselstromwiderstand vorstellen, auch er wird in Ohm gemessen. Der einzige Unterschied besteht darin, dass der Scheinwiderstand von der Frequenz abhängt. Scheinwiderstand ist also reiner Widerstand plus Wirkung des kapazitiven Blindwiderstands plus Wirkung des induktiven Blindwiderstands.

Ihre Stereoanlage liefert den besten Sound, wenn Sie sicherstellen, dass der Scheinwiderstand des Verstärkers denselben Wert hat wie der Scheinwiderstand der Lautsprecher. Das nennt man «Anpassen der Impedanzen». Einige der furchtbar scheppernden Anlagen, die Sie bei Ihren Freunden hören, bestehen zwar aus fabelhaften Geräten, haben aber einfach keine gut angepassten Impedanzen.

Das große Motorbootrennen

Ein Motorboot kreuzt über den See. Am Steuer erkennen wir ein vertrautes Gesicht: Es ist kein anderer als Brutus, der flotte Erpel. Er trägt eine kleine Kapitänsmütze, und der Wind plustert seine Federn. Stolz leuchtet aus seinen Augen, und ein Lächeln umspielt seinen Schnabel. Er probiert den idealen Kurs für das große Motorbootrennen aus, das nächste Woche stattfinden soll. Die Kommission hat zur Markierung der Rennstrecke Bojen ins Wasser gesetzt.

Das Rennen selbst ist ein bisschen ungewöhnlich. Immer wenn am Steuerpult des Bootes eine Lampe aufleuchtet, muss man sofort kehrtmachen und in die entgegengesetzte Richtung fahren. Die Veranstalter konnten es sich nicht leisten, einen großen See zu mieten, wollten aber dennoch eine lange Rennstrecke haben. Die Strecke kreisförmig anzulegen kam ihnen nicht in den Sinn. Sieger ist derjenige, dessen Kilometerzähler beweist, dass er während des Rennens die längste Strecke zurückgelegt hat.

Zwei Fragen sind noch zu beantworten – für die Kommission schon zwei zu viel. Die erste ist, wie die Strecke verlaufen soll: in Serpentinen oder gerade? Die zweite ist, wie oft das Signal zum Umdrehen an die Boote gehen soll. Wie weit sollen sie in jede Richtung fahren? Sollen sie die Richtung minütlich wechseln oder sogar alle zehn Sekunden? Brutus testet die Möglichkeiten vorab aus. Im Moment sind die Bojen sehr eng angeordnet. Brutus muss fast einen Zickzackkurs fahren. Außerdem muss er alle zehn Sekunden wenden. Aber er bewältigt die Aufgabe mit großer Geschicklichkeit.

Das unerwartete Ergebnis dieser rasenden Fahrt mit den vielen abrupten Kehrtwendungen ist, dass Brutus das Wasser aufwühlt und gewaltige Wellen verursacht, gegen die er dann selbst ankämpfen muss. Er kommt nur langsam voran, schlimmer noch, das Boot kann den Brechern nicht mehr standhalten, der Motor wird nass, Wasser schlägt ins Boot, durchweicht Brutus' Picknickpaket und lässt das Boot schließlich sinken.

Brutus schlägt mit den Flügeln im Wasser herum und schreit nach Hilfe, während er das Boot im dunkelgrünen Wasser unter sich verschwinden sieht. Dann besinnt er sich darauf, dass er ja ein Erpel ist, und paddelt seelenruhig an die Küste, einen würdevollen Ausdruck auf dem Gesicht, wie ihn Katzen zeigen, wenn sie etwas besonders Albernes und ganz und gar nicht Katzenartiges getan haben.

Die Kommission entscheidet also weise, dass sie bei einer sehr kurvigen Rennstrecke die Frequenz der Kehrtwendungen gering halten muss. Entsprechend sollte bei schnellem Richtungswechsel die Strecke möglichst gerade sein.

Alle sind sich aber darin einig, dass sie einen größeren See wollen.

Wie man Induktivität bestimmt

Induktivität wird in *Henry* gemessen, nach dem berühmten norwegischen Naturwissenschaftler Joseph Henry. Wenn man weiß, wie viele Windungen eine Spule hat, wie dicht beieinander die Windungen liegen, wie groß der Durchmesser der Spule ist und, vor allem, wie viel Widerstand der Draht hat, kann man herausfinden, wie viel Henry die Drahtspule hat. Dazu muss man natürlich die Formel kennen.

Wenn man dies alles weiß, kann man seine eigene Spule bauen, mit wie viel Henry auch immer.

Andererseits können Sie auch einfach zum Elektroladen gehen und eine Spule kaufen, auf deren Etikett steht, wie viel Henry sie hat. Sie machen jetzt bestimmt genau das und überspringen all die nützlichen Formeln.

Sicher stoßen Sie aber bald auf Stromkreise mit mehr als einer Spule. Wenn Sie wissen wollen, wie viel Gesamtinduktivität der Stromkreis hat: kein Problem.

Spulen (oder **Induktoren**, wie sie manchmal heißen) in Reihe wirken wie eine einzige lange Spule. Zuerst wird die eine, danach die nächste überwunden. Man muss nur ihre Werte zusammenzählen und erhält den Wert der Gesamtinduktivität.

10 Henry   10 Henry   10 Henry   = 30 Henry

Parallel gelötete Spulen wirken dagegen wie parallele Widerstände. Weil es Ausweichstrecken für den Strom gibt, erhält man weniger Gesamtinduktivität. Die Formel dürfte Ihnen bekannt vorkommen:

$$L \text{ (Gesamtinduktivität)} = \frac{1}{1/L1 + 1/L2 + 1/L3 \dots \text{usw.}}$$

Über die Abkürzungen in Großbuchstaben habe ich lange nachgedacht. Ich glaube, ich hab's jetzt. Der Bursche, der entdeckte, dass selbstinduzierter Strom tendenziell immer Änderungen im ersten Strom verhindert, war der berühmte norwegische Naturwissenschaftler H. F. E. Lenz. Jemand, der sich selbst so nennt, hat natürlich ein Faible für Abkürzungen. Weil Henry schon das Privileg genoss, eine nach ihm benannte Maßeinheit erfunden zu haben, bezeichnete man Lenz zu Ehren die Induktivität nach dem ersten Buchstaben seines Nachnamens. Wenn Sie also in einer Formel ein großes «L» sehen, geht es darin um Induktivität, die wiederum in Henry gemessen wird. Ich weiß, ich weiß. Ich wünschte auch, ich wäre als Erster darauf gekommen. Ersetzt man in der Formel jedes «L» durch eine echte Zahl, dann sind das soundso viel Henry, und das Ergebnis hat ebenfalls wieder Henry als Maßeinheit. Also wird «Henry» durch «L» repräsentiert.

Man konnte «I» nicht für Induktivität nehmen, weil «I» bereits die Abkürzung für Strom ist, der wiederum in Ampere gemessen wird. Warum hat man den Strom aber ausgerechnet mit «I» bezeichnet und nicht etwa mit «S»? Weil keiner nachgedacht hat, so ist es.

Ich finde das ja gar nicht verwirrend ... Sie vielleicht? Die Einheiten und Abkürzungen passen doch alle prima zusammen:

«I» steht für Strom, gemessen in Ampere;

«C» steht für Kapazität, gemessen in Farad;

«R» steht für Widerstand, gemessen in Ohm;

«U» steht für Spannung, gemessen in Volt;

und «L» steht für Induktivität, gemessen in Henry.

Und da erzählen sie einem noch, ohne rot zu werden, dass die Elektrizitätslehre logisches Denken erfordere.

Cheeseburger oder Tiger

Sie werden in einem leeren, weißen Raum gefangen gehalten und können nicht entkommen. Vor Ihnen befinden sich zwei Türen. Auf der einen steht AC, also Wechselstrom, auf der anderen DC wie Gleichstrom. Zwischen den Türen ragen zwei elektrische Leitungen aus der Wand, an deren Ende der bloße Kupferdraht zu sehen ist. Sie müssen nun herausfinden, ob diese Drähte an eine Gleichstrom- oder an eine Wechselstromquelle angeschlossen sind, und dann die entsprechende Tür öffnen.

Die Entführer sind grausam. Sie haben früher als Turnlehrer an einer Schule gearbeitet. Letzten Monat haben sie Sie auf die berühmt-berüchtigte norwegische Diät gesetzt (Lutefisk, soviel man essen kann, und sonst nichts). 25 Pfund haben Sie schon abgenommen, und Sie hatten vorher auch kein Übergewicht. Hinter einer dieser Türen wartet ein Dreiviertelpfünder-Cheeseburger, saftig, frisch aus dem Ofen, belegt mit Gürkchen, Zwiebeln, Tomaten … mit allem, was das Herz begehrt. Sie würden einen Mord begehen für diesen Cheeseburger.

Hinter der anderen Tür hockt ein Tiger, der auf dieselbe Diät gesetzt wurde. Dadurch hat er nicht nur enorm an Gewicht verloren, sondern auch seine Beherrschung. Er ist wirklich kein Schmusekater! Neben einem veritablen Heißhunger hat er einen heftigen Groll gegen alles Norwegische entwickelt. Man hat ihm gesteckt, dass Sie Lars heißen, was Sie natürlich als Allererstes richtig stellen sollten.

Der Cheeseburger befindet sich hinter derjenigen Tür, die die Beschriftung trägt, die der Art der Stromquelle an den Drähten entspricht. Also entweder AC oder DC. Der einzige Gegenstand im Zimmer ist ein Pappkarton voll diverser elektrischer Komponenten. Außerdem noch dieses Buch hier. Sie schlagen diese Seite auf und finden die auf der nächsten Seite folgende Grafik.

Die Entführer haben Ihnen verraten, wie hoch die Spannung ist. Außerdem haben sie noch gesagt, welche Frequenz der Wech-

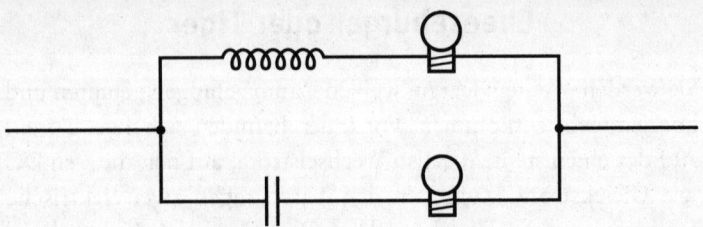

selstrom hätte, wenn es einer wäre. Da Sie jetzt schon das ganze Buch bis zum Ende durchgelesen haben, wissen Sie mit dieser Zusatzinformation, welche Werte die Komponenten haben müssen. Sie bauen also das kleine Gerät, das der Stromkreis in der Grafik beschreibt, löten ein Ende an den einen Draht, das andere Ende an den anderen. Dann beobachten Sie, welches der beiden Birnchen auf- und weiterleuchtet. Das zeigt Ihnen, welche Tür Sie aufmachen müssen. Ist es Wechselstrom, leuchtet das eine Birnchen, ist es Gleichstrom, leuchtet das andere.

Wenn Sie sich nicht sicher sind, wie Sie die Ergebnisse interpretieren sollen, schlage ich vor, dass Sie ein paar Kapitel zurückgehen und sie nochmals durchlesen, bevor Sie Ihren Imbiss durch einen simplen Abzählreim («Ene-mene-muh ...») riskieren.

Was sich hinter einem Transformator verbirgt

Wenn zwei Spulen allein deshalb nebeneinander liegen, damit der eine Strom einen zweiten Strom in der anderen Spule induziert, nennt man diese Konstruktion **Transformator**. Und es überrascht nicht, dass das Symbol für einen Transformator so aussieht:*

Die beiden Spulen können wie in der Abbildung Seite an Seite liegen oder aber hintereinander. Man kann sogar eine kleinere Spule in eine größere stecken. Solange das Magnetfeld von der ersten Spule (der so genannten **Primärspule** **) die zweite Spule (**Sekundärspule**) durchquert, induziert es in Letzterer Strom durch Gegeninduktion.

Die Primärspule wird mit einer Spannungsquelle verbunden, während die Sekundärspule an keine äußere Spannungsquelle angeschlossen ist. Sie erhält ihren «Saft» allein durch die Induktion aus der ersten Spule.

Weil Wechselstrom magnetische Kraftlinien produziert, die sich ständig bewegen, ist er für Transformatoren geradezu ideal. Fließt er durch die Primärspule, entsteht auch in der Sekundärspule ein Wechselstrom, der in derselben Frequenz wie der erste Strom wechselt, obwohl beide Spulen nicht direkt miteinander verbunden sind. Um die Energieausbeute des Transformators zu erhöhen, versieht man ihn mit einem Stück Eisen, durch das die Magnetkraft dringen kann. Eisen besitzt weniger «Trägheit» als Luft. Das Symbol für einen **Eisenkerntransformator** sieht so aus:

---

* In deutschen Lehrbüchern wird der
Transformator im Schaltplan auch so dargestellt:
** Als Bestandteil des Trafos auch Primär- bzw. Sekundärwicklung genannt
(A. d. Ü.).

Diese «magnetische Kopplung» ist wirksamer, als man zunächst annimmt. Obwohl die beiden Drähte voneinander isoliert sind, kann der Strom in der Sekundärspule Sie umhauen, wenn der Strom in der Primärspule stark genug ist.

Transformatoren dienen dazu, zwei Stromkreise miteinander zu koppeln, wenn in dem einen etwas Gleichstrom fließt, den man vom anderen fern halten will. Nur Wechselstrom induziert Strom. Was immer an Gleichstrom im ersten Stromkreis vorhanden ist, bleibt dort, wogegen Wechselstrom überwechselt.

Wenn Primär- und Sekundärspule aber nicht exakt dieselbe Anzahl Schleifen oder Windungen haben, passiert etwas Seltsames. Hat die Sekundärspule mehr Windungen, etwa weil wir einige hinzugefügt haben, kreuzen auch die magnetischen Kraftlinien den sekundären Draht entsprechend öfter. Das bedeutet, dass mehr Spannung als zuvor induziert wird. Denn jedes Mal, wenn eine magnetische Kraftlinie einen Draht kreuzt, verursacht sie ein bisschen mehr Spannung. Andererseits erhöhen die Windungen, die wir hinzugefügt haben, in der Sekundärspule die Selbstinduktion, wodurch der Stromfluss wieder eingeschränkt wird. Hat also die Sekundärspule mehr Windungen als die Primärspule, kann man mehr Spannung, aber weniger Strom in ihr beobachten.

Soll ich das noch einmal wiederholen? Dem Wechselstrom fällt es schwer, durch eine Spule zu fließen. Je mehr Windungen die Spule hat, desto weniger Strom schafft es durch sie hindurch. Wir haben nämlich mit den zusätzlichen Windungen den induktiven Blindwiderstand der Sekundärspule erhöht, ihr mehr Impedanz (oder eben mehr Widerstand) verliehen.

Jedes Mal, wenn eine magnetische Kraftlinie einen Draht durchquert, induziert sie eine Spannung und schafft damit bei den Grünis das Verlangen, sich zu bewegen, ob es für sie nun leicht ist oder nicht. Also wird mit mehr Windungen in der Sekundärspule auch mehr Spannung induziert.

Einen Transformator, dessen Sekundärspule mehr Windungen

als seine Primärspule hat, nennt man **Aufspanntransformator**. Er erhöht die Spannung. Der Preis, den man dafür zahlt, ist allerdings weniger Strom. Es besteht ein genaues Verhältnis zwischen der Anzahl der Windungen in den beiden Spulen und der Veränderung der Spannung. Wenn die Sekundärspule zehnmal mehr Windungen hat als die Primärspule, erhält man zehnmal mehr Spannung. Auf der anderen Seite fließt aber auch nur ein Zehntel des Stroms.

Primärspule:		Sekundärspule:
100 Windungen		1000 Windungen
10 Volt		100 Volt
10 Ampere		1 Ampere

Ein **Abspanntransformator** funktioniert genau andersherum. Hier hat die Sekundärspule weniger Windungen als die Primärspule. Jetzt ist es für Wechselstrom einfach hindurchzufließen, aber die Magnetlinien haben weniger Windungen zu kreuzen. Ein Abspanntransformator hat also weniger Spannung in seiner Sekundärspule als in seiner Primärspule, führt aber mehr Strom.

Primärspule:		Sekundärspule:
1000 Windungen		100 Windungen
100 Volt		10 Volt
1 Ampere		10 Ampere

Der Transformator ist ganz offensichtlich eine gute Sache. Mit ihm können wir eine Spannung in eine andere umformen oder eben transformieren. Die Tatsache, dass sich Wechselstrom so einfach mit Hilfe von Transformatoren manipulieren lässt, ist sein Vorteil gegenüber dem Gleichstrom. Hohe Spannungen verlieren so auch über weite Entfernungen weniger an Leistung.

In einer idealen Welt hätten Transformatoren hundert Prozent Leistungsfähigkeit, und wir könnten den ganzen Tag lang die Spannungen hochtransformieren und sie nachts wieder heruntertransformieren, ganz nach Lust und Laune. Leider stellen sich diesem Vorhaben einige Hindernisse entgegen.

Bei niedrigen Frequenzen (die Elektrizitätswerke verkaufen uns 50-Hertz-Wechselstrom, was eine sehr niedrige Frequenz ist) macht die Opposition der Selbstinduktion gegen den Stromfluss noch keine Probleme. Aber es gibt ja noch den Widerstand des Drahtes an sich. Eine Spule mit einer Menge Windungen ist ein sehr langer Draht. Lange Drähte haben einen entsprechend hohen Widerstand. Weil Draht gewöhnlich aus Kupfer besteht, wird der durch den Drahtwiderstand verursachte Verlust an Energie **Kupferverlust** genannt. Diese Energie verschwindet aus dem Stromkreis. Sie wird in Wärme umgewandelt, die der Transformator abstrahlt.

Ein weiteres Problem liegt darin, dass Eisen selbst ebenfalls ein Leiter ist. Sie wissen, was das bedeutet. Während die magnetischen Kraftlinien das Eisen durchqueren, induzieren sie auch im Eisenkern Strom. Diese unorganisiert herumstreunenden Ströme nennt man **Wirbelströme**. Alle Energie, die in das Induzieren dieser Wirbelströme gesteckt wird, geht dem eigentlichen Strom verloren. Da Eisen eine Menge Widerstand bietet, tragen diese kleinen Ströme im Kern ebenfalls zur Wärmeentwicklung bei. Um die Wirbelströme zu reduzieren, werden Eisenkerne üblicherweise aus vielen dünnen Eisenblechen zusammengesetzt, die durch noch dünnere Isolatoren voneinander getrennt sind. So entstehen zwar immer noch Wirbelströme, aber sie kommen nicht mehr sehr weit.

Schließlich müssen wir die Neigung des Eisens überwinden, magnetisiert zu bleiben. Jedes Mal, wenn der Wechselstrom die Richtung wechselt, wechseln auch die magnetischen Pole des Eisens. Jedes Eisenteilchen im Kern agiert wie ein winziger Magnet, und so muss ein gewisser Energiebetrag aufgewendet werden, um all die kleinen Nordpole in kleine Südpole zu verwandeln. Je schneller man sie umdrehen will, desto widerwilliger werden sie – schließlich werden sie hysterisch und weigern sich mitzumachen. Ein magnetisches Teilchen ist schließlich kein Knack-Frosch. Der Widerstand eines Magneten gegen den Wechsel seiner Polarität heißt, Sie kennen das schon, **Hysterese**. Ein Teil des Wirkungsverlustes eines Transformators rührt daher, dass Energie aufgewendet werden muss, um die Hysterese zu überwinden. Hysterese und Wirbelströme nennt man **Eisenverluste**.

Jeder Eisenkerntransformator muss sowohl Eisen- als auch Kupferverluste hinnehmen. Der Löwenanteil der verloren gehenden Energie wird in Wärme verwandelt. Daher können Transformatoren sehr heiß werden. Hüten Sie sich also davor, einen großen Transformator in Betrieb hochzuheben, es sei denn, Sie wollen den Herstellernamen als Brandzeichen spiegelverkehrt auf Ihren Handflächen abgebildet sehen.

Kurze Anmerkung des Autors

Ich hoffe, dass Sie meine Zurückhaltung als Autor honorieren. Immerhin habe ich in dem Kapitel über Transformatoren keinen Privatdetektiv namens «Wilbur Strom» eingeführt. Ich will hier nur darauf hinweisen, dass diese Unterlassung das Ergebnis einer bewussten Entscheidung war und nicht, weil es mir nicht eingefallen wäre. Die Versuchung war groß, aber ich habe mich dafür entschieden, meinen Weg in die hohe Literatur fortzusetzen. Und das, obwohl ich eine Menge guter Ideen für den alten Wilbur hatte, einschließlich seiner Charakterisierung, Lebensgeschichte und sogar einer Titelmelodie für eine Fernsehserie mit ihm als Hauptfigur. Ich habe der Versuchung widerstanden. Nur damit Sie's wissen.

Norwegische Nasentricks

Die Leute, die uns das Spielchen «Cheeseburger oder Tiger» beschert haben, haben wieder zugeschlagen. Sie sitzen eingesperrt in einer kleinen weißen Zelle. Der Raum ist schalldicht gepolstert, fest verriegelt und schwer bewacht. Flucht ist undenkbar. Sie wissen, dass Ihr Freund, Professor Erik Heyerdahlson, ein unbestrittenes Genie, hier ebenfalls gefangen gehalten wird. Tatsächlich sitzt er in der Nachbarzelle. Wenn jemand einen Fluchtweg finden kann, dann ist es Professor Heyerdahlson. Es gibt jedoch keine Möglichkeit, zu ihm Kontakt aufzunehmen.

Das einzige Hilfsmittel, das Ihnen zur Verfügung steht, ist der Karton mit den elektrischen Komponenten, und natürlich hängen da noch die beiden Drähte aus der Wand, von denen Sie inzwischen wissen, dass sie an eine Wechselstromquelle angeschlossen sind.

Einmal wöchentlich werden alle Gefangenen im Umkleideraum des Gefängnisses zur Gruppendusche zusammengepfercht. Dabei werden sie allerdings scharf bewacht. Jeder Versuch, mit einem anderen Gefangenen zu sprechen oder auf irgendeine andere Art zu kommunizieren, wird hart bestraft, meistens damit, dass der Erwischte gezwungen wird, schmerzhafte und peinliche Turnübungen zu machen.

Während Sie unter der Dusche stehen, beobachten Sie den Professor aus den Augenwinkeln und wünschen sich sehnlich, wenigstens eine Minute mit ihm reden zu können. Dabei fällt Ihnen auf, wie füllig der alte Knabe geworden ist.

Er scheint allergisch gegen die Seife zu sein, denken Sie, weil er ständig die Nase hochzieht. Schnief, schnief ... schnief, schnief, schnief. Plötzlich begreifen Sie, dass das kein zufälliges Schniefen sein kann. Er morst mit der Nase! Sie passen genau auf, denn die Zeit wird knapp. Der Professor schnieft noch ein Wort: «Gegeninduktion ...» Die Wärter brüllen, und alle drängen in ihre Zellen zurück. «Gegeninduktion», murmeln Sie erstaunt vor sich hin. Natürlich wissen Sie, was das ist: magnetische Kopplung, wie im Transformator. Aber wie um alles in der Welt sollen Sie sie jetzt einsetzen?

Sie schütten den Inhalt des Komponentenkartons auf den Boden der Zelle aus und durchsuchen ihn in der Hoffnung, dass Ihnen eine Idee kommt. Da sind mehrere kleine Glühbirnen. Man könnte ein Blinklicht für den Morsecode bauen, aber der Professor könnte es natürlich nicht durch die Betonmauern hindurch sehen. Dann kommt Ihnen der Gedanke, dass der Professor vermutlich auch eine Kiste voller Komponenten hat. Könnte man ein Loch durch die Wand bohren, ließen sich zwei Drähte durchschieben. Der Professor könnte auf seiner Seite eine Glühbirne anschließen und Sie auf Ihrer Seite einen Schalter. Indem Sie den Schalter an- und ausschalten, könnten Sie das Birnchen in der Zelle des Professors blinken lassen. Danach könnten Sie dann die Konstruktion umkehren und ein Lämpchen ans eigene Ende anschließen, damit der Professor antworten kann. Einen Schalter gibt es, außerdem eine Menge Draht, sogar eine Spannungsquelle ist da. Begeistert durchwühlen Sie die Einzelteile nach etwas Geeignetem, das sich als Bohrer verwenden ließe.

Umsonst! Die Kidnapper sind zwar nicht besonders helle, aber so leicht lassen sie sich nun auch wieder nicht hereinlegen. Eher herrschen Friede und Einigkeit im Nahen Osten, als dass Sie es schaffen, mit Kohlewiderständen oder Plastikkondensatoren ein Loch in diese Betonwand zu bohren. Deprimiert lehnen Sie sich zurück und beginnen von vorn.

Gegeninduktion. Das war's, was der Professor mit seiner Nase schniefte. Zumindest glauben Sie, es so verstanden zu haben. Aber was meinte er nur damit? Wie könnte die Gegeninduktion bei der Nachrichtenübermittlung helfen? Geistesabwesend montieren Sie einige Komponenten zusammen, die man für ein Experiment mit Gegeninduktion brauchen könnte. Dazu gehören selbstverständlich die runde, leere Toilettenpapierrolle und etwas Draht. Den Draht wickeln Sie mehrere Male um die Papprolle. Noch lässt die Erleuchtung auf sich warten. Das Licht scheint eine gute Idee zu sein, denken Sie. Sie haben eine Glühbirne mit nicht allzu viel Widerstand. Aufs Geratewohl verbinden Sie die beiden Drahtenden von der Papprollenspule mit der Glühbirne. «Mal sehen», sagen Sie sich, «wenn ich eine weitere Spule neben diese lege, die mit Wechselstrom verbunden ist, kann ich vermutlich Strom in meiner Spule induzieren, und mein Birnchen leuchtet.» Sie zeichnen zuerst den Schaltplan des kleinen Geräts:

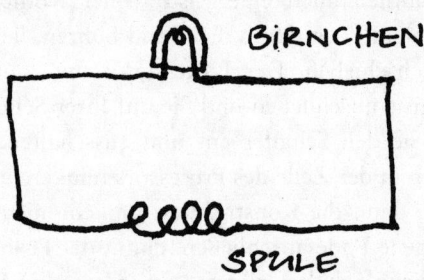

Sie schütteln den Kopf. Sie können das Rätsel einfach nicht lösen. Sie stellen das ganze Gebilde auf den Boden an die Wand und starren es an – noch unwillig, eine Niederlage einzugestehen, aber auch ohne zündende Idee.

Plötzlich leuchtet die Glühbirne auf und verlöscht sofort wieder. Hoppla! Was war das? Einbildung? Die Glühbirne hat doch keinerlei Kontakt zu einer elektrischen Leitung, nur zur Spule. Doch Sie könnten schwören, dass sie aufgeleuchtet hat! Gebannt starren Sie sie an. Doch nichts passiert.

Da! Wieder leuchtet sie auf und verlischt wieder, in einer Art Rhythmus. Es ist wieder ein Morsecode! Der Professor muss in seiner Zelle eine ähnliche Spule gebaut und an den Wechselstrom angeschlossen haben. Jedes Mal, wenn er den Schalter umlegt, fließt Strom durch seine Spule. Das Magnetfeld um die Spule wächst und schrumpft. 100-mal pro Sekunde, weil es sich um einen 50-Hertz-Wechselstrom handelt. Rein zufällig haben Sie Ihre Spule ganz in die Nähe der Spule des Professors gelegt, wenn auch die Betonwand dazwischen steht. Das Magnetfeld aber schert sich nicht die Bohne um Betonwände. Es dringt einfach hindurch und induziert so Strom in der anderen Spule, und dieser lässt das Birnchen aufleuchten. Ihr Glück kennt keine Grenzen. Erstens haben Sie eine Möglichkeit gefunden, mit dem Professor zu kommunizieren, was bedeutet, dass Sie nun von seiner unglaublichen Genialität profitieren können und vermutlich auch einen Fluchtweg finden.

Zweitens haben Sie den Funkverkehr erfunden.

Vom Morseapparat zum Radio – und zurück

«Du meinst also, dass Funk nichts anderes als Gegeninduktion ist?», fragte ich.

«Genau, Bruder!», erwiderte Mike. Ein früher Schneesturm bedeckte die Hütte mit riesigen weißen Flocken. Glücklicherweise hatten wir massenweise Brennholz und heiße Schokolade. Der Kamin knisterte geschäftig und herzerwärmend. Mike zupfte ziemlich ungeschickt auf einer alten Ukulele herum, die irgendein früherer Bewohner zurückgelassen hatte. Er wollte sie unbedingt spielen lernen, bevor er heimkehren musste. «Aber im Radio ist doch Musik und keine Glühbirne», sagte ich. Mike lachte.

«Immer mit der Ruhe, Kumpel, eins nach dem anderen.» Er zupfte noch ein paar Töne. Dankbar atmete ich auf, als er sie endlich weglegte.

«Mit dem Funkgerät des Professors gibt es noch einige Probleme», sagte Mike. «Vor allem gibt es bisher keine Möglichkeit,

Musik oder den Morsecode zu hören, wie du ja bereits erkannt hast, selbst wenn der Professor Töne senden könnte. Also müssen wir die Glühbirne durch einen Lautsprecher ersetzen. Dann ist die Sache geritzt.

Das nächste Problem ist, dass man so noch nicht über weite Entfernungen hinweg senden kann. Bisher reicht das Gerät höchstens bis ins nächste Zimmer.»

«Das könnte den Verkauf von Werbespots für deinen Radiosender einigermaßen erschweren!»

Mike grinste und stocherte im Feuer. «Es gibt eine Lösung dafür.»

«Das dachte ich mir schon.»

«Je höher die Frequenzen, desto weiter wandern die Kraftlinien. Wenn man den Wechselstrom bis auf 500 000 Hertz oder mehr zwingt, gehen sie sozusagen meilenweit.»

Ich dachte darüber nach, es erschien mir aber nicht durchführbar.

«Ich sehe zwei Probleme», sagte ich. «Wie können wir derart schnell wechselnden Strom erzeugen?»

«Da gibt es eine Möglichkeit», erwiderte Mike ziemlich geheimnisvoll.

«Etwa in einem späteren Kapitel?»

«Bingo! Und das andere Problem?»

«Hysterese. Du wirst den Elektromagneten in einem Lautsprecher niemals dazu bringen, seine Polarität so schnell zu wechseln. Er wird seine Polarität nicht mal vollständig aufgebaut haben und müsste schon wieder umschalten.»

«Klasse!», meinte er. «Genau das ist das Problem. Deshalb wurde der Rundfunk nicht schon vor ein oder zwei Jahrhunderten erfunden. Erst mal musste man herausfinden, wie man hochfrequenten Wechselstrom erzeugt, der sich über weite Distanzen ausbreiten kann. Aber selbst wenn man das geschafft hätte, hätte man den induzierten Strom in den Empfängern ohne Elektromagnet nicht in Ton umwandeln können. Auch der beste Elektromagnet kann bei Frequenzen über 20000 Hertz aber nicht einmal ansatzweise mithalten. Ziemlich harte Nuss.»

«Für mich hört sich das unmöglich an.»

«Deshalb setzten sie die Norweger darauf an. Im Augenblick brauchst du dir nur zu merken, dass Funk einfach Gegeninduktion bei hohen Frequenzen bedeutet, meistens über eine gewisse Distanz hinweg. Aber bevor du nicht noch ein paar mehr Dinge gelernt hast, wirst du noch kein Radio bauen können.»

Ich mag zwar Rätsel, aber dieses war mir dann doch zu schwierig. Irgendwie musste es möglich sein, Strom zu erzeugen, der mit mehr als einer halben Million Hertz wechseln kann. Die Kraftlinien, die von diesem Strom ausgreifen, breiten sich meilenweit aus und tragen Musik und sogar Fernsehbilder weiter. Treffen sie auf einen anderen Draht, induzieren sie in ihm einen zweiten Strom, der dem Strom gleicht, der ihn ursprünglich verursacht hat.

Um aber Arbeit aus Elektrizität zu gewinnen, müssen wir sie in Wärme oder Magnetismus umwandeln. In unserem Fall vermutlich eher nicht in Wärme. Ein Magnet kann seine Polarität aber nicht schnell genug wechseln, um auf diese hohe Frequenz zu reagieren. Hmm.

Denken Sie mal darüber nach.

Ein besonderes Gurkenglas: die Röhrendiode

Röhrendiode. Mittlerweile können Sie solche seltsame Wortschöpfungen sicher lesen, ohne dass Ihnen gleich der kalte Schweiß ausbricht. Sie kennen das Spielchen ja und wissen: Je abschreckender und komplizierter der Fachausdruck, desto besser kommt man damit durch. Man braucht nur in den CB-Funk auf irgendeiner Autobahn hineinzuhören, um auf äußerst simples Gedankengut zu stoßen, das mittels komplizierter Fachbegriffe zu langatmigen und anscheinend tief schürfenden Unterhaltungen aufgebauscht wird. Lkw-Fahrer sind rollende Wörterbücher für Fachkauderwelsch. Wer ihnen eine Weile zugehört hat, dem kommt Elektronik direkt einfach vor.

Aber ich habe wohl den Faden verloren.

Wenn Leute, die sich mit Elektrizität auskennen, «Röhre» sagen, meinen sie damit einen luftdichten Hohlkörper, ähnlich einem Reagenzglas. Auch ein Gurkenglas eignet sich als Röhre, wenn man es sehr fest verschließen kann. Ich erwähnte im Buch bereits eine Röhre: die Glühbirne. Das winzige Wolframfädchen ist die einzige «Elektrode» in dieser Röhre. Solche Glühbirnen sind meistens statt mit normaler Luft, die ja Sauerstoff enthält, mit Stickstoff gefüllt, was fast genauso billig ist. Praktisch alle Röhrenarten sind Abwandlungen der Glühbirne. Sie enthalten dann einfach weitere Elektroden, die mit dem Glühfaden als Grundausstattung zusammenspielen.

Wenn man Luft aus einem verschlossenen Gurkenglas herauspumpt, erhält man ein Vakuum oder einen luftleeren Raum. Zwar wissen wir, dass darin immer noch ein wenig Grüni-Luft enthalten ist, aber das sagen wir besser nicht weiter. Ein «Vakuumgurkenglas» (also eine Röhre, wie es richtig heißt) ist sehr zerbrechlich. Die dünne Glaswand allein muss dem Druck der Außenluft standhalten, weil im Inneren ja das Vakuum herrscht. Die Bildröhre im Fernsehgerät ist etwa solch eine große Vakuumröhre. Die gewaltige **Implosion** einer Bildröhre kann tausend Glassplitter wie Pfeile in Ihren Körper schießen und verursacht viele schmerzhafte und schwer zu versorgende Hautverletzungen. Also spielen Sie auf keinen Fall Ball mit Vakuumröhren.

An sich ist ein verschlossenes Gurkenglas ohne Luft darin zu nichts zu gebrauchen. Man kann natürlich ein Etikett draufkleben, «Hausgemachte Vakuumröhre» draufschreiben und sie seinen Freunden zeigen. Die werden allerdings skeptisch sein und womöglich denken, dass doch noch Luft darin sei. «Beweis es!», fordern sie höhnisch, und dann stehen Sie ratlos da. Man kann eben ein Vakuum nicht mit bloßen Augen erkennen. Wer nicht schlagfertig ist, den lachen die Freunde aus und laufen weg.

Genau deswegen begannen Naturwissenschaftler, mit dem Vakuum zu experimentieren, indem sie die Röhre mit Elektroden füllten. Es musste doch einen Weg geben, den Freunden zu beweisen, dass sie einen ganzen Arm voll Vakuum in das Innere eines Glaskölbchens gepresst hatten!

Auch der arme, alte Thomas Alva stand vor diesem Problem. Er setzte einen Käfer in sein Gurkenglas. Als der erstickte, vermuteten seine Freunde, er hätte den kleinen Kerl in Wirklichkeit vergiftet. Es war schon eine zynische Bande, aber Tom blieb beharrlich. Er setzte seinen Bambusfaden ins Vakuum ein, und der verbrannte nicht. Er glühte sogar ziemlich lange. Trotzdem waren sie noch lange nicht überzeugt.

«Na klar ist das Vakuum, Tom», spotteten sie. «Wir fallen doch nicht auf diesen alten Trick herein! Du hast doch Stickstoff eingefüllt wie letztes Mal. Jeder weiß doch, dass es so etwas wie ein Vakuum nicht gibt!»

«Hmm», sagte Tom und rieb sich das Kinn. Seine Freunde lachten und gingen hinaus, um Karten zu spielen.

Thomas ließ sich nicht entmutigen. Er war stolz auf sein «Bambus-Faden-Vakuum-Gurkenglas-Aquarium-Licht». Und wie es so seine Art war, verbesserte er es weiter und probierte dieses und jenes. Niemand wusste damals viel über Elektrizität (man hatte sich die Elektronentheorie noch nicht ausgedacht), und alles lief nach dem Motto «Versuch macht klug». Wer hätte je gedacht, dass Bambus ein besserer Glühfaden ist als Rosshaar oder Lametta? Man musste einfach alles, was einem geeignet vorkam, ausprobieren und schauen, was passierte.

Einmal versuchte er, ein Stück Metallfolie so ins Glas zu legen, dass sie den Faden nicht berührte. An dieses Metall lötete er einen Draht, der durch das Glas hinausführte, sodass er ihn an eine Batterie anschließen konnte. Er hoffte, dass dies eine gewisse Wirkung auf den Faden haben würde.

Es passierte aber absolut nichts. Doch als er mit den Drähten herumspielte, entdeckte er zu seiner Überraschung, dass tatsächlich Strom durch den Raum zwischen dem heißen Faden und der Metallfolie floss! Er wusste, dass Luft ein viel zu guter Isolator ist, um Strom zu leiten. Ein Vakuum bietet dagegen wesentlich weniger Widerstand.

«Heureka!», schrie er. «Eine Röhrendiode!» Er rannte sofort hinaus, um seine Kumpels zu holen. Pflichtschuldig, aber wenig überzeugt, kamen sie einer nach dem anderen zurück ins Labor. Er legte den Draht an die Batterie – aber nichts passierte. Seine Freunde kicherten nur.

«Ehrlich, Leute, vor einer Minute hat es noch funktioniert! Wartet, geht noch nicht! Da muss irgendwo der Anschluss locker sein ...» Nervös hantierte er mit den Drähten – aber es half alles nichts. Der Faden glühte, die Batterie war in Ordnung, nur der Strom wollte nicht durch den Raum zwischen Faden und Metallplättchen fließen. «Ich spendiere euch Gummibärchen, wenn ihr hier bleibt!», rief er ihnen nach. Sie waren aber schon zur Tür hinaus, lachten und schüttelten die Köpfe.

«Armer, alter Thomas Alva», sagten sie zueinander. «Er träumt wieder. Er wird es nie zu etwas bringen.»

«Er macht diese Versuche doch bloß deshalb, weil ihm keiner einen richtigen Job geben will.»

«Traurig, sehr traurig. Ich hoffe, er wird endlich erwachsen.»

Es war wohl mitten in der Nacht, als Thomas die Lösung einfiel. Er ging, noch in Unterwäsche, die Treppe hinunter, warf sich aufgeregt ein paar Gummibärchen in den Mund und vertauschte die Drähte.

Es klappte. Jetzt floss Strom vom Glühfaden zur Metallfolie, aber nicht umgekehrt von der Folie zum Faden. Er musste sie, als er sie seinen Freunden vorführen wollte, verkehrt herum angeschlossen haben. Er hatte eine Art Einbahnstraße, ein Ventil für Elektrizität erfunden. Weil die Röhre zwei Elektroden enthielt, wurde sie als **Diode** bekannt (was «zwei Elektroden» bedeutet). Leider hatte er zu seiner Zeit keine Verwendung für sie, und auf keinen Fall wollte er seine Freunde noch provozieren, indem er ihnen bewies, wie albern sie waren; also machte er sich nur eine Notiz, ging ins Bett und vergaß die ganze Geschichte. Die kleine Metallscheibe wurde als **Telleranode** bekannt, vermutlich, weil man sie aus Aluminiumfolie herstellen konnte, die bei Picknicks als Tellerersatz für Tomatensalat und Bohnen benutzt wird, wenn man wieder die Pappteller vergessen hat. Hier ist der Fachausdruck zur Abwechslung einmal ausgesprochen logisch.

Eine Diode hat also zwei Elektroden: einen Glühfaden und eine Anode. Jedermann weiß eigentlich, dass Thomas Alva die Röhrendiode entdeckte, aber weil er sich nicht weiter um sie kümmerte, wird sie ihm oft nicht zugeschrieben. Jahre später patentierte ein Norweger namens John Fleming das Ding und verdiente viel Geld damit. Thomas Alva kannte sich allerdings recht gut mit dem Ohm'schen Gesetz aus, zumindest was das Benennen von Dingen betraf. Er nannte das Phänomen, dass im Vakuum von einem heißen Glühfaden Elektrizität wegfließt, **Edison-Effekt**. So sieht das Symbol für die Röhrendiode aus:

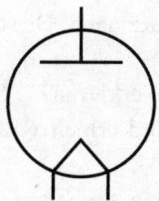

Von beheizbaren Asphaltstraßen und empfindlichen Grüni-Füßen

«Das ist keine Lüge!», erklärte ich Mike. «Es ist vielleicht eine Dramatisierung.» – «Edison soll Gummibärchen gegessen haben?» Mike war aufgebracht, sein Gesicht wurde noch grüner. – «Nun ja, bestimmt, wenn er damals welche gehabt hätte ...»

«Das kannst du aber nicht wissen, Mann! Du hast das alles nur erfunden. Hat er wirklich in Unterwäsche geschlafen?»

«Alle schlafen in Unterwäsche.»

«In Norwegen vielleicht! Edison war aber eher ein Pyjamatyp. Ich möchte wetten, er trug einen Pyjama. Wie kannst du von den Leuten erwarten, dass sie dein Buch ernst nehmen, wenn du erfundene Anekdoten erzählst?»

«Ich hab ja nur versucht, es interessant zu machen.»

«Niemand erwartet, dass Elektronik interessant ist, Mann! Wäre sie das, würde sie ja jeder verstehen.»

«Entschuldigung!»

«Schon o.k. Ich dachte nur, du solltest ein wenig mehr bei der Wahrheit bleiben.»

«Du meinst: mehr Grünis und weniger Edison?»

«Genau. Du willst doch die Leute nicht verwirren.»

«Ich will's versuchen.»

Er holte ein paar Mal tief Luft und beruhigte sich wieder. «Ich glaube, du solltest nochmal die Röhrendioden durchgehen», empfahl er. Ich dachte kurz nach. Diesmal musste ich behutsam vorgehen.

«Wie würdest du es denn erklären?», fragte ich vorsichtig. Sein Gesicht hellte sich auf und erhielt wieder seine salatgrüne Tönung.

«Ein Glühdraht ist wie eine Asphaltstraße in der Mittagshitze an einem Sommertag», erklärte er. «Und alle Grünis gehen barfuß. Der Metallteller der Anode ist wie eine große, kühle, schattige

Rasenfläche. Es braucht nicht viel, um uns zu überzeugen, die heiße Straße zu verlassen. Aber man braucht viel Bier, schöne Frauen und eine sehr berühmte Rockgruppe, um uns vom schattigen Gras auf diesen Glühdraht zu locken, auf dem wir uns die Füße verbrennen.»

«Das ist eine ganz gute Analogie», sagte ich zögernd.

«Mein grüner Fuß ist doch keine Analogie!», schrie er. «Das ist die Wahrheit, Mann. Da ist nix mit Gummibärchen und Gurkengläsern! Es ist die Wahrheit!»

«Ich meinte damit nur, dass es einfach zu verstehen ist.» Mike schien heute ganz schön empfindlich zu sein. Vielleicht hatte er ja Heimweh. «Soll ich dir was Lustiges erzählen?», fragte ich.

«Klar, Mann, nur zu.»

«Möchtest du hören, wie sie die Röhrendiode in der Elektronentheorie erklären?»

«Klar, Mann.» Geschichten über die Elektronentheorie hatten ihn bisher immer aufgeheitert, so wie mich die «Sendung mit der Maus» nach der Schule, als ich noch ein Kind war.

«Durch die Hitze des Glühdrahtes entsteht eine kleine Elektronenwolke, die um ihn herumschwebt. Das nennt man *Raumladung.* Natürlich besteht die Raumladung aus freien Elektronen und hat also eine negative Ladung. Alle Elektronen, die versuchen, von der Anode aus zum Glühfaden zu gelangen, werden von dieser negativen Ladung abgestoßen. Wenn der Strom aber in die andere Richtung fließt, bewegen sich die Elektronen in der Raumladung mühelos zur Anode, angezogen von deren positiver Ladung.»

Mike kicherte. Die Elektronentheorie amüsierte ihn doch immer wieder von neuem.

«Um eine Röhrendiode zu verbessern», fuhr ich fort, «umgibt man den Glühfaden mit einem Material, das mehr Elektronen abgibt. Sie nennen es **Kathode**. Der Glühfaden heizt sie einfach auf.»

Mike lachte jetzt lauthals.

«Eine künstlich geheizte Asphaltstraße», sagte er. «Wahnsinn! So kann man sich die Füße auch dann verbrennen, wenn die Sonne gar nicht scheint.»

«Auf jeden Fall», fuhr ich fort, «fließt Strom von der Kathode zur Anode, aber nie andersherum. Die Röhrendiode ist ein Ventil für die Elektrizität.»

«Mensch, danke», sagte Mike. «Jetzt fühl ich mich schon viel besser.»

Na und?

«Schön, Kenn», höre ich Sie sagen. «Na und? Wozu braucht man jetzt eine Röhrendiode? Ein Ventil. Pah! Humbug! Schon wieder so eine unnütze Erfindung!»

Dasselbe kann man natürlich auch über diese eklige grüne Glibbermasse namens Slimey sagen. Großartiges Zeug, fanden alle, aber wozu ist es nütze?

Vielleicht ist das jetzt ein schlechtes Beispiel. Derjenige, dem eine wirklich sinnvolle Anwendung für Slimey einfällt, macht sicher das große Geld. Aber ich komme vom Thema ab.

Für die Anwendung von Dioden gibt es bereits eine Idee und sogar eine Bezeichnung: Es heißt **gleichrichten**. Wenn man etwas «richtet», bedeutet das gewöhnlich, dass man etwas in Ordnung bringt oder bereitstellt. Ich richte z. B. ständig mein Fahrrad oder mein Bett oder meine Haare. In der Elektrizität richtet man Wechselstrom gleich, wenn man ihn in Gleichstrom umwandelt. Ich vermute, dass Edison oder seine Anhänger dieses Wort ausgesucht haben, weil sie glaubten, dass nur Gleichstrom richtige Elektrizität sei und Wechselstrom ganz verkehrt. Wer weiß. Jedenfalls kann man Dioden verwenden, wenn einem danach ist, etwas Wechselstrom gleichzurichten.

Stellen Sie sich in einem Wechselstromkreis eine Diode vor, also ein Ventil. Wenn der Strom auf dem «richtigen Weg» oder «vorwärts» fließt, hat die Diode keinen Einfluss auf ihn. Sie könnte genauso gut ein Draht sein. Wenn aber der Strom die Richtung wechselt, sehen sich die Grünis mit einem Problem konfrontiert. Eine Raumladung steht ihnen im Weg. Die Brücke ist kaputt, die Straße gesperrt. Der Strom bleibt einfach stehen.

Ändert der Strom nun erneut die Richtung, ist er in der Diode wieder «vorwärts» gerichtet und fließt ungehindert. Wir sind wieder im Geschäft – zumindest für den Augenblick.

Der Strom fließt also nur eine halbe Periode lang durch den Stromkreis, nämlich nur dann, wenn er in die «richtige» Richtung fließt. Man könnte auch annehmen, wir hätten es hier mit Gleichstrom zu tun, der in kurzen Abständen immer an- und gleich wieder ausgeschaltet wird. Wir haben also eine Diode benutzt, um den Wechselstrom in «pulsierenden Gleichstrom» umzuwandeln. Wir haben den Wechselstrom «gleichgerichtet».

Natürlich bringen wir so die Elektrizität nur in der Hälfte der Zeit zum Fließen, während wir die andere Hälfte vergeuden. Andererseits zahlen wir den Elektrizitätswerken auch nur denjenigen Strom, der tatsächlich in unser Haus fließt, und die «Auszeiten» jeder Periode kosten uns keinen Pfennig. Das Gerät, das Wechselstrom in pulsierenden Gleichstrom umwandelt, nennt man übrigens **Halbwellen-Gleichrichter**.

Ich weiß, ich weiß. Sie sind schon viel weiter und haben bereits eine Möglichkeit gefunden, den Halbwellen-Gleichrichter anzuwenden. Er löst nämlich ein Problem, über das Sie sich schon lange Gedanken gemacht haben, seit es in einem früheren Kapitel auftauchte. Der Bursche, der ursprünglich dieses Problem löste, hat übrigens einen Haufen Geld damit verdient, und mehr Informationen als Sie jetzt hatte er auch nicht. Also sollten Sie stolz auf sich sein.

Marconis norwegische Vergangenheit:
Summer und Funkgeräte

Der Nebel bewegte sich wie eine riesige Watte-Dampfwalze über die Nordsee, tastete sich lautlos einen einsamen Fjord hoch und schob den Abend vor sich her. In der einbrechenden Dunkelheit ruderte ein einsamer Mann müde in einem winzigen Boot auf den warmen gelben Schein eines Hüttenfensters zu, ein schwaches Lichtsignal zwischen den Kiefern über dem Wasser. Er war erschöpft, aber er wusste, dass er sich beeilen musste, weil der Nebel auch diesen Schimmer bald verschlucken würde. Dann würde er in der kalten norwegischen Nacht verloren gehen, der frostigen Flut und dem arktischen Nebel preisgegeben. Er zog den Kopf zwischen die Schultern und ruderte weiter. Endlich erreichte er den winzigen Landeplatz und vertäute sein Boot. Mit letzter Kraft wankte er den Pfad zur Hütte hoch. Im dämmrigen Licht konnte er den ungelenk geschriebenen Namen «Alexander Graham Amdahl» auf dem Briefkasten erkennen und lächelte. Er hatte es geschafft.

Die Tür öffnete sich. Er stolperte hinein und brach auf dem Dielenboden zusammen.

«Sven!», rief die alte Frau. «Vati, es ist Sven! Bring noch etwas Lutefisk! Ist alles in Ordnung, Sven?»

«Ach, Ma», stöhnte der junge Mann, während sie ihm auf die Beine half. «Wie oft muss ich dir noch sagen, dass du mich nicht mehr Sven nennen sollst! Ich heiße Marconi. Guglielmo Marconi.»

Die alte Frau seufzte. «Für mich bleibst du immer mein kleiner Sven. Ich versteh überhaupt nicht, warum du dich deiner Herkunft schämst. Es gibt doch so viele großartige Norweger.»

Sven saß auf einem Stuhl. Es war immer dasselbe, wenn er nach Hause kam.

«Es gibt einfach keine Nachfrage nach norwegischen Naturwissenschaftlern, Ma. Heutzutage musst du Italiener oder wenigstens Amerikaner sein. Es ist einfach so. Wissenschaftler müssen einen Künstlernamen haben wie Schauspieler.»

«Schon gut, mein Junge», beschwichtigte sie ihn. «Wach auf, Vati!», schrie sie, «Unser Sohn Marconi ist hier! Wirf den guten Fisch weg und setz ein paar Spaghetti auf! Du weißt doch, er isst jetzt nur noch Nudeln.»

«Ach, Ma. Ich kann auch nichts dafür, dass es so ist.»

«Und was ist mit Leif Erikson? Das war doch auch ein genialer Norweger?»

«Weißt du, was sie über ihn erzählen? Sie sagen, er habe Amerika entdeckt – ist ja in Ordnung –, wusste aber nicht, was er damit anfangen sollte. Das erzählen sie.»

«Sven! Wann bist du denn angekommen?» Ein alter Mann schlurfte ins Zimmer, rieb sich die Augen und befreite Mund und Nase von seinem langen roten Bart. «Hallo, Paps. Ich wollte dich nicht wecken.»

«Ich hab nur meine Augen etwas geschont, mein Sohn. Dem Geruch nach ist der Lutefisk fertig. Bleibst du zum Abendessen?»

«Es sind 80 Kilometer gegen den Strom bis zur nächsten Stadt, und ich bin allein im Ruderboot.»

Der alte Mann starrte ihn verdutzt an.

«Ja, Paps, ich bleibe zum Abendessen. Danke.»

Das Gesicht des alten Mannes hellte sich auf, als ihm ein Gedanke kam.

«Ich hab etwas Grog im Schuppen», flüsterte er und blinzelte Sven verschmitzt zu. Sven nickte nur, und als die Mutter wegschaute, schlich sich der Alte aus der Tür.

«Also, Sven, es ist fast ein Jahr her. Du hast sicher ein neues elektrisches Problem für deinen Vater dabei.»

«Meine Güte, Ma, kann dein Junge nicht einfach so nach Hause kommen und seine Eltern besuchen, ohne dass du gleich denkst, er will irgendwas?»

«Ist es in der kleinen Tüte da?»

Sven wollte weiter protestieren, hielt aber inne und nickte einfach.

«Ja, Ma, es ist in der Tüte.»

Später dann, als die Kartoffeln und der Fisch aufgegessen waren und Sven mit seinem Vater ein zweites Glas Grog trank, holte er die kleinen Geräte aus der Tüte.

«Noch mehr Spielzeug, Sven?» Plötzlich zeigte der alte Mann Interesse.

«Ja, Paps. Zwei verschiedene. Dies hier ist ein Summer.»

«Klar, Sven, ich seh doch, dass das ein Summer ist. Da hast du einen Elektromagneten und da den kleinen Metallstreifen. Saft einschalten, und der Magnet zieht den Metallstreifen heran. Saft abschalten, und das Metall federt zurück. Ein und aus, ein und aus. Klick, klick, klick. Ganz schnell summt das Ding fröhlich vor sich hin.»

«Genau, Paps. Ein Summer besteht einfach aus einem Elektromagneten und einem Streifen Metall. Der Metallstreifen ist so angeordnet, dass er gleichzeitig ein Schalter ist, der jedes Mal, wenn er sich bewegt, den Magneten an- und ausknipst.»

«Gut. Sven, das war ein leichtes Problem. Sollen wir noch 'nen Grog kippen?»

«Nein, Paps, das ist noch nicht das Problem. Aber ich glaube, ich kann schon noch ein klein wenig Grog vertragen. Nur ein Schlückchen.» Beide füllten ihr Glas bis zum Rand mit dem heißen Schnaps. Dann zog Sven zwei große Drahtspulen heraus und legte sie auf den Tisch.

«Das sind Spulen, Sven.»

«Richtig, Paps. Und wenn ich sie so dicht nebeneinander lege, arbeiten sie wie ein Transformator.»

«Du meinst, der Saff in der ersten da induziert Saff in der annern?» Seine Aussprache wurde immer undeutlicher.

«Genau, Paps. Die beiden Spulen berühren sich nicht. Da ist ein Zwischenraum. Das Einzige, was sie miteinander verbindet, sind die Kraftlinien, die der Magnetismus der ersten Spule hervorruft. Sieh mal, ich hab das Gefühl, dass diese Kraftlinien der Schlüssel zum Problem sind. Ich nehme an, dass sie sich so ähnlich wie Wellen verhalten, elektrische oder magnetische Wellen. Weil ich aber nicht weiß, welche von beiden, nenne ich sie **elektromagnetische Wellen.**»

«Du nennst magnetische Kraftlinien elektromagnetische Wellen?»

«Ja, aber nur, wenn sie sich bewegen. Mein Problem ist: Was passiert, wenn ich meine Batterie an die erste Spule anschließe und meinen Summer an die zweite?»

«Ist ja toll! Du hast einen Summer, der an keine Batterie angeschlossen ist und trotzdem summt! Du wirst reich werden!»

«Nein, Paps, so einfach ist das nicht. Erstens funktionieren die Spulen nur mit Wechselstrom. Mit einer Batterie würde es nicht funktionieren.»

«Du meinst, wegen Brutus dem flotten Erpel?»

Sven schüttelte den Kopf. «Das ist doch nur ein Märchen, Paps. Niemand glaubt an kleine grüne norwegische Enten.» Der Alte sah enttäuscht aus, erhob aber keine Einwände. «Es sind die magnetischen Kraftlinien, Paps, die elektromagnetischen Wellen. Das weißt du doch.»

«Hab's wohl vergessen.»

«Das Problem ist, dass sich die magnetischen Linien sehr viel stärker ausweiten, wenn der Strom sehr schnell die Richtung wechselt.»

«Und warum ist das so?»

«Ich weiß es nicht, Paps, ich hab's halt entdeckt. Aber es verhält sich etwa so: Magnetische Kraftlinien oder elektromagnetische Wellen verhalten sich bei langsamen Frequenzen wie große alte Strandbälle. Sie können dich umhauen, aber du kannst sie nicht sehr weit werfen. Die schnellen Frequenzen verhalten sich eher wie kleine Kiesel. Sie haben genug Kraft, eine weite Distanz zurückzulegen, machen aber keinen großen Platscher, wenn sie im Wasser landen.»

«Das ergibt Sinn.»

«Wenn ich sehr hohe Frequenzen benutze, kann ich die elektromagnetischen Wellen dazu kriegen, sehr weit zu wandern. Zumindest glaube ich, dass ich das kann. Aber der Magnet in meinem Summer braucht eine gewisse Zeit zum Magnetisieren und Entmagnetisieren. Und die Spule um ihn herum erzeugt eine Menge Selbstinduktion, die jedem Stromwechsel Widerstand leistet. Bis ich die Frequenz für die Wellen dermaßen erhöht habe, dass sie wirklich weit wandern können, sind sie viel zu schnell für meinen Elektromagneten. Da bleibt nicht genug Zeit, die Selbstinduktion zu überwinden und den Eisenkern zu magnetisieren, bevor der Strom in die andere Richtung fließt. Also liegt mein Summer einfach stumm da.»

«Das ist wirklich ein Problem.»

«Aber wenn ich eine Möglichkeit fände, dieses Problem zu lösen, alter Junge, dann hätten wir wirklich etwas in den Händen. Einen drahtlosen Summer! Wenn du's rausfinden könntest, würd' ich, würd' ich …» Er suchte nach einem passenden Lockmittel. «Ich würd' ihn nach deinem alten Jagdhund nennen!»

«Das würdest du tun, Sven?» Der Alte war sichtlich gerührt. «Du würdest ihn nach dem alten Funk nennen?»

«Auf jeden Fall, Paps.»

«Das würd ich dir nie vergessen! Ich kann es mir direkt vorstellen: einen drahtlosen Summer! Du könntest drahtlos Botschaften in die Stadt senden! Vielleicht könntest du sogar Stimmen senden, oder Musik, von Land zu Land! Vielleicht gibt's ja 'ne Möglichkeit, Bilder mit deinem drahtlosen Summer zu verschicken! Vielleicht …»

Sven unterbrach ihn. «Sei doch nicht albern, Paps. Du hattest zu viel Grog. Nichts davon ist möglich. Aber stell dir Folgendes vor: Vielleicht könntest du kleine Summer machen, die Ärzte und andere wichtige Leute am Strand mit sich herumtragen könnten.

Wenn dann ihr Cocktail fertig wäre, könnte die Strandbar sie einfach anpiepen. Also, das ist die praktische Anwendung. Jeder Arzt auf der Welt wird einen haben wollen.»

Der Alte stieß anerkennend einen langen Pfeifton aus. «Tolle Idee. Wenn du's rausfindest, bist du ein reicher Mann, garantiert. Viel Glück, Sven.»

«Marconi, Paps, bitte denk dran! Nenn mich Marconi.»

Nackte Norwegerinnen und Funksignale

Am nächsten Morgen stand Sven noch vor Sonnenaufgang auf. Sorgfältig darauf bedacht, seine Eltern nicht zu wecken, zog er eine Jacke über und ging hinunter ans Wasser. Der tiefe Fjord wirkte fast schwarz gegen das rauchige Grün der bewaldeten Hügel. Die ersten Vögel fingen an zu zwitschern, und am Morgenhimmel standen noch ein paar blasse Sterne. Für norwegische Verhältnisse war der Nebel leicht. Wie tanzende Gespenster bewegten sich zarte Fetzen über dem Wasser.

Sven hatte gar nicht gut geschlafen. Er schien der Lösung seines Problems verlockend nahe zu sein, aber irgendwie konnte er sie nicht finden. Jedes Mal, wenn er so verzweifelt und ratlos war wie jetzt, kehrte Sven zu seinen magischen Wurzeln zurück. Das kalte Wasser und die grünen Berge schienen immer eine Antwort zu wissen.

Er drehte und wendete das Problem hin und her. Hochfrequente elektromagnetische Wellen wandern weit, aber Elektromagnete können mit der hohen Frequenz nicht Schritt halten. Elektromagnete reagieren allenfalls auf Gleichstrom oder langsamen Wechselstrom, aber der wiederum wandert nicht weit. Ein echtes Paradoxon. Und natürlich war noch nicht einmal schlüssig bewiesen, ob es elektromagnetische Wellen überhaupt gab.

Sven saß auf einem Felsen am Ufer. Der Fjord lag ruhig da und sah aus wie eine lange gläserne Schlange, die sich durch die bewaldeten Klippen wand. Durch einen Nebelschleier erkannte er ein Ruderboot, das zum gegenüberliegenden Ufer strebte. Als es das seichte Wasser erreichte, änderte es seinen Kurs und kam wieder quer herüber. Nach einigen Minuten erreichte es das nahe Ufer und wendete noch einmal. Sven vermutete, dass es ein Angler war, der kreuz und quer über das Wasser fuhr, um den besten Fischgrund zu finden.

«Es sieht aus wie mein Elektromagnet», dachte er. «Der wechselt seine Richtung auch so elend langsam.» Er musste lächeln. «Klick», sagte er, als das Boot das eine Ufer erreichte und zum anderen wendete. «Klick», sagte Sven noch einmal, als es nach einigen Minuten dort angelangt war.

Das Boot näherte sich Sven. Er konnte die nassen Ruder rhythmisch aus dem Wasser auftauchen sehen und war ganz entzückt von ihrer Bewegung. Hoch und nieder, hoch und nieder. Die Ruder haben etwas an sich, dachte er …

In Gedanken versunken starrte er auf die Ruder, als ob sie ihm irgendwie die Antwort für sein Problem liefern könnten. Er achtete weder auf das Boot noch darauf, wer darin saß, bis es fast in ihn reinfuhr. «Hallo», sagte eine sanfte weiche Stimme. Sie gehörte einem wunderschönen blonden Mädchen, etwa achtzehn Jahre alt, das ihn schüchtern vom Boot aus ansah. Sie war sonnengebräunt, was umso bemerkenswerter war, da sie splitternackt war. Sie strahlte eine gesunde Wärme ab wie jemand, der direkt nach der Sauna sein Boot über den Fjord rudert. «Hallo», erwiderte Sven. «Guten Fang gehabt?»

Das Mädchen kicherte, dann antwortete es auf Norwegisch.

«Kommt darauf an, was du fangen möchtest.»

Da erst bemerkte Sven, dass sie gar keine Angel hatte, und kam sich reichlich albern vor.

«Möchtest du in mein kleines Boot kommen?», fragte sie süß.

«Was?»

«Gefällt es dir nicht?» Sie zeigte auf ihr hölzernes Ruderboot. Sven zwang sich, auf das Boot zu schauen. Es war in der Tat ein feiner kleiner Flitzer.

«Nicht weit von hier gibt es eine kleine Bucht, von der die Fischer sagen, dass sie dort immer Anglerglück haben.» Sie lächelte wieder und strich ihr langes blondes Haar aus den Augen. «Du kannst rudern, wenn du willst.»

«Heureka!», kreischte Sven unvermittelt. «Ich hab's!» Er raste den Hügel hoch zur Hütte seiner Eltern, das Mädchen zurücklassend, das ihm erstaunt nachschaute.

«Ein anderes Mal», schrie er zurück. «Danke!»

«Nichts zu danken», sagte sie zu sich selbst, während er in den Bäumen verschwand. Sie zuckte mit den Achseln und schob ihr kleines Boot zurück ins tiefere Wasser.

In Norwegen kommt so etwas vor.

Ein Jagdhund wird unsterblich

«Das Signal ist wie die Ruder!» Sven stürzte zur Hüttentüre herein.

«Wer war der junge Bursche in dem Boot?»

«Weiß ich nicht, Ma.» Sven wischte dieses Thema ungeduldig beiseite.

«Hör doch, ich hab die Lösung für meinen drahtlosen Summer gefunden!»

«Bist du schon wach, Sven?» Sein Vater erschien in der Tür.

«Ja, Paps, ich glaub, ich hab die Lösung! Oder wenigstens zum Teil!»

«Das ist gut, Sven. Mutter, ich brauch 'nen Kaffee.» Der Alte setzte sich an den Tisch und stützte den Kopf in beide Hände.

«Sieh mal, der Wechselstrom ist wie die Ruder, die sich sehr schnell vor und zurück bewegen.» – «Wo bleibt der Kaffee, Mutter?»

«Jetzt hör mir doch mal zu, Paps! Der Strom in meinem Empfänger geht hin und her, so wie die Ruder beim Rudern. Wenn ich die Ruder nie aus dem Wasser heben würde, würden sie sich im Wasser immer vor und zurück bewegen, und das Boot würde nicht vom Fleck kommen. Aber mein Summer funktioniert nicht, wenn ich nicht die Hälfte der Impulse wegnehme. Ich möchte nur die Hälfte des Stroms durch meinen Elektromagneten fließen lassen, also nur diejenigen Impulse, die alle in dieselbe Richtung fließen. So muss der Eisenkern nie seine Polarität umkehren. Ich brauche so etwas wie ein Ventil für die Elektrizität. Dann wirken meine Kraftlinien wie Ruder, die ein Boot vorantreiben. Wenn sie sich in die falsche Richtung bewegen, hebe ich sie einfach aus dem Wasser. Aber womit könnte ich das erreichen?»

Sein Vater nahm geräuschvoll einen Schluck Kaffee.

«Ich nehme an, du könntest eine Röhrendiode nehmen», sagte der Alte ruhig. Sven schaute ihn erstaunt an. Natürlich. Damit könnte es gehen. Dann fasste er unter den Tisch, um den alten Jagdhund hinter den Ohren zu kraulen.

«Funk, altes Haus», sagte er. «Heute ist dein großer Tag.»

Die Schnurrhaardiode

Erst am nächsten Tag wurde Guglielmo Marconi zu seiner großen Enttäuschung bewusst, dass die Röhrendiode noch nicht erfunden war. Jeder andere Mensch hätte zerknirscht aufgegeben – nicht so dieser stolze Norweger. Also machte er sich daran, sie zu erfinden.

Das Vorhaben misslang. Er wusste, dass ein mit Eisenspänen gefülltes Glas beim Vorhandensein von Funkwellen Elektrizität leitet und so zum Nachweis dieser Wellen geeignet ist. Er nannte das Gerät **Kohärer**. Es geriet allerdings in Vergessenheit und blieb ohne Nachfolger. Immerhin konnte Marconi damit den Nutzen von Funkwellen beweisen. Ein Zeitgenosse namens Nikola Tesla konnte das allerdings auch, und zwar schon früher. Müsste die Frage «Wer hat tatsächlich den Funk erfunden?» vor Gericht entschieden werden, würde Tesla gewinnen. Diese Tatsache hat Generationen von Lehrkräften nicht davon abgehalten, ihre Studenten vorsätzlich in die Irre zu führen. Wer eine gute Note bekommen möchte, muss daher schwindeln und sagen, Marconi habe das Funkgerät erfunden.

Der Funk wurde praktisch erst mit der Erfindung der **Schnurrhaardiode** durch Ferdinand Braun möglich. Sie ist ein merkwürdiges kleines Teil, aber sie hat die Welt verändert und ihre Nachkommen bilden die Gehirne der modernen Computer. Es lohnt sich, der Schnurrhaardiode etwas Aufmerksamkeit zu widmen.

Einige Kristalle haben eine interessante Eigenschaft. Wenn man sie stark zusammenpresst, reagieren sie wie eine winzige Batterie und erzeugen Spannung. Während eine normale Batterie chemische Energie in Elektrizität verwandelt, setzen diese kleinen Kristalle mechanischen Druck in Elektrizität um. Man nennt dieses Phänomen den **piezoelektrischen Effekt**. Versuchen Sie gar nicht erst, das auszusprechen. Diese Kristalle haben zu viel Widerstand, um gute Leiter zu sein. Andererseits haben sie nicht genug Widerstand, um gute Isolatoren zu sein. Sie fallen also in eine Kategorie zwischen guten Leitern und guten Isolatoren und werden deshalb **Halbleiter** genannt.

Wenn wir behutsam die Spitze einer Nadel auf einen dieser Kristalle setzen, erzeugen wir in dem winzigen Bereich um unsere Nadelspitze herum eine elektrische Spannung. Es ist fast so, als ob die Grünis vor dem Schmerz wegrennen oder eine Menge Leute vor einem wild mit seinem Schlauch herumspritzenden Feuerwehrmann fliehen würden. Die Nadelspitze ist also von einer negativen Raumladung umgeben, ebenso wie unser verrückter Feuerwehrmann von einem Kreis von Leuten umgeben ist, die sich außer Reichweite gebracht haben. Wenn der Feuerwehrmann nicht wäre, könnten die Leute ungehindert durch den Park gehen. Jetzt müssen sie jedoch dem großen, nassen Kreis ausweichen.

Ebenso vermeidet die Elektrizität, die durch den Kristall fließt, die Spitze der Nadel. Und in der Tat fließt keine Elektrizität in einem Stromkreis, in dem sie sich vom Kristall zur Nadel bewegen müsste. Die negative Raumladung verhindert dies.

Von der Nadel zum Kristall fließt dagegen Elektrizität.

Stellen Sie sich vor, dass sich in der Nähe unseres wild gewordenen Feuerwehrmannes eine Einstiegsluke in einen Schacht befindet und dass dort unten eine Gruppe Leute versucht, auf den Platz zu gelangen. Sobald einer den Kopf aus der Luke steckt, sieht er den Feuerwehrmann und läuft schnell zur sicheren Menschenmenge. Er hat keine andere Wahl; denn wenn er stehen bleibt, wird er nass gespritzt, und zurück kann er nicht, denn die anderen Leute drängen aus dem Schacht. Es wäre schwierig, die Menschen, die sich bereits in Sicherheit gebracht haben, davon zu überzeugen, sich ihren Weg zurück durch die Menschenmenge auf den nassen Rasenkreis und in die Luke zu bahnen. Vor allem, wenn sie gut angezogen sind. Das alles soll bedeuten, dass Elektrizität nur in einer Richtung durch unser kleines Gerät fließt, nämlich nur von der Nadel zum Kristall und nicht umgekehrt.

Ferdinand Braun benutzte vor 125 Jahren keine Nadel, sondern ein Stück angespitzten, federnden Draht, der sich durch seine eigene Spannkraft in den Kristall drückte. Dieser Draht war gebogen wie die Schnurrbarthaare einer Katze, weshalb das Gerät später als Schnurrhaardiode bekannt wurde. Später brachte man den Kristall in einem Glasröhrchen unter, und man konnte von außen mit einer federnd gelagerten Nadel auf ihm herumstochern. Diese Vorrichtung nannte man **Detektor**. Er war einfach, er war

billig und er funktionierte wie von Zauberhand. In der ersten
Hälfte des 20. Jahrhunderts war die Schnurrhaardiode ein ziemlich gutes Geschäft. Auf der ganzen Welt benutzten die Leute
kleine Rundfunkempfänger, die man **Detektor-Radio** nannte.
Viele der Pioniere, die die Elektrotechnik für die Welt des 21. Jahrhunderts weiterentwickelten, hatten als Kinder beim Zusam-
menbauen ihres ersten Detektorradios einen Vorgeschmack vom
Zauber der Elektronik erhalten. Jeder lange Draht konnte als Antenne dienen; selbst entfernte Rundfunksender induzierten Wechselstrom darin. Die Diode richtete diesen Wechselstrom gleich
und verwandelte ihn in pulsierenden Gleichstrom. Das Signal war
somit gleichgerichtet. Jetzt musste der kleine Magnet in einem
Lautsprecher oder Kopfhörer seine Polarität nicht wechseln und
konnte mit dem Signal Schritt halten. Schon hatte man einen
Rundfunkempfänger.

Es gibt noch andere Möglichkeiten, Dioden herzustellen, und natürlich auch andere Anwendungen. Das Symbol für eine Diode
sieht so aus:

Dieses Symbol zeigt deutlich, wie die Grünis in ihren kleinen
Autos gegen die Backsteinmauer prallen. Strom kann also nicht
in Richtung des Pfeiles fließen, sondern nur in der Gegenrichtung. Eigentlich wurde dieses Symbol in jenen Tagen entworfen,
als man noch die offizielle Stromrichtung für richtig hielt. «Offizielle Stromrichtung» kommt Ihnen sicher irgendwie bekannt
vor, nicht wahr, aber vielleicht können Sie sich nicht mehr erinnern, um was genau es da ging. Egal. Das Symbol zeigt jedenfalls,
wie Grünis in eine Backsteinmauer rasen, wenn sie versuchen, in
die falsche Richtung zu fahren.
Die Entwicklung von Dioden und Rundfunk veranlasste die Pro-
duzenten unverständlicher Fachausdrücke, eine Sonderschicht

einzulegen. Solange wir nur von Stromkreisen mit Schaltern, von Widerstand oder von Magnetismus gesprochen haben, wie sie bei Leitungen, Lampen und Motoren fürs Haus vorkommen, lernten wir die Grundlagen der Elektrizität. Leute, die Häuser verkabeln oder Kühlschrankmotoren reparieren, sind «Elektriker», was im Grunde «Spezialisten für Elektrizität» bedeutet. Als wir dann Röhrendioden, Detektorradios und elektromagnetische Wellen hinzubekamen, reichten die simplen elektrischen Bildergeschichten nicht mehr aus. Wie wollte man eine Röhrendiode erklären, wenn Elektrizität ebenso funktionierte wie Wasser, das durch ein Rohr fließt? Es geht nicht. Das ist der Grund, weshalb die Elektronentheorie mit Waffengewalt die Naturwissenschaft überfallen und sie zwingen konnte, nach Jamaika zu fliegen. Lehrkräfte brauchten jetzt Raumladungen und den Piezo-Effekt, um zu erklären, was in den Geräten, die jedes zwölfjährige Kind bauen konnte, vor sich geht. Man brütete die Elektronentheorie und das Studium der «Elektronik» aus. Beide hatten den Nebeneffekt, jeglichen Spaß an der Sache gründlich zu verderben. Oder wie viele Zwölfjährige kennen Sie, die heutzutage noch ihre eigenen Radios bauen und verstehen können? Man hat sie um all die Abenteuer gebracht, die sie aus eigenem Antrieb hätten bestehen können. Wir haben wirksame Methoden entwickelt, ihre natürliche Neugier im Keim zu ersticken. Man muss nur den Piezo-Effekt in einer Klassenarbeit abfragen und dann noch Rechtschreibfehler anstreichen.

Wenn wir uns also mit Röhrendioden, Detektorradios, Funkgeräten oder deren Nachfolgern beschäftigen, studieren wir bereits **Elektronik** und nicht mehr Elektrizität. Elektronik ist das Studium der angeblich existenten Elektronen und der Stromkreise, die von ihnen Gebrauch machen, also Stromkreise, an denen Phänomene wie Kapazität, Induktivität, Raumladungen, Halbleiter und elektromagnetische Wellen beteiligt sind. Immer wenn Elektrizität sich nicht wie fließendes Wasser in einem Rohr verhält, geht es um Elektronik. Natürlich vermissen wir hier noch ein ordentliches Stück Fachsprache. Wenn das Studium der Elektronen «Elektronik» heißt und das Studium von Strom in einfachen Stromkreisen «Lehre von der Elektrizität», wie nennen wir dann das Studium der Grünis?

Ganz einfach. Wir nennen es «Die unermüdliche Suche des Menschen nach der Wahrheit».

Das Detektorradio

Eine Antenne * ist ganz einfach ein langer Draht oder ein anderer Leiter. Natürlich hat auch sie ein eigenes Symbol:

Ein Lautsprecher ist ein Elektromagnet, der an einer Metallfolie zerrt. Wie heftig er daran zerrt, wird durch die Stromstärke bestimmt. Der Magnet zieht die Folie zunächst an. Dann wechselt die Stromrichtung, und der Magnet lässt wieder locker. Das erzeugt ein Geräusch. Je kleiner der Magnet, desto weniger Strom braucht er. Kopfhörer haben kleine Lautsprecher im Inneren. Das Symbol für einen Kopfhörer ist:

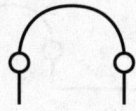

* Lat. *antenna*: Rahe oder Segelstange (A. d. Ü.).

Hier nun der Schaltplan für ein Detektorradio, den einfachsten Rundfunkempfänger überhaupt:

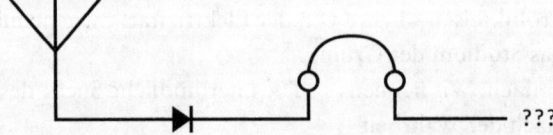

Die Diode kann jede Art von Diode sein. Sie können für ein paar Mark eine kaufen. Wenn Sie Zeit hätten, mit verschiedenen Kristallen und Federn herumzuwerkeln, könnten Sie mit ein wenig Glück sogar selbst eine bauen. Die Antenne funktioniert am besten, wenn man einen ziemlich langen Draht nimmt. Man bedenke: Die gesamte Energie für diesen Empfänger kommt von einem fernen Radiosender. Denn in diesem Stromkreis gibt es keine Batterie oder andere Energiequelle, nur den Strom, der in der Antenne durch den Sender induziert wird, und der sendet möglicherweise am anderen Ende der Welt. Je nachdem, wie leistungsstark der nächste Radiosender ist, können Sie ihn nun mithören.

Wir können den Entwurf noch ein bisschen verbessern. So wie er bisher ist, ist der Stromkreis nicht wirklich vollständig. Die Grünis bewegen sich zum Ende der Leitung, wo die drei Fragezeichen stehen, und halten dort irritiert inne. Wenn wir aber einen großen Kondensator hinzufügen, wandern sie so lange weiter, bis dessen Platte voll ist:

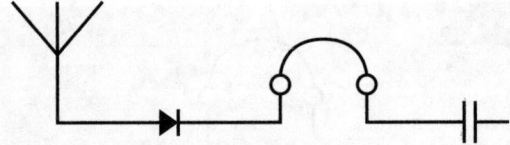

Der größte Kondensator, den es gibt, ist Mutter Erde. Wir können sehr lange Grünis in die europäische Erde wandern lassen, bevor wir jedes Eck und jeden Winkel aufgefüllt haben. Also laufen die Grünis für den einen Teil jeder Periode in die Erde und für den anderen Teil durch unsere Kopfhörer. Damit haben wir den Stromkreis **geerdet**. Das Symbol dafür ist:

Und hier ist unser verbessertes Detektorradio:

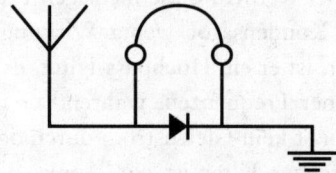

Nun haben wir ein hübsches kleines Radio. Man kann damit Sender aus anderen Ländern oder sogar Kontinenten hören. Wenn es jedoch mehr als einen starken Sender gibt, hört man sie alle gleichzeitig. Wohnt man dagegen weit entfernt von allen Sendern und ist das Wetter nicht günstig, kann der Empfang schwach oder gar unmöglich sein.
Doch beide Probleme sind lösbar.

Filter

Filter findet man überall, und sie alle haben eines gemeinsam: Sie lassen einige Substanzen durch, während sie andere aufhalten. Kaffeefilter lassen flüssigen Kaffee durch, halten aber das Kaffeemehl zurück. Der Ölfilter im Auto lässt das Öl durch, sammelt aber die Schmutzpartikel. Ein Fischnetz ist ein echter

Fischfilter: Es lässt Wasser durch, fängt aber die Fische. Wenn wir über elektrische Filter sprechen, meinen wir eigentlich **Frequenzfilter**. Sie lassen einige Frequenzen durch und halten andere zurück.

Als Filter kann ein Kondensator dienen. Sie erinnern sich, dass Gleichstrom stehen bleibt, wenn er auf einen Kondensator stößt. Ein Kondensator «filtert» also Gleichstrom aus. Weil höhere Frequenzen durch einen Kondensator weniger stark beeinflusst werden als niedrige Frequenzen, kann ein Kondensator dazu verwendet werden, diese niedrigen Frequenzen auszufiltern. Weil ein Kondensator wenig Wirkung hat, wenn die Frequenz hoch ist, ist er ein **Hochpass-Filter**. Er erlaubt folglich das Passieren hoher Frequenzen, während er niedrige zurückhält. Natürlich fließt kein Gleichstrom durch das Dielektrikum. Ein weiterer einfacher Filter ist eine Spule. Tiefe Frequenzen und Gleichstrom passieren die Spule, während hohe Frequenzen abgewiesen werden. Eine Spule ist also ein **Tiefpass-Filter**.

Wir können unser Detektorradio trennschärfer machen, indem wir entweder eine Spule oder einen Kondensator einlöten. Wenn wir einen Kondensator einfügen, können wir jenes tiefe Brummen reduzieren, das entsteht, wenn der Empfänger die Signale von Leuchtstoffröhren hörbar macht. Sie liegen im Bereich von etwa 50 Hertz, also einer sehr niedrigen Frequenz. Ein Kondensator hält sie zurück. Wenn man eine Spule einlötet, beseitigt man die hochfrequente knackende Störung, die entfernte Blitze oder Funken schlagende Motoren verursachen können. Spulen oder Kondensatoren befreien den Ton von Nebengeräuschen, vorausgesetzt, das Hauptsignal ist stark genug, um diesen zusätzlichen Widerstand zu überwinden.

Aber Sie wollen beides, nicht wahr? Sie wollen weder die Leuchtstoffröhren noch den Reißwolf im Büro nebenan hören. Außerdem gibt es immer ein paar Radiosender, die man am liebsten sofort wieder ausblenden würde, kaum dass man sie hereinbekommen hat. Die Lösung: Verwenden Sie Kondensatoren und Spulen kombiniert. Es gibt beide in vielen Größen, daher kann man sehr selektive Filter bauen. Schaltet man einen Kondensator und eine Spule in Reihe, werden die langsamsten Frequenzen vom Kondensator und die schnellsten von der Spule zurückgehalten. Nur Frequenzen, die im Mittelfeld liegen, können durchdringen. Es gibt für jede Kombination aus Kondensator mit Spule in Reihe eine optimale Frequenz. Diese Frequenz trifft auf die geringste Impedanz und ist die so genannte **Resonanzfrequenz**. Wenn man Spule und Kondensator sorgfältig aufeinander abstimmt, kann man den Stromkreis so einrichten, dass die vom Lieblingssender benutzte Frequenz zur Resonanzfrequenz wird.

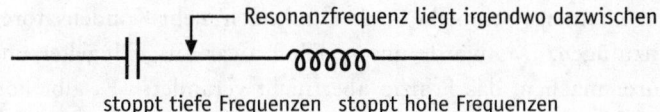

Resonanzfrequenz liegt irgendwo dazwischen

stoppt tiefe Frequenzen   stoppt hohe Frequenzen

Etwas anderes passiert, wenn man eine Spule und einen Kondensator parallel lötet, wie hier:

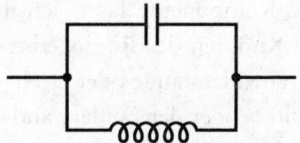

Jetzt haben wir unsere Grünis vor die Wahl zwischen zwei Pfaden gestellt. Sehr hohe Frequenzen schlagen den Kondensatorpfad ein und stoßen dort auf wenig Opposition. Tiefe Frequenzen und Gleichstrom nehmen den Spulenpfad und werden dort ebenfalls wenig Opposition begegnen.

Doch die mittleren Frequenzen haben ein Problem. Sie sind hoch genug, um von der Spule abgewehrt zu werden, aber auch tief genug, um vom Kondensator aufgehalten zu werden. Egal, welchen Weg unsere Grünis mittlerer Frequenzen einschlagen, sie treffen immer auf ein Hindernis. Für jede Kombination aus Spule und Kondensator gibt es eine Frequenz, die es wirklich schwer hat. Für diese Art Stromkreis ist diese Frequenz die Resonanzfrequenz. Mit etwas Geschick kann man den Filter dazu benutzen, die Frequenz eines besonders unangenehmen Radiosenders zu unterdrücken. Das ist gewöhnlich derjenige, den Ihre Eltern oder Ihre Kinder ständig hören.

Wir werden diesen Stromkreis nochmals verwenden, also müssen wir ihm einen Namen geben. Er heißt **Sperrkreis**, weil die Grünis auf einer gewissen Frequenz zur einen Seite hineinhüpfen, es aber nicht so aussieht, als ob sie wieder herausspringen würden. Sie fahren einfach immer zwischen Kondensator und Spule eingesperrt umher.

Wir könnten noch mehr Spulen und noch mehr Kondensatoren hinzufügen. Das würde unsere Filter zwar ausgeklügelter und teurer machen, das Prinzip aber nicht verändern. Es gibt Formeln, die exakt vorhersagen, auf welche Weise sich jede Reihen- oder Parallelkombination verhält.

Noch eine letzte Verfeinerung: Man kann in unserem Filter eine der Komponenten durch einen Drehkondensator ersetzen. Bei dieser verstellbaren Komponente lässt sich ihr Wert einstellen. Dreht man an den Knöpfen des Radiogerätes, verstellt man in Wirklichkeit die Drehwiderstände oder Drehkondensatoren, um die Frequenz des Filters oder den Widerstand des Lautstärkereglers zu verändern. Verstellbare Komponenten haben dasselbe Symbol wie ihre Festwertgegenstücke, jedoch mit einem schräg verlaufenden Pfeil darüber:

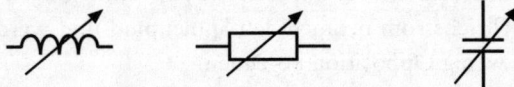

Drehen wir den Knopf am Drehkondensator, erhöhen oder vermindern wir seine Kapazität. Indem wir dies tun, ändert sich die

Resonanzfrequenz. Mittels Spule und Drehkondensator können wir unser Radio derart abstimmen, dass jeweils alle Frequenzen unterdrückt werden außer der einen, die unser Lieblingssender ausstrahlt.

Ein Sender ohne Komponenten

Auf dem seltsamen und rätselhaften Planeten Erde gibt es einen natürlichen Sender, der schon seine Botschaften sendete, lange bevor sich die ersten Dinosaurier ihren Weg aus dem sumpfigen Wasser bahnten. Er sendet immer noch seine einsame Botschaft, sogar bis hinaus ins All. Er ist weitaus leistungsfähiger als jeder Sender, der je von Menschenhand gebaut wurde, und doch ist er unglaublich einfach. Jeder Elektroingenieur kennt ihn, und gäbe es keine Schutzschaltungen in den Radios, würde er früher oder später alle Radios zerstören.

Dennoch haben wir ihn nie entschlüsselt. Wir gehen sogar davon aus, dass er gar keine Botschaft sendet, weil sein Signal so stark ist, dass ihn keine Technik steuern könnte. Eine Zivilisation mit einem Sender von solch gewaltigem Ausmaß wollen wir uns lieber erst gar nicht vorstellen. Teils aus Unwissen, teils aus abergläubischer Furcht erzählen uns unsere Lehrer nur selten davon.

Es ist der Blitz.

Während seines kurzen Einschlags wird genug Wechselstrom von einigen Hertz zwischen der Erde und einer Wolke oder zwischen zwei Wolken frei, um damit eine kleine Stadt zu versorgen. Die Funkwellen, die er abstrahlt, verbreiten sich nahezu mit Lichtgeschwindigkeit und induzieren in jedem Leiter, auf den sie treffen, einen Strom. Wenn zufällig Ihre Radioantenne im Weg steht, hören Sie trotz aller Filter atmosphärische Störungen. Treffen diese Funkwellen auf eine Starkstromleitung, fließt der zusätzlich induzierte Strom wie eine Flutwelle durch den Draht. In jedem Widerstand, der ihm in die Quere kommt, erzeugt dieser Strom Wärme. Noch im Umkreis von mehreren Kilometern lässt der Blitz Sicherungen, Glühfäden in Glühbirnen und Computerkomponenten durchbrennen. In seiner Nähe kann er in einem «Empfänger» so viel Strom induzieren, dass die durch Widerstand entstandene Wärme Eisenrohre schmelzen lässt oder Starkstromkabel verdampft.

Ein Blitz ist ein Sender ohne Komponenten oder Schaltplan. Hätte sich ein Mensch so etwas ausgedacht und sogar in Betrieb gesetzt, hätte er den Nobelpreis erhalten. Doch so halten wir den Blitz lediglich für einen interessanten, aber unberechenbaren Spezialeffekt während eines Gewitters. Das liegt daran, dass er keine Botschaft sendet.

Oder vielleicht doch? Möglicherweise ist der Blitz der Beweis für die Anwesenheit von Besuchern aus dem All, und wir erkennen ihn nicht als solchen, weil er so natürlich, so erdumfassend, so unkontrollierbar wirkt. Was, wenn bereits vor Äonen die Erde von Wesen besiedelt war, die so hoch entwickelt waren, dass sie diese Explosionen zur Kommunikation mit ihrem Heimatplaneten nutzen konnten? Wie, wenn sie immer noch unter uns wären, sozusagen als Außenposten galaktischer Forschungsreisender, die seit Millionen Jahren unentdeckt unter uns weilen, unseren Fortschritt beobachten, abhören und darüber berichten? Wir werden nie etwas darüber erfahren oder ihre Botschaften entziffern, weil wir nicht mithören.

Und natürlich wollen sie auch gar nicht, dass wir mithören können. Vermutlich halten sie uns für eine ganz primitive und uninteressante Spezies. Es ist außerdem leichter, uns zu überwachen, wenn wir glauben, wir seien alleine. Wenn das stimmt, werden sie sich die größte Mühe geben, uns davon abzuhalten, die Wahrheit zu erfahren. Das sollte uns zu denken geben.

Besonders dann, wenn Sie erfahren sollten, dass ich von einem Blitz erschlagen wurde.

Von Blitzen und Morseapparaten:
der Knallfunkensender

Ein Blitz ist natürlich nichts anderes als ein großer Funke. Bei ausreichend hoher Spannung rast die Elektrizität durch die Luft. Die Kraftlinien, die dieser Strom erzeugt, induzieren einen riesigen Stromimpuls, der rückwärts fließt und seinerseits einen dritten Strom induziert, der wieder vorwärts fließt, und so weiter. Diese Selbstinduktion geschieht sehr schnell. Der Funke umfasst einen riesigen Frequenzbereich von sehr langsam bis zu einer Million Hertz oder mehr. Die Luft wird wegen ihres hohen Widerstands so sehr erhitzt, dass sie weiß glühend erscheint, weshalb wir den Funken als Blitz sehen können. Diese enorm aufgeheizte Luft breitet sich so heftig aus, dass wir einen Donnerschlag hören. Viele der Kraftlinien entweichen als elektromagnetische Wellen. Diejenigen mit hoher Frequenz wandern kilometerweit.

Wenn wir einen Apparat bauen könnten, der ständig Funken erzeugt, hätten wir bereits eine Art Funkgerät. Die ersten Sender beruhten genau auf diesem Prinzip.

Einen Funken kann man erzeugen, indem man eine sehr hohe Spannung aufbaut. Die Grünis brauchen nämlich einen starken Anreiz, um über einen Abgrund zu springen. Wir können mit einem Aufspann-Transformator die Spannung erhöhen. Allerdings brauchen wir für den Trafo Wechselstrom. Die frühen Erfinder hatten noch keine Wechselstromleitungen in ihren Häusern und Labors, doch sie konnten leicht Batterien zur Erzeugung von Gleichstrom aus Schwefelsäure, Metallschrott und Kohle bauen, eben aus dem Krimskrams, der in jedem Haushalt herumliegt. Sie benutzten den Gleichstrom, um **Knallfunkensender** zu betreiben.

Der Knallfunkensender ist letztlich nicht viel mehr als ein Summer. Ein Summer besteht, wie wir wissen, aus einem Elektromagneten, der ein Stück Federstahl anzieht. Die Stahlfeder hat zweierlei Funktionen. Der Ton, den sie macht, wenn sie viele Male in der Sekunde auf den Magneten schlägt und zurückspringt, ist das Geräusch des Summers. Die Feder wirkt zudem als ihr eigener Schalter. Wenn der Magnet den Stahl von seinem Kontakt wegzieht, ist der Stromkreis unterbrochen. Gibt er nach, springt der Stahl zurück, schließt den Schalter und schaltet den Magneten wieder ein. Und so sieht der einfache Schaltkreis für einen Summer aus:

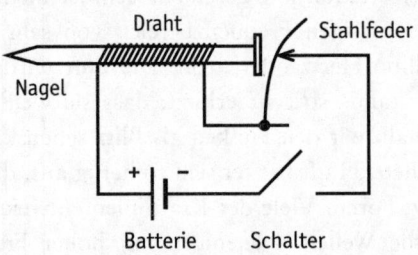

Jedes Mal, wenn sich der Summer selbst einschaltet, baut sich für kurze Zeit Strom auf, und Kraftlinien breiten sich aus. Schaltet er sich wieder aus, schrumpfen die Kraftlinien. Weil sie also ständig in Bewegung sind, können wir sie benutzen, um einen zweiten Strom zu induzieren.

Als Kern unseres Elektromagneten dient ein Eisennagel. Wir wickeln um diesen Nagel eine zweite Drahtspule, die mehr Windungen hat als die erste, um einen Aufspann-Trafo zu erhalten. Hat die zweite Spule zehnmal mehr Windungen als die erste, die zugleich als Elektromagnet dient, und betreiben wir den Apparat mit einer 12-Volt-Batterie, beträgt die Spannung in der zweiten Spule 120 Volt. Wenn wir diese Ausgangsspannung an die Primärspule eines weiteren Aufspann-Trafos weiterleiten, können wir über 1000 Volt erzeugen. Jetzt sind wir bereits in dem Bereich, in dem Funken entstehen. Ein Kondensator, parallel zum Schalter eingelötet, stellt denjenigen Grünis, die von der Selbstinduktion durch den Draht zurückgeschickt wurden, einen Parkplatz zur Verfügung. So können sie sich nicht massenhaft zusammenrotten, den Schalter überspringen und die Energie vergeuden, die wir in sie investiert haben. Wenn wir die beiden Enden unserer letzten Sekundärspule so zusammenbiegen, dass sie sich fast berühren, springen Funken über. Mit dem Schalter können wir das Gerät an- und abschalten. Ist er angeschaltet, fliegen die Funken und senden Funkwellen. Ist er ausgeschaltet, hört das Signal auf. Wer das Morsealphabet beherrscht, kann seinen Freunden eine Botschaft durch die Stadt schicken. Sie können sie mit ihrem Detektorradio empfangen. Für ein paar Mark haben Sie sich eine eigene Funkstation gebaut!

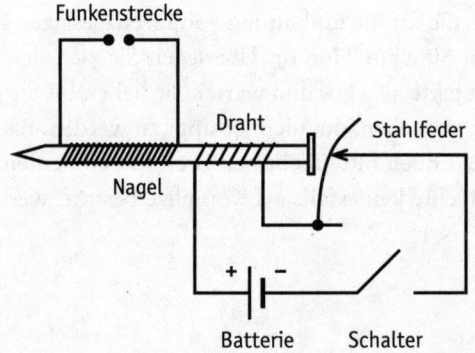

Aber Vorsicht: Obwohl es natürlich völlig legal ist, Ihnen all dies mitzuteilen, und auch, dass Sie sich solch einen Apparat bauen, kann es illegal sein, ihn tatsächlich zu betreiben. Je nachdem, mit wie viel Energie Sie anfangen und wie Sie das Gerät dimensionieren, kann es nämlich sein, dass Sie auf gewisse Entfernungen den Rundfunk- oder Fernsehempfang stören. Für das Betreiben von Funkgeräten braucht man eine Lizenz, und ich vermute stark, dass Sie keine besitzen. Tatsächlich musste man schon um 1900 Lizenzgesetze einführen, weil derart viele Menschen mit Knallfunkensendern herumexperimentierten, dass die Notrufe der

Schiffe auf hoher See bei all dem Gefunke nicht mehr gehört wurden. Bei einem Knallfunkensender kann man die Frequenz nämlich nicht abstimmen. Sollten Sie der Versuchung dennoch nicht widerstehen können, einen zu bauen, vertrauen Sie Ihrem gesunden Menschenverstand. Mit etwas Geschick können Sie Empfänger in Japan, Südamerika oder auf dem Uranus stören. Es könnte sogar passieren, dass Sie den Sprechverkehr eines Flugpiloten unterbrechen und einen echten Notfall verursachen. Auch die härtesten Gesetze konnten übrigens den Enthusiasmus von Amateurfunkern nicht schmälern. Man musste schließlich Zuflucht beim unverständlichsten Jargon und sogar bei der Elektronentheorie suchen, um die Massen von ihrem Hobby fern zu halten.

Menschen, die für die Einhaltung von Lizenzgesetzen sorgen, haben keinen Sinn für Humor. Überlegen Sie sich den Bau Ihrer kleinen Projekte also gut und warten Sie lieber, bis Sie genug von Elektronik verstehen, um nicht ertappt zu werden. Bis dahin lassen Sie mein Buch bitte nicht bei Ihren Experimenten herumliegen. Ich möchte keinesfalls als Komplize bestraft werden.

Wie man Funksignale moduliert

Funk ist wie eine leere Flasche, die man verkorkt und ins Meer geworfen hat. Sie kann zwar weit schwimmen, enthält selbst aber keine Information. Früher bestand Funk aus einer Serie von langen und kurzen Funkwellen, die in festgelegten Abständen als Morsecode gesendet wurden. Obwohl diese Methode manchmal immer noch angewendet wird und man den Morsecode können muss, um eine Funklizenz zu bekommen, gibt es mittlerweile auch Möglichkeiten, die Botschaft gewissermaßen in die Flasche selbst hineinzulegen, und zwar, indem man die Funkwelle selbst als Träger benutzt. Wir modifizieren oder **modulieren** die Funkwellen, um dies zu erreichen.

Manche Mikrophone etwa sind nichts anderes als veränderliche Widerstände, die sich entsprechend der Stärke der auf sie treffenden Schallwellen ändern. Befindet sich das Mikrophon im Stromkreis des Senders, ändert auch der Strom seine Stärke im gleichen Maß wie der Schall und die erzeugten Funkwellen. Wir haben damit die Funkwellen verändert, ihre Intensität oder ihre **Amplitude** moduliert. Man nennt das **Amplitudenmodulation**. Sie ist allgemein als «AM» bekannt (Lang-, Mittel- und Kurzwellenbereich). Unser Empfänger filtert alle unmodulierten Trägerwellen aus, unser Detektor richtet den gefilterten Wechselstrom gleich, und es bleibt nur der pulsierende Gleichstrom übrig, um unseren Lautsprecher in Gang zu bringen. Unser Empfänger lässt nur noch diejenigen Schwankungen durch, die das Mikrophon in unserem Sender hervorruft.

Wir könnten auch die ständig wechselnde Frequenz unserer Lieblingsrockgruppe benutzen, um die Trägerwelle zu modulieren. Legt man die superschnelle Funkfrequenz über die langsam wechselnde Tonfrequenz, erhält man **Frequenzmodulation** oder «FM» (UKW-Bereich). Filtert ein Empfänger die unmodulierten Trägerwellen heraus, ist das, was übrig bleibt, diese tolle Musik.

Ein Mittelwellenradio empfängt auch subtile Änderungen der Signalstärke. Kleine Leistungsschwankungen, wie sie von Funken sprühenden Motoren oder fernen Gewittern herrühren, werden ohne viel Federlesens als Teil des Signals aufgefasst. Funken und Blitze senden ja Funkwellen, also hört man allerlei «atmosphärische Störungen».

Das Ultrakurzwellenradio empfängt nur subtile Änderungen der Frequenz, nicht aber der Stärke des Signals. Daher wird es von kleinen Leistungsschwankungen wenig beeinträchtigt. Auf UKW-Sendern gibt es also kaum atmosphärische Störungen.

Zurück in die Realität:
Boulder, Colorado

Nie habe ich besser geschlafen als in jener Nacht Ende Oktober. Das Etagenbett in der Hütte war mollig warm, und in meinem Traum roch es sogar wie frisch bezogen. In meinem morgendlichen Halbschlaf unter der Decke war mir, als ob ich einen Trickfilm im Fernseher hörte und Verkehrsgeräusche, die von der Straße hinaufdrangen, worauf mich eine Woge glücklicher Samstagmorgen-Erinnerungen aus der Kindheit überflutete. Was für ein angenehmer Traum, dachte ich. Nach monatelangem Kampieren abseits jeder Zivilisation vermisste ich doch Fernsehen, Verkehrsgeräusche und saubere Hemden. Ich wusste genau, dass ich in einer Minute aufstehen musste, um Feuer zu machen, aber im Augenblick war es ein Genuss, die Augen geschlossen zu halten und dem Trickfilm in meinem Traum zu lauschen.

Das Telefon unterbrach jäh meine friedliche Ruhe. Ich warf die Decke weg und tappte in Richtung dieses erbarmungslosen Geklingels.

Schlafwandlerisch hob ich ab und sagte: «Hallo?», bevor mir klar wurde, dass die Hütte ja gar kein Telefon besaß.

Eine vertraute, unangenehme Stimme lachte leise in mein Ohr.

«Hallo?», wiederholte ich. «Ist da jemand?» Ich wunderte mich, wo in aller Welt das Telefon herkam. War das wieder eines von Mikes Kunststückchen?

«Was glaubst du wohl, wer das ist?», flüsterte die Männerstimme höhnisch. Ich hatte diese Stimme doch schon mal gehört, irgendwo, im Traum vielleicht oder in einer Höhle ...

Auf einen Schlag war ich hellwach.

«Aber du bist, du bist ...»

«Nur eine Illusion?», fragte der Zauberer und kicherte wieder leise. Es war ein dämonisches Lachen. «Dann brauchst du dir ja keine Sorgen zu machen, nicht wahr?»

Ich schaute mich hektisch in der Hütte um.

Es war gar nicht mehr meine Hütte. Ich befand mich in einem luxuriösen Hotelzimmer mit feinen Tapeten und einem Farbfernseher, in dem gerade ein Trickfilm lief. Ich saß auf der Ecke eines riesigen Doppelbetts.

«Wo bin ich denn?», fragte ich nervös ins Telefon.

«Boulder, Colorado», antwortete der Zauberer. «Reichlich spät fürs Frühstück. Geh schnell unter die Dusche und zieh dich an. In einer halben Stunde treffen wir uns unten.» Dann war die Leitung tot. Ich legte den Hörer auf.

«Also gut», sagte ich zu mir selber. «Ist das nun Traum oder Wirklichkeit?» Vielleicht war ja alles andere bisher ein Traum gewesen: Mike, der Zauberer, Belinda, einfach alles. Möglicherweise kam die Stimme von einem Freund, mit dem ich mich zum Frühstück verabredet hatte, und wie die kleine Dorothy im Märchen «Der Zauberer von Oz» hatte ich sie alle zu einem einzigen phantastischen Traum vermischt. Andererseits konnte ich mich nicht erinnern, nach Boulder gekommen zu sein. Und auf dem Notizblock neben dem Telefon stand eindeutig: «Boulder, Colorado». Also träume ich jetzt, dachte ich.

Ich schaute auf meine Füße. Sie waren tatsächlich so schmutzig, als hätten sie mindestens einen Monat lang gezeltet. Und eine heiße Dusche mit viel Seife hörte sich wundervoll an. Warum es sich also schwer machen. Dusch erst mal und bring dein Leben später auf die Reihe, sagte ich mir.

Ich schien mich mitten in der Innenstadt von Boulder in einem großen alten Backsteinhotel zu befinden, das geschmackvoll renoviert war. Aus dem Fenster konnte ich die Rocky Mountains sehen, riesig und zum Greifen nah. Unten auf der Straße regelten Fußgänger und Autos friedlich untereinander ihre Vorfahrt ohne das ganze Geschrei und Gehupe in den Großstädten. Es sieht wirklich nach Boulder aus, dachte ich. Ich zog die neuen Jeans und ein Sweatshirt der Universität von Colorado an, die ich im Zimmer vorgefunden hatte, und ging hinunter.

Das Restaurant hinter der Eingangshalle war freundlich und hell, mit Pflanzen in hängenden Eichenkübeln, glänzenden Messingstangen und kleinen Nischen, die mit Buntglasscheiben abgeteilt waren. Der junge Mann, der mich zum Tisch führte, trug Jeans und ein T-Shirt unter dem Smokingjackett. Im Ohr hatte er einen Ohrring, er war bewundernswert braun und trug Joggingschuhe. Trotz seines verhältnismäßig schlechten Jobs und der merkwürdigen Kleidung besaß er die unbekümmerte Zuversicht und den Haarschnitt eines Mannes, der schon sein ganzes Leben lang reich gewesen war.

Doch ja, das muss Boulder sein, dachte ich.

Der Zauberer saß schon am Tisch in seinem braunen Gewand. Die wuscheligen grauen Haare hingen in sein zerklüftetes Gesicht. Da hat er aber einen Fehler gemacht, dachte ich. Selbst in Boulder fällt er damit auf. Neben ihm saß Belinda, liebreizend wie immer, und studierte die Speisekarte. Ich war erstaunt, ihr gegenüber Mike in einem neuen, weißen Rollkragenpullover zu sehen, der sich krass von seiner grünen Haut abhob.

«Die vegetarische Quiche sieht gut aus», sagte der Zauberer gelassen, als ich mich setzte.

«Bist du verrückt?», fragte ich, sobald der junge Mann mit dem Ohrring weggegangen war. Der Zauberer schaute mich verdutzt an.

«Keine gute Wahl?», fragte er. «Ich hab natürlich noch nie hier gegessen, aber der Ober sagte, dass die Quiche recht gut sei.»

«Das meine ich nicht. Mir ist egal, was du isst!», entgegnete ich. «Ich meine, hierher zu kommen und uns herzubringen. Dir ist wohl entgangen, dass mein Freund grün ist? Glaubst du nicht, dass man sich darüber wundern wird?»

«Alles im Lot, Bruder», sagte Mike. Spielerisch wetzte er sein Messer an der Gabel, bis kleine Funken sprühten.

«Lass das sein, Mike! Niemand macht hier so etwas.»

«Du brauchst dich nicht so aufzuregen», sagte der Zauberer. «Wir bleiben nur einen Tag hier. Und an diesem Tag wirst du feststellen, dass wir ganz gut hierher passen. Es ist schließlich eine Universitätsstadt.»

In diesem Moment kam ein junger Mann an unseren Tisch. Er war mir sofort unsympathisch. Vielleicht deshalb, weil er sich zu offensichtlich für Belinda interessierte. Oder vielleicht auch deswegen, weil er wie ein Baum verkleidet war. Er trug einen groben, braunen Overall mit braunen Zweigen und Blättern, die ihm aus Rücken und Brust ragten. Es war zwar schon eine Weile her, seit ich das letzte Mal in Boulder gewesen war, aber ich war mir sicher, dass seine Kleidung nicht mal hier als schick gelten konnte. Er war ein verrückter Typ, und nun sah es auch noch so aus, als gehörten wir zu ihm.

Er ignorierte uns alle und wandte sich direkt an Belinda.

«Hättest du Lust auf eine kleine Spritztour in meinem Porsche?»

Belinda wirkte ein wenig verlegen, lächelte aber trotzdem.

«Es tut mir Leid», sagte sie sanft. «Eigentlich mag ich russisches Essen nicht so sehr.»

Der junge Mann lachte.

«Nicht Borschtsch, Kleines, Porsche. Mein Wagen. Ich denke, du und ich sollten nach Vail flitzen und die Pisten unsicher machen. Ich hab eine Ferienwohnung im Dorf und ein paar Skiliftkarten. Lass diese Neunmalklugen einfach hier. Was sagst du dazu?»

Belinda war immer noch verwirrt.

«Wagen?»

Der Zauberer sprach leise, ohne aufzuschauen.

«Belinda geht nicht mit Bäumen aus.»

«He, Alter, halt dich da raus! Ich hab nur mit der Dame gesprochen.»

Der Zauberer nahm einen Schluck Kaffee, stellte die Tasse ruhig wieder auf den Tisch und lehnte sich zurück. Sein Gesicht blieb ungerührt, aber seine Augen blitzten in den Tiefen ihrer Höhlen. «Und sie lässt sich gewiss nicht gern mit einem Baum blicken, der wie eine Ente quakt.»

«He, Kumpel, weißt du überhaupt, mit wem du sprichst! So redet man nicht mit mir! Wenn du ein halbes Jahrhundert jünger wärst, würde ich dich quak!»

Der Zauberer schaute ihm ganz ruhig in die Augen.

«Du würdest was?»

«Ich würde quak! Quak! Quak!»

Der Gesichtsausdruck des jungen Mannes wechselte von Arroganz in Überraschung und dann zu Panik, als ihm klar wurde, dass er tatsächlich wie eine Ente quakte.

«Ich bin sicher, dass du leicht eine andere Begleiterin findest», sagte der Zauberer und wandte seine Aufmerksamkeit wieder der Speisekarte zu. «Jemand, der dich versteht.» Der junge Mann wich vom Tisch zurück und zeigte drohend auf den Zauberer.

«Quak, quak! Quak, quak!», sagte er wütend, dann bemerkte er, dass die Leute ihn neugierig anstarrten. Rasch drehte er sich um und lief sichtlich irritiert davon.

«Das war nur ein schwacher Zauber», sagte der Zauberer hinter seiner Speisekarte. «Er ist bald wieder in Ordnung, wenn er Belinda nicht wieder zu nahe kommt.»

Mike konnte sich nicht mehr halten. Die Vorstellung von einem jungen Mann, der wie ein Baum angezogen war und wütend den Zauberer anquakte, war aber auch zu albern. Er fing an zu kichern. Bald steckte uns seine Heiterkeit an, und nach einigen Sekunden mussten wir drei laut lachen. Der Zauberer, der nicht so leicht zum Lachen zu bringen war, trank seinen Kaffee. Nachdem wir uns beruhigt hatten, sprach er weiter.

«Ich werde schließlich verfolgt», sagte er schlicht. Mir klappte der Kiefer herunter, doch er brachte mich mit einer Handbewegung zum Schweigen. «Nein, schon in Ordnung. Meine Feinde sind für den Umgang mit der Magie nicht gut gerüstet. Auch sind sie in dieser Zeit ebenso wenig zu Hause wie ich. Ich habe einen Plan, der das Problem lösen dürfte. Doch sollten wir meinen Unterricht sogleich fortsetzen. Es wäre unklug, zu lange in diesem Jahrhundert zu bleiben.»

Er wandte sich an Belinda. «Vielleicht wollen du und Mike einkaufen gehen. Kenn und ich müssen über Elektronik diskutieren.» Ich machte mir immer noch Sorgen um Mike. Der Zauberer spürte es und wies auf eine Gruppe von Leuten auf der anderen Seite des Raumes. Sie waren als Werwölfe verkleidet. Im ersten Augenblick dachte ich, dass das schon immer ein bisschen seltsame Boulder jetzt total verrückt geworden sei. Dann fiel mir ein, was für einen Tag wir hatten. Der Zauberer nickte, als er sah, dass ich verstand. Es war Halloween.

Nach dem Essen standen Belinda und Mike auf und gingen.

«Passt auf euch auf», sagte ich.

«Wir werden ungeheuer cool sein», sagte Mike grinsend. «Ich bin der grüne Supermann, ich bin klug und weise, der coolste der Coolen, ich bin klasse, ich bin ein Riesen-Typ. Er schnalzte im Rhythmus eines Rap-Songs mit den Fingern und bewegte seinen Kopf wie ein pickender Vogel. «Ich bin gut drauf, Daddy-O, ich bin gut drauf!» Er und Belinda verschwanden durch die Tür, eine unglaublich schöne mittelalterliche Dame und ein grüner Rapper unter all den Werwölfen, Kobolden und Expräsidenten, die auf dem Weg zu Boulders Fußgängerzone waren. Sie werden gut dazu passen, dachte ich. «Ich glaube, du warst dabei, mir Kondensatoren zu erklären», sagte der Zauberer. Er redete wahrhaftig nicht um den heißen Brei herum. Ich holte tief Luft.

«Wenn du zwei Leiter mit einem sehr dünnen Isolator trennst, hast du einen Kondensator», sagte ich. «Die Leiter nennt man ‹Platten› und den Isolator ‹Dielektrikum›. Wenn du zum Beispiel zwei Blatt Aluminiumfolie mit einem Stück Wachspapier trennst, hast du schon einen Kondensator. Der Strom fließt auf den Kondensator, weil er die Spannung quer durch das Dielektrikum spürt. Wenn dann die erste Platte voller Grünis ist ...»

«Voller was?»

«Ich meine Elektronen. Wenn dann die erste Platte alle Elektronen hat, die sie halten kann, ist der Kondensator ‹geladen›, und es kann kein Strom mehr fließen.»

«Also, wenn du einen Kondensator in einen Stromkreis lötest, fließt der Strom nur noch kurz und hört dann auf?»

«Genau. Wenn der Stromkreis natürlich mit Wechselstrom betrieben wird, fließt der Strom jedes Mal, wenn er die Richtung ändert, für einen kurzen Augenblick. Bis der Kondensator vollständig geladen ist.»

«Interessant.»

«Je schneller der Strom wechselt, desto weniger Wirkung hat ein Kondensator. Wechselt der Strom die Richtung zu schnell, hat der Kondensator keine Zeit mehr, sich voll zu laden. Also hält er den Strom auch nicht an.»

«Du meinst, ein Kondensator reagiert wie ein Widerstand, dessen Widerstand aber abnimmt, wenn die Frequenz zunimmt?»

Ich starrte ihn an.

«Junge», sagte ich, «du bist ziemlich gut in diesen Fachausdrücken. Du sprichst ja druckreif.»

«Na ja», sagte er bescheiden, «mein Beruf erfordert ein gewisses Gespür für Wörter. Zaubersprüche, weißt du, Beschwörungen – solche Dinge.»

«Ich glaube, du hast das Prinzip des Kondensators verstanden. Die Fähigkeit eines Kondensators, eine Ladung zu halten, wird in Farad gemessen. Ich glaube nicht, dass ich dir das schon gesagt hatte.»

«Farad», murmelte er.

«Wenn du Kondensatoren in Reihe lötest, erhältst du weniger Gesamtkapazität», fuhr ich fort. «Durch mehr als eine Wand können die Grünis ihre Partymusik nicht mehr gut hören.»

«Was?»

«Vergiss es. Ich wollte nur sagen, dass du die Entfernung zwischen den beiden Platten, die direkt mit dem Stromkreis verbunden sind, effektiv vergrößerst, wenn du Kondensatoren in Reihe lötest. Du setzt so ihre Wirkung herab.»

«Das musst du besser erklären.»

«Wenn du Kondensatoren in Reihe lötest, erhältst du eine geringere Gesamtkapazität. Besser?»

«Das kann ich verstehen.»

«Und wenn du sie parallel lötest, vergrößerst du quasi die Gesamtfläche der Platten, die direkt mit dem Stromkreis verbunden sind. Damit erhöhst du die Kapazität.»

«Kondensatoren parallel: mehr Kapazität.»

«Exakt. Um die Kapazität parallel gelöteter Kondensatoren zu berechnen, addiert man einfach die Werte aller parallelen Kondensatoren. Die Gesamtkapazität von Kondensatoren in Reihe erhält man mit folgender Formel:

$$C = \frac{1}{1/C1 + 1/C2 + 1/C3 \ldots \text{usw.}}$$ »

«Das ist wie bei parallelen Widerständen.»

«Es ist dasselbe Rechenschema.»

«Und ich kann meinen Taschenrechner benutzen?»

«Natürlich.»

«Und das Ergebnis wird in Farad sein?»

«Ja. Kapazität wird in Farad gemessen.»

«Gut. Du kannst jetzt zur Toilette gehen.»

«Wie bitte?»

«Man muss kein genialer Zauberer sein, um zu sehen, dass du vier Tassen Kaffee hattest und fürchterlich unruhig bist. Das macht mich nervös. Ich warte hier.»

Als ich zurückkam, fühlte ich mich wesentlich besser.

«Spulen», sagte er, als ich mich setzte.

«Was?»

«Du hast über Spulen nachgedacht.» Ich schüttelte vor Verwunderung den Kopf und wünschte, er würde diese Fähigkeit in Las Vegas einsetzen. Wir könnten ein Vermögen machen.

«Wenn du einen Draht aufspulst», sagte ich, «erhältst du eine Menge Selbstinduktion. Du weißt ja, Opposition gegen jede Änderung der vorhandenen Stromstärke. Je mehr sich der Strom ändern will, auf desto mehr ‹Widerstand› wird er stoßen. Wenn man den Strom einschaltet, braucht er zunächst eine Weile, um sich seinen Weg durch eine Spule zu bahnen. Hat er dann die Selbstinduktion überwunden und fließt beständig, verhält sich die Spule ganz wie ein gerader Draht. Ganz wenig Widerstand.»

«Das klingt wie das Gegenteil von einem Kondensator.»

«Nun, in vieler Hinsicht, ja.»

«Und einem Wechselstrom widersetzt sich eine Spule fortwährend.»

«Du hast eine gute Auffassungsgabe.»

«Ich habe ein starkes Interesse, den Stoff zu lernen.»

«Richtig. Jedenfalls gilt: Je höher die Frequenz, desto mehr Opposition begegnet dem Strom in der Spule.»

«Und die Formeln?»

«Induktivität wird in ‹Henry› gemessen.»

«Steht dafür also ein großes ‹H›?» Er machte sich auf seiner Serviette Notizen. Der Kellner füllte unsere Kaffeetassen nach, und ich musste schwer schlucken.

«Nein, eigentlich wird sie mit einem großen ‹L› abgekürzt.»

«Ist das ein Witz?» Aus den Augen des alten Mannes traf mich ein durchdringender Blick, der mich an unser erstes Zusammentreffen erinnerte. Wie schnell doch seine Stimmung umschlagen konnte!

«Überhaupt nicht», sagte ich hastig. «Induktivität wird mit einem großen ‹L› abgekürzt, wird aber in ‹Henry› gemessen. Ich sagte dir schon, dass ich erst vor kurzem darauf stieß. Mir kam es auch komisch vor. Die Formeln sind genau die gleichen wie beim Widerstand. Sind Spulen in Reihe gelötet, addierst du ihre

‹Henrys› zusammen, um die Gesamtinduktion zu erhalten. Sind sie parallel, rechnest du:

$$L = \frac{1}{1/L1 + 1/L2 + 1/L3 \dots \text{usw.}}$$

Parallele Spulen ergeben weniger Gesamtinduktion, weil man dem Strom quasi Ausweichpfade angeboten hat.»

«Hmm», sagte er, tief in Gedanken versunken. «Einen Kondensator benutzt man nicht in einem Stromkreis, in dem Gleichstrom fließt, oder? Ich meine, wozu sollte das gut sein? Nach jenem ersten Sekundenbruchteil hält er den ganzen Strom an wie ein ständig auf ‹Aus› stehender Schalter.»

«Das stimmt.»

«Und eine Spule wird auch nicht oft in einem Gleichstromkreis verwendet, stimmt's? Nach dem ersten Augenblick tut es jeder andere Draht genauso.»

«Darüber habe ich noch nicht nachgedacht, aber ich vermute, du hast Recht.»

«Also finden wir in Gleichstromkreisen meist Widerstände, Schalter und Elektromagnete. In einem Wechselstromkreis finden wir zusätzlich noch Kondensatoren und Spulen. Ein Widerstand ist ein Widerstand, egal, ob Wechsel- oder Gleichstrom fließt. Doch diese anderen Dinger, Spule und Kondensator, haben unterschiedliche Wirkungen, je nach Frequenz des Wechselstroms.»

«Das stimmt haargenau.»

«Dass es dafür kein Wort gibt, wundert mich.»

«Blindwiderstand», sagte ich. «Es heißt Blindwiderstand. Die Opposition gegen den Strom, die sich mit der Frequenz ändert. Wir haben einen kapazitiven Blindwiderstand und einen induktiven Blindwiderstand. Um in einem Wechselstromkreis den Gesamtwiderstand gegen den Strom herauszufinden, musst du den kapazitiven Blindwiderstand, den induktiven Blindwiderstand und natürlich den guten alten Ohmschen Widerstand addieren. Das Endergebnis heißt Impedanz.»

«Und du zählst einfach alle zusammen?»

«Nein, so geht das nicht. Kapazitiver Blindwiderstand und induktiver Blindwiderstand neigen dazu, sich gegenseitig aufzuheben. Du findest erst den einen, dann den anderen heraus und ziehst den kleineren vom größeren ab. Wenn ein Stromkreis 70 Ohm kapazitiven Blindwiderstand hat und 100 Ohm induktiven Blindwiderstand, sind nur 30 Ohm Blindwiderstand festzustellen, und zwar induktiver Blindwiderstand. Mit einer besonderen Formel addierst du das zum Ohmschen Widerstand hinzu, und du weißt, wie viel Impedanz dein Stromkreis hat.» Da das alles war, was ich über Blindwiderstand und Impedanz wusste, wechselte ich schnell das Thema.

«Dann hätten wir noch die Transformatoren.»

«Mach schon.»

«Ein Transformator besteht aus zwei Drahtspulen, die so dicht beieinander liegen, dass die magnetischen Kraftlinien der einen die der anderen kreuzen und in letzterer einen Strom induzieren.»

«Das hört sich recht einfach an.»

«Ja, ist es auch. Die erste Spule wird Primärspule genannt. Sie ist mit der Spannungsquelle verbunden. Die andere Spule heißt Sekundärspule. Weil sie ihre Leistung allein durch Induktion von der Primärspule bezieht, ist sie nicht fest mit dem Stromkreis verbunden.»

«Warum würde man so etwas haben wollen?»

Ich dachte kurz nach. «In einigen Fällen ist es ungünstig, wenn zwei Teile eines Stromkreises direkt miteinander verbunden sind. Die magnetische Kopplung durch den Transformator lässt sie dennoch aufeinander einwirken. Hat die Sekundärspule mehr Drahtwindungen als die Primärspule, erzeugt sie auch mehr Spannung. Wenn sie weniger Windungen hat als die Primärspule, hat sie weniger Spannung.»

«Das klingt wie Zauberei.»

«Ist es aber nicht. Der Preis, den du für die erhöhte Spannung bezahlst, ist weniger Strom. Andererseits erhältst du mehr Strom, wenn du die Spannung wieder heruntertransformierst. Es ist eher Volkswirtschaft als Zauberei.»

«Also kann man die Spannung eines Wechselstroms mit einem Transformator umwandeln.»

«Genau. Wenn du die Spannung erhöhen willst, nimmst du einen Aufspann-Transformator. Wenn du die Spannung verringern willst, nimmst du einen Abspann-Transformator. Die meisten Transformatoren sind um eine Art Eisenkern herumgewickelt. Das ganze Teil kann sehr heiß werden wegen kleiner Wirbelströme ...»

«Kleiner Wilbur wer?»

«Kleine Wirbelströme. Das sind im Eisen induzierte, vagabundierende Ströme. Sie machen einen Transformator weniger wirksam. Neben der Selbstinduktion muss der Trafo die Opposition in dem Draht um den Kern herum und außerdem noch die Hysterese überwinden, die Opposition des Eisens gegen einen Wechsel der magnetischen Polarität.»

«Transformatoren neigen dazu, heiß zu werden», sagte der Zauberer. «Schön. Wie sieht's mit Funk aus?»

«Funk ist wie ein Transformator ohne den Eisenkern», sagte ich. «Der Sender ist die Primärspule, der Empfänger die Sekundärspule. Der Sender induziert im Empfänger einen Strom. Wenn der Strom in der Primärspule sehr schnell wechselt ...»

«Du meinst, wenn es hochfrequenter Wechselstrom ist.»

«Ja. Hochfrequenter Strom hat ein Magnetfeld, das ebenfalls sehr schnell wechselt. Vom Sender breitet sich dieses hochfrequente Feld über weite Entfernungen aus. Wir nennen das elektromagetische Wellen. Wenn sie zu einem bestimmten Frequenzbereich gehören, nennen wir sie Funkwellen oder Funksignal. Andere Frequenzbereiche nennt man Mikrowellen, Radarwellen oder Fernsehwellen. Wenn der Sender genügend Strom hat, können sie Tausende von Kilometern wandern. Tatsächlich nehmen wir sogar Signale von Sternen auf, die Millionen Kilometer weit entfernt sind.»

«Funkwellen von den Sternen? Davon hatte ich keine Ahnung.»

«Sie senden natürlich keine Botschaft. Es sind einfach natürlich vorkommende Energiesalven in Funkfrequenzen.»

«Glaubst du nicht, dass irgendjemand eine Botschaft sendet?»

«Natürlich nicht.»

«Aber du glaubst an Zauberei?»

«Nein, tu ich nicht. Das wäre doch dumm.»

«Aber wie kommt dann das?»

«Kommt was?»

Er schwieg und griff nach seiner Kaffeetasse. Ich war zwar etwas unruhig, konnte aber nichts Ungewöhnliches feststellen.

«Du musst mir irgendwann einmal diese merkwürdige Naturwissenschaft beibringen», sagte er und stellte seine Tasse zurück. Plötzlich sah ich, dass der Stuhl, auf dem ich saß, einen halben Meter über dem Fußboden schwebte. Bevor ich reagieren konnte, begann er sich langsam zu drehen. Niemand schien es zu bemerken, und ich unterdrückte den Drang zu schreien. Jetzt befand ich mich bereits mit dem Rücken zum Tisch. Der Stuhl drehte sich weiter, bis ich wieder in meine Ausgangsposition zurückkam. Dann sank er behutsam auf den Boden herab.

«Ich glaube, du hattest gerade erklären wollen, dass du weder an Zauberei noch an Botschaften aus dem All glaubst.»

«Wir sollten wohl lieber bei Elektronik bleiben.»

«Ja, richtig, Elektronik. Und besonders Funk.»

«Genau. Wir haben diese hochfrequenten Funkwellen, die ein Sender erzeugt. Sie induzieren noch kilometerweit weg in einem Draht einen sehr schnellen Wechselstrom. Der Draht ist nun mit einem Lautsprecher verbunden. Aber der Strom wechselt so schnell seine Richtung, dass der Elektromagnet im Lautsprecher nicht mitkommt. Selbstinduktion und Hysterese machen ihn schwerfällig. Deshalb löten wir eine Diode in den Stromkreis ein.»

«Was ist eine Diode?»

«Eine Diode ist eine Komponente mit zwei Anschlüssen. Der Strom fließt nur in einer Richtung durch die Diode und wird in der umgekehrten Richtung angehalten.»

«Eine Einbahnstraße.»

«Genau. Die Diode erlaubt den Stromimpulsen, den Elektromagneten im Lautsprecher zu erreichen. Weil die Impulse alle in dieselbe Richtung fließen, muss der Magnet seine Polarität nicht umkehren.»

«Das versteh ich nicht.»

«Der Nordpol des Magneten muss nicht periodisch zum Südpol werden, sondern kann ein Nordpol bleiben. Er wird jedes Mal ein bisschen stärker, wenn ein Impuls durch eine Spule fließt. Weil Schallwellen wesentlich langsamer sind als Funkwellen, braucht man Tausende Impulse, um einen Ton im Lautsprecher zu erzeugen. Die Diode, die man dafür benutzt, heißt Detektor.»

«Weil sie wie ein Detektiv die Funkwellen für den Empfänger aufspürt?»

«Vermutlich. Das Radio funktioniert im Prinzip genauso, ist aber komplizierter konstruiert. Man hat Stromkreise hinzugefügt, um den Empfänger auf bestimmte Stationen einzustellen und um den Ton klarer und lauter zu machen.»

«Ausgezeichnet. Nun müssen wir leider unsere kleine Unterrichtsstunde beenden.»

«Aber wir haben die Röhrendiode noch nicht behandelt ...»

«Wir können später weitermachen. Meine Feinde haben mich gefunden.»

«Du meinst ...»

«Genau. Ein Wissenschaftler aus der Zukunft hat seine Furcht vor Zeitreisen und sogar den Kommissionszauber überwunden und ist in Boulder angekommen. Ich muss sofort meinen Plan in die Tat umsetzen. Ich schlage vor, du gehst auf dein Zimmer und schreibst weiter. Wenn alles gut geht, können wir heute Abend weitermachen. Danach finden wir vielleicht eine feierliche Veranstaltung, der wir beiwohnen können.»

«Du meinst eine Party?»

«Gehen dir deine Fachausdrücke nie aus?»

Ich lächelte und gab der Serviererin ein Zeichen, die Rechnung zu bringen. Kaum drehte ich mich wieder um, da war der Zauberer schon verschwunden.

«Ja, das erledige ich gern für Sie», sagte die Serviererin und gab mir die Frühstücksrechnung. Sie meinte damit, dass sie mein Geld gern hinüber zur Kasse bringen würde. Leider war meine Geldbörse leer.

«Wenn er glaubt, dass das ein großartiger Zaubertrick ist, einfach zu verschwinden, wenn die Rechnung kommt, gehört er wirklich ins Mittelalter!», murmelte ich. «Praktisch alle meine Freunde machen es genauso.»

«Verzeihung?» Die Serviererin lächelte noch immer.

«Ach nichts. Hören Sie, wir sind alle im Hotel untergebracht. Würden Sie dies auf unsere Zimmer verbuchen?»

«Selbstverständlich. Unterschreiben Sie bitte hier.»

Ich setzte meine Zimmernummer auf die Rechnung, legte ein großzügiges Trinkgeld dazu und unterschrieb. Wenn er uns alle einfach so in das Hotel gebracht hatte, wusste er sicher auch, wie er es bezahlen würde, dachte ich.

Dann ging ich auf mein Zimmer und schrieb, so schnell ich konnte.

Supraleiter

Jedes Ding hat einen Widerstand. Immer wenn Elektrizität durch eine Substanz wandert, wird ein Teil der Energie durch diesen Widerstand in Wärme umgewandelt und so vergeudet. Doch es gibt eine einzige bemerkenswerte und geheimnisvolle Ausnahme.

Zu Beginn des 20. Jahrhunderts entdeckte man, dass Quecksilber plötzlich jeden Widerstand verliert, wenn man es fast auf den absoluten Nullpunkt (– 273,15 Grad Celsius) abkühlt. Es wird also zum **Supraleiter**. Schickt man einen Stromimpuls durch einen geschlossenen Kreis aus supraleitendem Material, dreht er darin für immer seine Runden.

Jahrelang galt das als eine harmlose Neuigkeit. Erstens ist es sehr teuer, Dinge auf den absoluten Nullpunkt herunterzukühlen, und zweitens hatte niemand eine gute Erklärung für dieses Phänomen. Und immer dann, wenn diese beiden Bedingungen zusammentreffen (teuer, schwer zu erklären), werden Entdeckungen wie diese in die Fußnoten der Lehrbücher abgeschoben und kurzerhand für unwichtig erklärt.

In den 80er Jahren des 20. Jahrhunderts entdeckte man dann, dass manche Mischungen aus Metalloxyden schon bei sehr viel höheren Temperaturen zu Supraleitern werden. Jetzt schrien natürlich die Elektronentheorie-Anhänger auf. Es durfte nicht sein, weil es der Theorie nach nicht sein konnte. Sobald sie jedoch die weit reichenden Folgen dieser Entdeckung erkannten, hielten sie den Mund und gingen an die Arbeit. Tagsüber lehrten sie ihre Studenten die Elektronentheorie, nachts im Keller mischten sie wie die Alchimisten die merkwürdigsten Verbindungen zusammen in der Hoffnung, ihr Glück zu machen. Das intensive Glimmen in ihren Augen war nicht schwer zu deuten.

Unmengen von Energie (sprich: «Geld») werden stündlich bei dem Transport von Elektrizität vergeudet, wenn Ohmscher Widerstand sie in Wärme verwandelt. Millionen Mark pro Stunde.

Wenn Sie herausfinden würden, wie man billige Supraleiter herstellt, die vielleicht sogar bei Zimmertemperatur funktionieren, könnten Sie der Welt eine Riesenmenge vergeudeter Energie ersparen.

Vermutlich würde ein wenig von dieser Energie auch auf Ihr Konto fließen.

Der Nutzen von Katzennäschen: Halbleiterdioden

Erinnern Sie sich an die Zeiten, als Sie noch Katzennäschen elektrisierten? Ihre Begeisterung für statische Elektrizität? Natürlich erinnern Sie sich. Die Holundermarkkügelchen-Phase macht jeder einmal durch – das ist nichts, wofür man sich schämen müsste. Sorgen machen muss man sich eher über die seltenen Individuen, die niemals den Drang verspüren, Bernstein an einem Schaf zu reiben.

Jedenfalls erinnern Sie sich vermutlich, dass einige Materialien dazu neigen, eine positive Ladung aufzubauen, und andere Materialien dazu, eine negative Ladung aufzubauen. Schwarze Kämme ziehen wegen ihrer negativen Ladung, Glasstäbe wegen ihrer positiven Ladung Papierfetzen an. Diese Eigenschaft ist in die Natur des Materials praktisch eingebaut. **P-leitende Materialien** entwickeln eine positive Ladung und **N-leitende Materialien** eine negative. Materialien, die von Natur aus eine der beiden Sorten statischer Elektrizität entwickeln, sind gewöhnlich schlechte Stromleiter, denn der Löwenanteil ihrer elektrischen Aktivität findet an ihrer Oberfläche statt. Sie erinnern sich: Elektrizität wandert von negativer zu positiver Ladung. Der Funke springt von der Katzennase zum Fenster aus Glas über, aber nicht umgekehrt.

Um diesen Effekt auszunutzen, könnte man eine Diode bauen, indem man die Katze an ein Glasfenster montiert, aber das dürfte der Katze missfallen. Elektrizität würde so sehr viel leichter in Richtung «Katze zum Fenster» fließen als in Richtung «Fenster zur Katze». Sie würden herausfinden, dass dieser Apparat am besten funktioniert, wenn man eine ganz kleine Lücke zwischen den beiden Elementen bestehen lässt, sodass sowohl Fenster als auch Katze an ihren nächstgelegenen Stellen Ladungen entwickeln können.

Die «Fenster-Katze-Diode» ist ein Festkörpergerät, das heißt, sie funktioniert ohne Vakuum. Als elektrische Komponente hat sie jedoch gewisse Nachteile: Sowohl Katze als auch Fenster haben zu viel Widerstand. Es fließt also kein Strom, es sei denn, es wird eine hohe Spannung angelegt. Eine hohe Spannung lässt die Komponente jedoch zappeln und jaulen.

Glücklicherweise haben Naturwissenschaftler andere «P-leitende» und «N-leitende» Materialien entdeckt, die nicht gefüttert und nachts in den Garten gelassen werden müssen. Verunreinigte Siliziumkristalle etwa können je nach ihrem Verunreinigungsgrad beide Arten von Leitern ergeben. Zusammen mit anderen Materialien nennt man verunreinigte Siliziumkristalle **Halbleiter**, weil sie irgendwo zwischen guten Leitern und guten Isolatoren rangieren.

Der Bereich, in dem P-leitendes Material an N-leitendes Material angrenzt, wird **PN**-Übergang genannt. Hier findet die größte elektrische Aktivität statt. In der Produktion stellt man im Übergang zwischen beiden Materialien eine dünne Schicht «Niemandsland» her, die man **Verarmungsbereich** nennt. Der Verarmungsbereich befindet sich genau dort, wo das P-leitende mit dem N-leitenden Material zusammengeschmolzen ist. Er gehört zu keinem von beiden Leitungstypen und errichtet für die Grünis eine Barriere, die nur ein paar Atome dick ist. Er trennt so die Katze vom Fenster. Grüni-Mädchen pflegen sich besonders gern im P-Bereich nahe dem Übergang zu versammeln, weil sich dort gut Partys feiern lassen. Sie öffnen ein paar Flaschen Bier, schalten ihre kleinen Radios an und warten ab.

Die Grüni-Jungs im N-Bereich stellen sich dann auf ihrer Seite der Verarmungszone am Übergang auf, weil sie von der positiven Ladung unwiderstehlich angezogen werden.

Im Stromkreis verhält sich eine PN-Diode ebenso wie eine Röhrendiode oder eine Schnurrhaardiode. Elektrizität fließt nur in eine Richtung. Die Grüni-Jungs müssen von der N-Seite über den Übergang zur P-Seite springen. Dazu brauchen sie nur einen kleinen Schubs, aber ein Bulldozer wäre nötig, um sie von der Party fort und durch den Stromkreis zu lotsen, damit sie sich erneut hintenanstellen.

Der Schubs am Übergang ist wichtig. Ebenso wie eine Katze keine «Ladung» hat, wenn man ihr nicht das Fell streichelt, und Wolken keine Ladung haben, wenn nicht der Wind die Wassertropfen aufschüttelt, kann auch eine Halbleiterdiode keine Zugkraft am Verarmungsbereich aufbauen, wenn sie im Schaufenster herumliegt. Man muss schon ein klein wenig Energie hinzufügen. Das tut man, indem man ein wenig Elektrizität durch die Diode schickt oder sie erwärmt oder sie mit Licht bestrahlt. Die meisten Dioden benötigen nur einen kleinen Schuss Elektrizität, um sich aufzuladen, und das geschieht so schnell, dass man es kaum merkt.

Eine Halbleiterdiode ist so klein, dass sie auf einen Nadelkopf passt. Wenn man sie im Laden kauft, ist sie in ein kleines Klümpchen Kunststoff eingegossen, an dem bereits die Anschlussdrähte hängen, damit man sie ohne Mikroskop benutzen kann. Sie funktioniert ebenso wie eine große, alte Röhrendiode: Der Strom kann nur in einer Richtung fließen. Da die PN-Diode jedoch kein Vakuum benötigt, gehört sie zu den Festkörperdioden und braucht anders als die Vakuumröhre keinen heißen Glühdraht, der eine Menge Energie vergeudet. Weil sie außerdem ohne den zerbrechlichen Glaskörper auskommt, ist sie robust und sparsam zugleich.

Naturwissenschaftler haben in der Mitte des 20. Jahrhunderts herausgefunden, wie man billige Festkörperkomponenten herstellt, die auf PN-Übergängen beruhen. Diese Entwicklung veränderte die Welt ebenso, wie Jahrhunderte früher die Schafzucht die Welt verändert hat. Sie machte Computer möglich, Video-Spiele, die Raumfahrt und einige wirklich hübsche Rock-'n'-Roll-Effekte. Hier eine Darstellung der Halbleiterdiode:

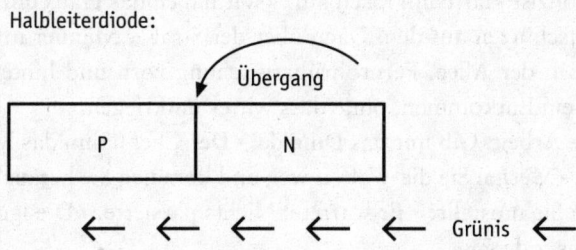

Sondereinsatz in der Lindenstraße

«Legen Sie die Waffen nieder und kommen Sie mit erhobenen Armen heraus!» Das Megaphon verzerrte die Stimme des Polizisten. «Sie sind umstellt!» Der junge Beamte wartete einen Augenblick, dann wandte er sich an seinen Kollegen: «Es hat keinen Zweck. Die ignorieren uns.»
In diesem Moment kam der Polizeichef angefahren, ein dicker Zweizentnermann mit lockigem schwarzem Haar und einer tiefen Stimme. Er war ein knallharter Typ, mit dem nicht zu spaßen war. Niemand legte sich gern mit ihm an. Weil man ihn von einer steifen Dinnerparty im Haus des Oberbürgermeisters geholt hatte, wofür er im Grunde zutiefst dankbar war, trug er noch seinen Smoking. Während er zu der kleinen Gruppe Polizisten ging,

analysierte er im Geiste die Situation. Ein unauffälliges Viertel, dachte er. Kleine Häuser, alle fast gleich groß, gepflegter Rasen. Dies hier war wahrscheinlich seit langem die größte Aufregung für die Anwohner. Die Scharfschützen waren soeben angekommen, die Polizisten sperrten das Gebiet ab. Die Bürger waren bereits evakuiert.

«Was genau ist passiert?», erkundigte er sich, als er den jungen Mann mit dem Megaphon erreichte.

Der Polizist klärte ihn rasch auf. «Wir haben das Haus umstellt. Scharfschützen auf dem Dach über der Straße, Männer in Zivil unten in der Allee, Fernrohrüberwachung vorn und hinten. Es gibt kein Entkommen, ohne dass wir es mitkriegen.»

«Gute Arbeit. Gib mir das Ding da.» Der Chef nahm das Megaphon. «Werfen Sie die Waffen weg und kommen Sie heraus! Wir haben Sie umstellt!» Er wartete. Nichts passierte. «Die ignorieren uns, oder?»

«Ja, Chef.»

Plötzlich fiel dem Chef eine andere Frage ein.

«Wer ist da überhaupt drin?»

«Verflixte Sache, Chef. Es sind Hühner.»

«Wie bitte?»

«Es stimmt, Chef. Hühner. Hunderte davon. Sie müssen aus dem Zwinger oder so was Ähnlichem entkommen sein. Sie haben das Haus besetzt»

«Aus dem Zwinger? Dem Hundezwinger?»

Der Kollege des jungen Polizisten übernahm die Antwort.

«Er ist ein Stadtjunge, Chef. Er glaubt, dass Tiere aus Zwingern kommen. Ich glaube, es sind Zirkushühner.»

Der Chef ignorierte ihre Meinungsverschiedenheit.

«Gibt es Geiseln?»

«Nein, Chef. Nur die Hühner. Und die haben keine Forderungen gestellt. Wir wissen nicht mal, ob sie bewaffnet sind oder nicht, aber ich finde, wir sollten kein Risiko eingehen. Die Sondereinheit dürfte ziemlich bald in Stellung sein ...»

«Hmm.» Der Chef dachte intensiv nach. «Das ist ungewöhnlich: Hühner.»

«Ja, Chef. Hier ist der Grundriss.» Einer der Polizisten rollte die Blaupause des Hauses auf. «Hier ist der Eingang. Der einzige weitere Ausgang liegt auf der Rückseite des Hauses. Den beschatten wir von der Allee aus.»

«Was ist das hier für ein Bereich?» Der Chef begann, sich in die Lage einzuarbeiten, und sammelte alle erreichbaren Informationen.

«Der gesamte Vorderbereich des Hauses ist mit Fliesen ausgelegt. Der hintere Bereich hat Teppichboden.»

«Welche Art von Teppichboden?»

«Wunderschöner weißer Plüschteppich, Chef. Ich hätte liebend gern auch so einen in meinem Wohnzimmer ...»

Der Chef markierte etwas auf der Blaupause. «Gut, wir nennen diesen hinteren Bereich des Hauses P für Plüschteppich.»

«Wie Sie meinen, Chef.»

«Und der vordere Bereich hat keinen Teppichboden?»

«Nein, Chef, nur Noppenfliesen.»

«Dann nennen wir den Vorderbereich N für Noppenfliesen. Habt ihr das? Jetzt sind wir schon ein Stück weiter. Was sagt die Fernrohrüberwachung?»

«Hier bin ich, Chef.» Eine junge Polizistin trat vor. «Hauptkommissar Dickinson.»

«Was geht da drin vor, Dickinson?»

«Breakdance, Chef.»

«Was?»

«Es wird Breakdance getanzt. Das ist eine Art Pantomimetanz, wobei viel auf dem Boden herumgerutscht wird und eine Menge akrobatischer Einlagen gebracht werden. Die Hühner tanzen Breakdance.»

«Warum tun sie das?»

Die junge Frau zuckte mit den Achseln.

«Warum tut man das wohl?», antwortete sie. «Sie sind wahrscheinlich aus dem Zirkus. Soweit ich es beurteilen kann, sind sie für niemanden eine Bedrohung. Sie tanzen einfach nur. Es sieht so aus, als ob sich fast alle im vorderen Bereich des Hauses aufhalten.»

«Im N-Bereich?»

«Verzeihung?»

«Im Bereich, der mit Noppenfliesen ausgelegt ist?»

«Natürlich. Man kann auf Teppich schlecht Breakdance tanzen, Chef. Im hinteren Bereich gibt es ein paar, die umherlaufen. Das ist alles, was ich im Augenblick berichten kann.»

«Gute Arbeit, Dickinson.»

«Pardon, pardon.» Ein kleiner Mann mit dicken Brillengläsern versuchte, durch die Menge der Polizisten hindurchzukommen.

«Fort mit ihm!», brüllte der Chef und wedelte mit der Hand. Die junge Polizeibeamtin neigte sich zum Ohr des Chefs. «Er ist vom Büro des Ministerpräsidenten», flüsterte sie. «Er heißt Smedley.»

Der Chef nickte.

«Sind Sie Herr Smedley? Lasst den Herrn durch! Strengt doch endlich eure grauen Zellen an!» Er streckte seine Hand aus, um die Hand des Mannes zu schütteln. «Gut, dass Sie da sind, Smedley, ich schätze es, dass Sie hergekommen sind. Nennen Sie mich einfach Chef.»

«Angenehm, Chef. Ich bin vom Krisenmanagement-Büro des Ministerpräsidenten.»

«Ich darf Sie informieren …», der Chef hielt inne, als Smedley die Hand hob und verbissen lächelte. Smedley wirkte dünn, blass und besorgt. Der Chef konnte sich nicht vorstellen, dass er eine große Hilfe sein könnte. Immer wenn es eine Krisensituation gab, schickte ihm der Ministerpräsident offenbar einen Woody-Allen-Doppelgänger.

«Es ist völlig klar, was hier vor sich geht», sagte Smedley. «Wieder eine Hausbesetzung, nicht wahr?»

«Wieder? Sie meinen ...» Dem Chef blieb vor Staunen der Mund offen.

«Wir haben versucht, das geheim zu halten. Was schätzen Sie, sind es fünfhundert oder tausend? War irgendjemand zu Hause, als sie kamen?»

«Nein, die Besitzer sind in Urlaub.»

«Das ist gut. Es kann gefährlich werden, wenn sie einmal mit Breakdance anfangen.»

Der Chef nickte nur.

«Haben Sie es schon mit dem Megaphon probiert?»

«Die ignorieren uns einfach.»

Smedley lachte, vielleicht etwas lauter als notwendig.

«Die ignorieren Sie nicht, Chef. Die können Sie gar nicht hören. Wenn tausend Hühner in einem Haus Breakdance tanzen, ist es ziemlich laut da drin. Nein, wir machen es besser. Sie können von Glück sagen, dass ich hier bin.»

«Was wollen Sie tun?»

«Es gibt da ein Geräusch, das sie aus ihrer Selbstvergessenheit holen kann.»

«Und das wäre?»

«Das Geräusch einer Metallschaufel, die in einen Eimer voller Körner fährt. Dieses Geräusch bedeutet für alle Hühner auf dieser Welt, dass Essenszeit ist. Das ist unsere einzige Chance.»

«Sie kommen auch ganz sicher vom Büro des Ministerpräsidenten?»

«Ja, Chef. Wir haben dieses Problem schon lange.»

«Gut, lassen wir es auf einen Versuch ankommen. Wie sollen wir verfahren?»

«Wir stellen einen großen Lastwagen vor dem Haus auf und lassen von der Ladefläche hinten eine Rampe herab. Ich schaufle dann Körner aus einem Eimer. Dann warten wir ab!»

«Aber wie sollen sie das hören können?»

«Es genügt, wenn ein einziges Huhn es hört, Chef. Wenn es das

Geräusch hört, gerät es außer sich und stößt einen lauten Schrei aus. Eine Art Mittagessen-Kriegsruf. Der Rest macht es ihm nach.»

Der Plan schien ziemlich verrückt. Aber er war immerhin besser als gar keiner. Und Smedley war schließlich vom Büro des Ministerpräsidenten. Die Polizisten handelten sofort. Ein Lastwagen wurde vor dem Haus geparkt, ein Eimer Körner wurde organisiert und eine Metallschaufel. Smedley lief die Rampe hinauf. Er bestand darauf, es selbst zu tun. Die Menge hielt den Atem an, als er die Körner ausschaufelte. Zwei Schaufeln ... drei ... vier ...

Nichts passierte.

Schließlich stieg Smedley wieder von der Ladefläche. Auf seiner Stirn glänzten Schweißperlen. Seine Stimme klang gereizt.

«Das versteh ich nicht», sagte er. «Haben Sie einen Grundriss vom Haus?» Die Blaupause wurde nochmal aufgerollt. «Was bedeutet dieser Bereich, der mit P bezeichnet ist?», fragte er.

«Plüschteppich», antwortete der Chef. «Ich vermute, es ist ein wunderschöner, weißer ...»

«Jetzt nicht mehr», sagte Smedley. «Und dieser Bereich vorne im Haus, der mit N bezeichnet ist?»

«Noppenfliesen.»

«Das ist also der Grund», erwiderte Smedley sichtlich erleichtert. «Sie tanzen alle Breakdance im vorderen Teil des Hauses. Dort hört uns nie ein Huhn. Gibt es eine Zufahrt zum hinteren Teil des Hauses?»

«Ja, gibt es.»

«Gut, fahren Sie den Lastwagen nach hinten. Es gibt da sicher ein paar Hühner, die auf dem Plüschteppich herumlaufen, dem P-Bereich, wie Sie ihn nennen. Die werden das Schaufeln hören. Jetzt haben wir sie!»

Der Lastwagen wurde umgeparkt, die Rampe heruntergelassen, die Menge hielt den Atem an. Smedley stieß entschlossen die Metallschaufel in den Futtereimer.

Fast im selben Augenblick ertönte ein markerschütterndes Kreischen im Haus, und ein Huhn rannte zur hinteren Tür hinaus. Es hielt kurz inne und schaute sich mit wildem Ausdruck in den Augen um, die Federn ganz zerzaust.

Smedley stach die Schaufel ein zweites Mal in den Eimer. Das Huhn kreischte wieder auf und lief auf den Lastwagen zu. Jetzt hörte man einen ohrenbetäubenden Lärm aus Hunderten von Hühnerkehlen, und die Tiere strömten aus der Hintertür. Smedley konnte gerade noch rechtzeitig aus dem Lastwagen springen, bevor er vom Ansturm zerquetscht wurde. Nachdem das letzte Huhn die Rampe hochgeflitzt war, schloss er die Ladefläche. Die Hühner waren gefangen, ohne dass auch nur ein Schuss gefallen war.

«Fahr sie in die Stadt und koch sie!», dröhnte der Chef. «Ich meine, loch sie ein!» Der Lastwagen fuhr los und die Presse umlagerte Smedley.

«Das war ein Einzelfall», sagte er, «und der Ministerpräsident würde es sehr schätzen, wenn Sie die Berichterstattung auf ein Minimum beschränken würden. Die Öffentlichkeit darf nicht unnötig in Angst versetzt werden, und zudem wünschen wir keine Nachahmer.»

«Herr Smedley, warum reagierten die Hühner erst, als Sie den Lastwagen hinter das Haus gefahren hatten?»

«Das sind die Grundlagen der Geflügelpsychologie», erwiderte er.

«Der Schlüssel dazu ist das Verständnis des PN-Übergangs, nämlich derjenigen Stelle, wo die Fliesen auf den Teppichboden treffen. Der N-Bereich, also der, der mit Noppenfliesen ausgelegt ist, ist voller Breakdance tanzender Hühner. Der P-Bereich, der Plüschteppich, ist verhältnismäßig ungeeignet für Breakdance, daher sind dort nur wenige Hühner anzutreffen. Nun ist es für ein Huhn leicht, die Tanzfliesen zu verlassen und auf den Teppich zu treten, wenn es das will. Da gibt es viel Platz. Aber es ist schwierig, vom Teppich auf die Fliesen zu treten. Sie sind schon so voller tanzender Hühner, dass man mit hoher Wahrscheinlichkeit einen Flügel an den Kopf bekommt. Glücklicherweise fressen Hühner noch lieber, als sie tanzen, sodass man sie damit aus dem P-Bereich des Hauses hinauslocken kann. Vom N-Bereich dagegen kann man sie niemals weglocken. Wenn der Tanzboden einmal voll ist, wirkt der Übergang zwischen Fliesen und Teppich wie eine Einbahnstraße für Hühner.»

Ein weiterer Reporter hielt Smedley sein Mikrophon vors Gesicht. «Ist das nicht so ähnlich wie bei einer PN-Halbleiterdiode in der Elektrizität?»

Smedley bekam einen hochroten Kopf.

«Kein Kommentar», sagte er.

«Weichen Sie nicht aus, Herr Smedley! Wir sind im Augenblick auf Sendung bei Kanal 4, und ich glaube, unsere Zuschauer würden gern Ihre Antwort erfahren. Wandert Elektrizität nicht ausschließlich in einer Richtung über den PN-Übergang? Wandert sie nicht immer von der N-Seite zur P-Seite? Und ist das nicht genau dasselbe, was sich gerade hier und heute zugetragen hat? Ich glaube, unsere Zuschauer würden gern eine Stellungnahme des Ministerpräsidenten zum Zusammenhang zwischen Hühnern und Elektrizität erfahren. Meinen Sie nicht auch, Herr Smedley?»

«Kein Kommentar.»

Transistoren

Strom wandert mit Leichtigkeit von N nach P über einen PN-Übergang. In die Gegenrichtung bewegt er sich nur höchst ungern. Das ist der Grund, weshalb eine PN-Diode funktioniert.

Ein Transistor ist wie ein Sandwich, das aus P-Material und N-Material besteht. Wenn die Brotscheiben aus P-Material bestehen und der Wurstbelag aus N-Material, nennt man ihn PNP-Transistor:

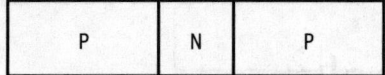

Auf den ersten Blick erscheint ein Transistor wie das Ergebnis einer Regierungsstudie zur Verbesserung der Diode: Er lässt in keiner von beiden Richtungen mehr Elektrizität durch. Egal, welchen Weg der Strom auch nimmt, er versucht, einen Übergang in der falschen Richtung zu überqueren, nämlich von P nach N. Weil er das aber nicht kann, hört er auf zu fließen.

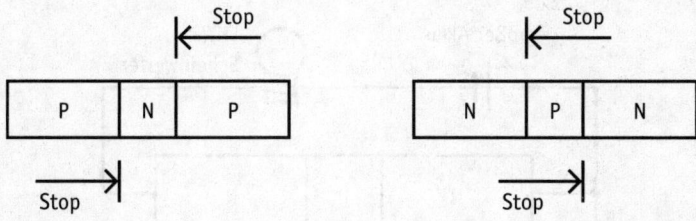

Stellen wir uns nun für einen Augenblick einen NPN-Transistor vor. Wenn wir wollen, dass Strom fließt, müssen wir die negative Ladung an den Übergängen beseitigen. Weil die (negativ geladenen) Grünis ohnehin in den P-Bereich springen wollen, ist hier die einfachste Lösung, einen Draht an den P-Bereich anzuschließen und eine kleine lustige Rock-'n'-Roll-Band für die Party anzuheuern. Das heißt konkret, dass man den P-Bereich mit der positiven Seite einer Batterie verbindet und einen der N-Bereiche mit der negativen Seite der Batterie, um die Ladung abzuleiten. Grünis aus beiden N-Bereichen springen dann über die beiden Übergänge in den P-Bereich und fließen dann in den Draht und zur Batterie. Jetzt hat der Transistor entlang seiner Übergänge keine Ladung mehr, und der Strom kann leicht hindurchfließen. An den Übergängen versuchen die Grünis zwar immer noch, La-

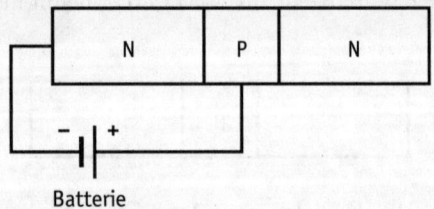

Batterie

dungen aufzubauen, aber das braucht seine Zeit. Solange unser Steuerkreis bestehen bleibt, kann er die Ladungen so schnell wie sie sich bilden wieder ableiten. Wenn wir den Steuerkreis abschalten, bauen sich die Ladungen wieder auf. In diesem Schaltplan:

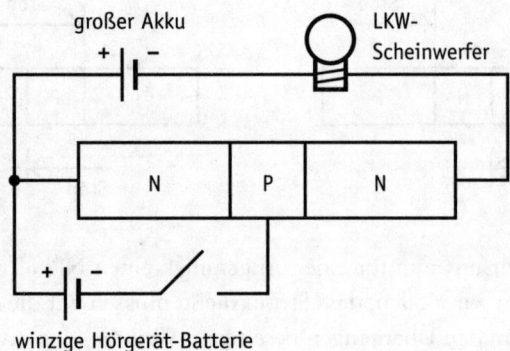

haben wir zwei Stromkreise, die denselben Transistor benutzen. Unser kleiner zusammengebastelter Steuerkreis wird von einer kleinen Hörgerät-Batterie gespeist, ähnlich derjenigen in einer elektrischen Armbanduhr. Der Stromkreis enthält einen Schalter.

Der große leistungsstarke Stromkreis wird von einem wuchtigen Diesellaster-Akku mit Energie versorgt. Ein Lastwagenscheinwerfer ist in ihn hineingelötet. Der Scheinwerfer ist aus, weil die Elektrizität den Transistor nicht überwinden kann. Die Ladung am PN-Übergang hält sie zurück.

Wir schließen nun den Schalter in unserem kleinen Steuerkreis. Die Hörgerät-Batterie lockt die Grünis am Übergang zuerst in den P-Bereich und dann alle zusammen aus dem Transistor hinaus. Plötzlich leuchtet die Scheinwerferlampe auf! Ohne Behinderung durch die geladenen Übergänge im Transistor kann der Strom nun von dem Lastwagenakku durch den Transistor fließen und den Stromkreis vollenden. Wenn wir den Schalter in unserem kleinen Steuerkreis wieder öffnen, bauen sich schnell wieder Ladungen auf, und die Scheinwerferlampe verlischt.

Sie erkennen daran, dass sogar ein winzig kleiner Stromkreis mit nur wenig Spannung oder Strom einen wesentlich größeren und leistungsfähigeren Stromkreis steuern kann.

Genau dafür benutzen wir Transistoren.

Ein Transistor kann ein NPN- oder ein PNP-Sandwich sein. Weil diese Abkürzungen aber nur Verwirrung stiften, geben wir den drei Bereichen Namen. Der mittlere Bereich wird **Basis** genannt, die anderen beiden **Kollektor** und **Emitter**. In einem PNP-Transistor besteht die Basis aus N-leitendem Material, während die anderen beiden, der Kollektor und der Emitter, aus P-leitendem Material bestehen. Ein NPN-Transistor ist ganz einfach das Gegenteil. Beide funktionieren auf die gleiche Weise, nur dass man in einem NPN-Transistor die positive Seite der Batterie an die Basis anschließen muss, um die Scheinwerfer zum Leuchten zu bringen. Manchmal ist das praktischer.

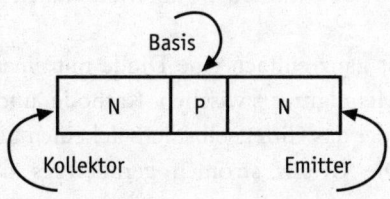

Der Urtransistor sah aus wie eine Diode mit zwei Katzenschnurrhaaren. Das eine Haar war der Emitter, das andere der Kollektor. Eine lange flache Verbindung auf der Unterseite eines

Kristalls war die Basis. Er wurde 1949 von drei norwegischen Wissenschaftlern erfunden, die in der Forschungsabteilung der amerikanischen Telefongesellschaft Bell arbeiteten. Ich bin mir sicher, dass eine Menge Leute überzeugt waren, die drei seien verrückt. Schließlich war die Schnurrhaardiode längst zur historischen Fußnote, zum praktisch ausgestorbenen Dinosaurier in der Welt der Elektrotechnik geworden. Dank der Elektronentheorie und der erfolgreichen Einführung der elektrischen Fachsprache war die Welt fast vollständig von Knallfunkensendern und Detektorradios befreit worden. Sie machten einfach keinen Spaß mehr. Hätten sich die Forscher rechtzeitig ein paar noch kompliziertere Wörter und Formeln ausgedacht, hätten sie sicher die Welt auch vor der Erfindung des Transistors bewahrt.

Trioden

Erinnern Sie sich an Thomas Alvas Röhrendiode? Ein Glaskölbchen mit zwei Elektroden, einem heißen Glühfaden (oder Kathode) und einem Metallteller (oder Anode) im Inneren. Die beiden Elektroden waren durch ein Vakuum voneinander getrennt. Strom floss also vom Glühfaden zum Metallteller, nicht aber umgekehrt.

Eine **Triode** ist ganz einfach eine Diode mit einer Lochscheibe oder einem Metallgitter zwischen Kathode und Anode. Die Lochscheibe oder das Gitter selbst haben keinen Einfluss auf den Stromkreis. Die Grünis strömen geradewegs durch sie hindurch.

Schon eine geringe negative Ladung dieses Gitters hält den Strom jedoch an. Platziert man das Gitter in der Nähe der Kathode, hat die winzige Änderung seiner Ladung einen enormen

Effekt auf den Strom, ebenso wie eine kleine Drehung der Düse eine dramatische Wirkung auf die Menge des Wassers hat, das aus dem Gartenschlauch schießt. Aus diesem Grund nannte man Trioden früher «Ventile». In Großbritannien heißen sie heute noch so («valves»). Vor der Entdeckung des Transistors wurden Trioden in allen Stromkreisen benutzt, die mit wenig Spannung oder Strom hohe Spannungen oder viel Strom steuern sollten.

Stellen Sie sich eine Million Truthähne in einem von Anhöhen umgebenen Wüstental vor. Sie sind ständig hungrig und nicht sonderlich gescheit. Sie verstehen einfach nicht, dass sie gerade in einer bizarren Analogie benutzt werden, in der sie die Grünis darstellen, die sich um den Glühfaden in einer Triode angesammelt haben. Sie wissen nur, dass es schon ein paar Tage her ist, seit sie etwas gefressen haben, dass sie von Hügeln umgeben sind und nicht erkennen können, in welche Richtung sie gehen sollen.

Oben auf der Anhöhe steht ein Lieferwagen und daneben ein Mann. Die Truthähne sind neugierig, aber auch argwöhnisch. Im Lieferwagen könnten Körner liegen; andererseits könnte der Mann auch ein Truthahnmetzger sein. Sie warten also ab. Der Lieferwagen stellt das Triodengitter noch ohne jede Ladung dar. Die Truthähne ahnen die Spannung, sind aber noch vollkommen orientierungslos.

Plötzlich greift der Mann hinter sich und wirft den Truthähnen eine Hand voll geschroteten Mais hinunter.

Wer noch nie das Gekreische einer Million Puter während einer Fressattacke gehört hat, kann sich das ohrenbetäubende Geräusch nicht vorstellen, das diese Vögel zu produzieren imstande sind. Sie schieben sich wie eine riesige fedrige Amöbe auf den Lieferwagen zu und kollern dabei wie eine Armee von Amateurjodlern.

Sobald sie die Anhöhe erreicht haben, ist der Lieferwagen schnell vergessen, weil dahinter das gesamte Tal, so weit das Auge reicht, mit geschrotetem Mais gefüllt ist. Genug Mais, um darin zu schwimmen.

Der Mais soll natürlich den positiv geladenen Metallteller der Triode darstellen. Nur sehr wenige Truthähne bleiben beim Lieferwagen. Wie ein alles verzehrender Strom wälzen sie sich über den Hügel und tauchen in all die leckeren Körner ein.

Bis der Mann im Lieferwagen sein Gewehr hervorholt. Die Truthähne, die schon an ihm vorbeigestolpert sind, achten nicht weiter darauf. Sie rennen den Hügel hinunter, immer dem Mais entgegen. Aber diejenigen Puter, die den Hügel hinauf- und auf den Lieferwagen zuhasten, werden abrupt gestoppt. Sie sind zwar ziemlich blöd, aber sie kennen ihren Beitrag zum Thanksgiving-Essen. Da sie die Anhöhe noch nicht erreicht haben, wissen sie auch nicht, welches Schlaraffenland auf der anderen Seite lockt. Das Gewehr stellt natürlich eine negative Ladung auf dem Gitter dar. Sie stoppt den Strom sofort. Eine kleinere negative Ladung (wenn der Mann etwa sein Gewehr vergessen hat und nur mit dem Taschenmesser droht) würde den Ansturm der Truthähne zwar verringern, sie aber insgesamt nicht aufhalten können. Einige Truthähne versuchen sogar ihr Glück im Zweikampf Puter gegen Mensch.

Hier haben wir ein weiteres Beispiel einer (fast) alltäglichen Situation, die eine Menge mit Elektronik gemeinsam hat. Ein einzelner Mann in einem Lieferwagen mit einem Sack Mais und einer Waffe kann die Bewegung von Millionen Truthähnen kontrollieren. Ebenso steuert eine winzige Ladung auf dem Gitter einer Triode einen großen Strom von Elektrizität.

Historische Randnotiz

Elektronische Komponenten lassen sich in zwei Kategorien einteilen: Festkörperbauteile (wie Halbleiterdioden, Schnurrhaardioden oder Transistoren) und Röhrenbauteile (wie Röhrendioden oder Trioden). Festkörpertechnik und Röhrentechnik kommen immer mal wieder aus der Mode, und zwar umschichtig. Die echten Salontricks führte man aber stets mit Festkörper-Spielzeug vor: mit Katzen, Fensterscheiben, Schafen und Holundermarkbällchen. Dann erfand Edison die Röhrendiode, konnte ihr aber keinen praktischen Nutzen abgewinnen. Die Naturwissenschaft entwickelte sich inzwischen weiter.

Erst ein Festkörperbauteil, und zwar Ferdinand Brauns Schnurrhaardiode, führte die Welt ins Zeitalter der Elektronik. Eine ganze Generation studierte sie und ließ sich von ihr bezaubern. Als jedoch Vakuumröhrchen billiger und leichter herzustellen wurden, hielt man Schnurrhaardioden oder Detektorradios plötzlich für hoffnungslos primitiv und altmodisch. Niemand untersuchte sie weiter. Die folgende Generation von Elektronikexperten lernte nur Röhrentechnik. Sie bauten unsere Radios, Fernsehgeräte und die ersten Computer in Röhrentechnik. Nur ein paar unbelehrbare alte Männer erinnerten sich noch an die «gute alte Zeit» des Funks, als man noch Festkörperkomponenten verwendete. In Lehrbüchern wurden sie als historische Kuriosität abgehandelt. Das änderte sich abrupt, als der Transistor erfunden wurde. Dieser nahe Verwandte der Schnurrhaardiode konnte all das, was eine Triode konnte, doch er kam ohne heißen Glühfaden aus, der Energie verschwendete. Er konnte billig und in winzigen Dimensionen hergestellt werden, war robust und zuverlässig und versah seinen Dienst länger als jede Röhre. In den nächsten fünfundzwanzig Jahren verdrängte der Transistor die Vakuumröhre fast vollständig. 1980 wollte niemand ein Fernsehgerät mit Röhren auch nur geschenkt. Am Ende des Jahrzehnts existierten überhaupt keine Röhren mehr. Sie waren bis auf ein paar Spezialanfertigungen gänzlich durch Festkörperbauteile ersetzt worden. In Lehrbüchern handelte man Röhren als historische Kuriositäten ab. Nur ein paar unbelehrbare alte Männer erinnerten sich noch an die «gute alte Zeit» des Funks, als jedermann noch Röhren verwendete.

Erkennen Sie das System? Ich wundere mich immer wieder, wie oft sich die Geschichte wiederholt. Wären Sie und ich um 1945 herum dabei gewesen, hätten wir sicher auch nicht dumm dastehen wollen. Wir hätten die hoffnungslos altmodische Festkörpertechnik links liegen gelassen, die bereits eine Generation früher aus der Mode gekommen war. Unsere Freunde und Lehrer hätten uns sonst für verrückt gehalten und unsere Projekte für «Jugend forscht» abgelehnt. Doch die Jungs in der Forschungsabteilung von «Bell» ließen sich nicht beirren. Sie spielten ausgerechnet mit Schnurrhaardioden herum.

Mit dem Geld, das der Firma «Bell» das Patent für den Transistor eingebracht hätte, hätte sie ein paar der kleineren Staaten der Erde kaufen können. Die Regierung entschied aber, dass diese Erfindung zu gut sei, als dass eine einzige Gesellschaft das Monopol darauf haben dürfe, also zwangen sie die Firma, jedem eine billige Lizenz zu erteilen, der es anwenden wollte. Rückblickend war der Transistor wirklich eine verdammt gute Idee. Nahezu jeden Bereich unseres Lebens hat die Festkörperelektronik mittlerweile revolutioniert.

Vor diesem Hintergrund frage ich mich, ob nicht die alte Röhrendiode demnächst wieder in Mode kommen wird. Vielleicht könnte man die Vakuumröhren ohne die Glaskölbchen benutzen, wenn man sich etwa im Weltraum befindet. Werden wir im All phantastische Computer bauen, die auf Prinzipien basieren, die man seit den Tagen des Schwarzweißfernsehens vergessen hat? Wird eine einzelne, bisher unentdeckte Eigenschaft der Vakuumröhren das Leben in einem künftigen Jahrhundert vielleicht derart revolutionieren, wie es die Festkörperelektronik die letzte Hälfte des 20. Jahrhunderts geschafft hat? Vielleicht finden Sie es heraus und bekommen ein Patent dafür!

Der Verstärker

Das Wort **Verstärker** verursacht mitunter Verwirrung. Wir alle wollen etwa unsere finanziellen Ressourcen verstärken. Wenn wir von einem elektrischen Gerät hören, das Verstärker heißt, glauben wir, dass es wie von Zauberhand etwas vergrößert. Aber das stimmt so nicht ganz. Elektrische Verstärker vergrößern nicht wirklich etwas. Es sind vielmehr Apparate, in denen ein kleiner Strom oder eine niedrige Spannung viel Strom oder eine hohe Spannung steuern.

Der Mann mit dem Gewehr züchtet ja keine Truthähne. Er macht die Herde nicht größer. Er steuert sie nur. Schon seine geringfügigste Stimmungsschwankung beeinflusst den riesigen Strom von Truthähnen über die Anhöhe dramatisch. In derselben Weise können kleine Änderungen in einem kleinen Stromkreis große Veränderungen in einem sehr viel mächtigeren Stromkreis verursachen. Verstärker benutzen dafür entweder Trioden oder Transistoren.

Zurück zu unserem Detektorradio. Wenn wir eine Batterie benutzen, um den Lautsprecher zu betreiben, und das schwache ankommende Funksignal dazu verwenden, um den Batteriestromkreis zu steuern, sieht es so aus, als ob wir das schwache Signal stärker machen und den Ton lauter. Wir können sagen, wir hätten das Signal verstärkt. Das bedeutet aber lediglich, dass wir es dazu benutzt haben, einen viel größeren Strom zu steuern. Hier zur Erinnerung noch einmal die Transistorschaltung:

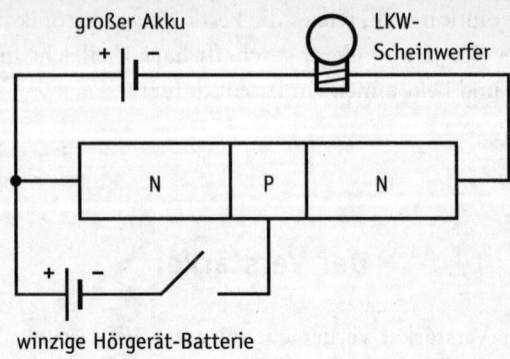

großer Akku
+ –

LKW-
Scheinwerfer

N P N

+ –

winzige Hörgerät-Batterie

Wieder haben wir einen großen Akku und den Lkw-Scheinwerfer in demselben Stromkreis. Wir nennen ihn den **Leistungskreis**. Er ist an den Emitter und an den Kollektor des Transistors angeschlossen. Ebenso haben wir einen kleinen Steuerkreis; er enthält die winzige Batterie und den Schalter und ist am Emitter und an der Basis angeschlossen. Bis jetzt dient unser Transistor selbst als Schalter. Er ist entweder an- oder ausgeschaltet.

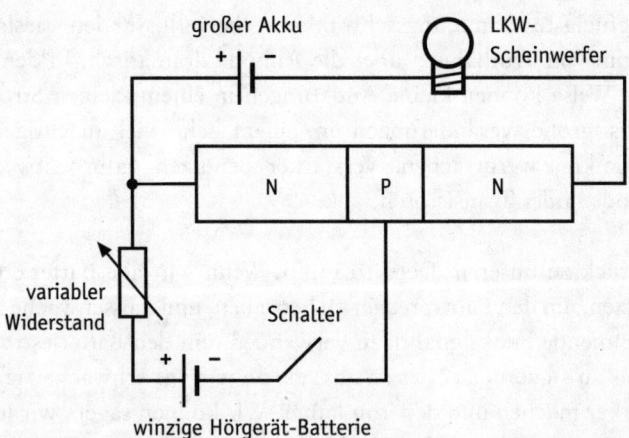

großer Akku
+ –

LKW-
Scheinwerfer

N P N

variabler
Widerstand

Schalter

+ –

winzige Hörgerät-Batterie

Jetzt löten wir ein Mikrophon in den Steuerkreis ein und schließen den Schalter. Dieses spezielle Mikrophon ist in Wirklichkeit ein veränderlicher Widerstand, dessen Widerstandswert sich ändert, sobald eine Schallwelle auf ihn trifft. Viele Mikrophone funktionieren so.

Solange kein Schall auf das Mikrophon trifft, hat es eine Menge Widerstand. So lange können die Grünis die PN-Übergänge nicht überspringen. Die Ladungen im Transistor verhindern, dass Elektrizität durch ihn hindurchfließt. Der Scheinwerfer bleibt dunkel. Wenn wir aber leise ins Mikrophon murmeln, zeigt es bereits weniger Widerstand, ein Teil der Ladung wird vom Übergang verdrängt, es fließt etwas Strom und der Scheinwerfer leuchtet schwach.

Brüllen wir jetzt ins Mikrophon hinein, geht sein Widerstand stark zurück, die gesamte Ladung verschwindet an den Übergängen, und der Scheinwerfer leuchtet hell auf.

Jede Veränderung unserer Stimmstärke hat also eine deutlich sichtbare Wirkung auf den Scheinwerfer.

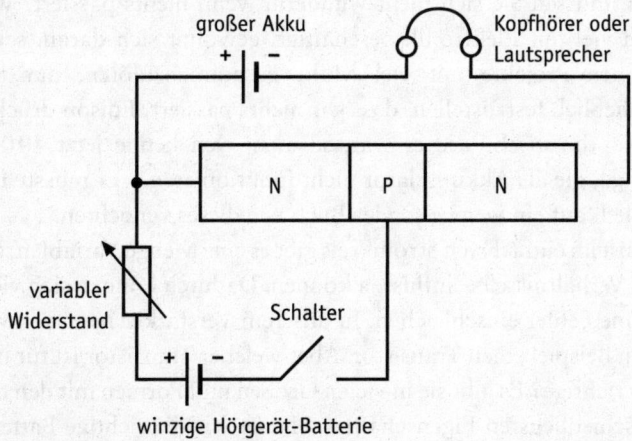

Wir ersetzen nun die Lampe durch Kopfhörer oder einen Lautsprecher. Nun soll unser Leistungskreis Schall statt Licht produzieren. Jede feine Schwankung in unserer Stimme verursacht eine entsprechende Veränderung des Widerstands im Mikrophon, und dadurch verändert sich auch die Menge an Strom, die durch den Leistungskreis fließt. Das wiederum beeinflusst den Schall, den der Lautsprecher produziert. Mit etwas Glück gibt der Lautsprecher die Laute getreu wieder, die Sie ins Mikrophon sprechen. Wenn viel Strom durch den Schaltkreis fließt, ist der Schall, der herauskommt, allerdings sehr viel lauter als der Schall Ihrer Stimme. Sie haben Ihre Stimme verstärkt.

Genauso funktioniert ein Megaphon.

Vorspannung

Wenn Sie jetzt den kleinen Verstärker nach dem Plan, den wir soeben erörtert haben, zusammenbasteln und den Schalter umlegen, müssen Sie sich nicht wundern, wenn nichts passiert. Wer sich viel mit Elektronik beschäftigt, gewöhnt sich daran, seine kleinen Projekte mit viel Mühe zusammenzulöten, nur um schließlich festzustellen, dass gar nichts passiert. Edison drückte es, optimistisch, wie er war, so aus: «Ich kenne jetzt 10 000 Dinge, die als Akkumulator nicht funktionieren.» Er musste natürlich auf ein wegweisendes Buch wie dieses verzichten.

Selbst im einfachsten Stromkreis gibt es eine Menge Variablen, die die Verhältnisse beeinflussen können. Dadurch können sich viele kleine Fehler einschleichen. In unserem Verstärker benutzen wir zum Beispiel einen Transistor. Aber welcher Transistor ist für uns der richtige? Es gibt sie in vielen Größen und Formen mit den unterschiedlichsten Eigenschaften. Haben wir die richtige Batterie für den Steuerkreis ausgesucht? Das hängt natürlich vom Widerstand unseres Mikrophons ab. Wie viel Spannung braucht unser Lautsprecher und wie viel Strom? Wie viel Widerstand hat er? Welche Größe hat unser Akku im Leistungskreis? Jeder Faktor hängt von allen anderen Faktoren ab. Aus diesem Grunde ist es oft klüger, andere Leute mit den verschiedensten Komponenten herumspielen zu lassen. Während er sich und seine Familie mit seinen Versuchen schließlich in den Wahnsinn treibt, kaufen Sie einfach den Schaltplan, den er ausgetüftelt hat. Bibliotheken, Buchläden und Elektronikshops sind voll von Büchern mit hübschen Schaltplänen, deren Einzelwerte genau ausgearbeitet sind. Inzwischen verstehen Sie schon viel mehr von Elektronik, als Sie zum erfolgreichen Nachbau dieser Pläne brauchen. Wenn Ihr Bekannter behauptet, er habe seine Stereoanlage selbst gebaut, bedeutet das noch lange nicht, dass er sie auch selbst entworfen hat. Er hat vermutlich einfach zehn Mark für einen Schaltplan gezahlt und dann die Bauteile zusammengelötet.

Wenn der Verstärker also nicht funktioniert, kann es daran liegen, dass die Steuerbatterie die falsche Spannung hat. Da es weniger als 1 Volt braucht, um die Ladung aus einem typischen Transistor abzuleiten, und man im Supermarkt so kleine Batterien nicht bekommt, konnte der Transistor vermutlich noch gar keine Ladungen entlang des PN-Übergangs aufbauen. Er reagiert also wie ein einfacher Draht im Stromkreis. Anders ist es, wenn das Mikrophon viel Widerstand hat. In diesem Fall benötigen Sie tatsächlich mehr Spannung im Steuerkreis, um den Widerstand des Mikrophons zu überwinden. Die Schwierigkeit besteht darin, die richtige Spannungshöhe im Steuerkreis aufrechtzuerhalten, indem man Widerstände hineinlötet oder herausnimmt. Die Spannung im Steuerkreis nennt man **Vorspannung.** Sie bestimmt die Höhe des Widerstands im Transistor.

Die meisten Schaltpläne benutzen keine zwei Batterien. Sie haben nur eine Spannungsquelle und benutzen sie sowohl für den Aufbau der Vorspannung als auch für den Hauptstromkreis. Dazu teilen sie den Stromkreis in zwei Bereiche auf. Das macht es zwar etwas schwieriger, die Schaltpläne zu entziffern, aber das Prinzip bleibt das gleiche. Jeder Verstärker besitzt einen Leistungskreis und einen Steuerkreis. Die Vorspannung herrscht nur im Steuerkreis.

Hühneralarm in der Basketballhalle

Der Chef fuhr auf den Schulparkplatz.

«Verflucht!», dachte er, als er all die Presseautos und Reporter sah. «Wir schaffen es auf keinen Fall, es aus den Nachrichten herauszuhalten!»

Er hatte vollkommen Recht. Der Basketball-Landeswettkampf war noch vor der zweiten Halbzeit beim Spielstand unentschieden abgebrochen worden. Abgebrochen durch – Sie ahnen es schon – Hühner. Da können die Medien nicht widerstehen.

Der Chef öffnete eine Seitentür und ging direkt in die Turnhalle. Seine Männer schüttelten ihm stumm die Hand. Das Problem war deutlich sichtbar.

Tausende und Abertausende von Hühnern füllten das Basketballfeld und tanzten wie wild auf dem Parkettboden herum. Sie drehten Pirouetten auf der glatten Oberfläche, krümmten sich, vollführten Salti und gewagte Sprünge. In der Mitte des Spielfelds lag ein roter Läufer, fast zwei Meter breit, der für die Preisverleihung nach dem Spiel ausgerollt worden war. Auf dem Läufer selbst standen nur ein paar Hühner verloren herum, doch an den Rändern zu beiden Seiten drängten sie sich dicht an dicht.

Auf den Tribünen standen ärgerliche Eltern und Schüler, die Gesichter vor Empörung gerötet. Sie beschimpften die wogende Geflügelmenge von oben herab, doch ohne Erfolg. Von ihren Bänken an den Kopfseiten des roten Läufers starrten sich die beiden Basketballteams verdrossen an. Es sah ganz so aus, als müsste das Spiel abgeblasen werden.

«Liegt es an mir», sagte der Chef zu sich selbst, als er den Schauplatz überblickte, «oder hat diese Generation Hühner jeden Respekt vor der Tradition verloren? Ich erinnere mich gut an die Zeiten, als das Huhn seinen angestammten Platz beim Sonntagsessen neben der Soße hatte ...»

«Chef!»

Der Chef drehte sich um.

«Smedley! Junge, wie freue ich mich, Sie zu treffen!» In seiner Stimme lag Erleichterung. Smedley war der Clint Eastwood der Hühneraufstände.

«Danke, Chef, aber dies hier ist auch für mich was Neues. Sie haben noch nie zuvor ein Basketballspiel besetzt. Ich bin nicht sicher, was zu tun ist. Ich habe schon einen Lastwagen angefordert, aber es wird eine Weile dauern, bis er hier sein wird.»

«Wir können nicht so lange auf den Lastwagen warten», sagte der Chef. «Diese rasenden Menschenmenge ist imstande, das Gesetz selbst in die Hand zu nehmen. Wir haben nicht die Ausrüstung, um mit einem groß angelegten Hühneraufstand fertig zu werden. Irgendwie muss das Basketballspiel so schnell wie möglich weitergehen. Ob mit oder ohne Hühner.»

«Chef?»

«Ja?» Der Chef drehte sich zu der jungen Polizistin. «Hauptkommissar Dickinson, nicht wahr?» Sie hatte ein Blatt Papier in der Hand.

«Ja, Chef. Die Hühner sind ziemlich gleichmäßig auf beide Korbräume verteilt. Nur wenige befinden sich auf dem Läufer. Aber sie drängeln sich ziemlich dicht zu jeder Seite des Läufers.»

«Warum eigentlich?»

Sie zuckte mit den Achseln.

«Ich vermute, um das Gleichgewicht zu bewahren. Sei's drum. Ich habe die Bezirke auf der Karte markiert. Die kleinen Häkchen sind die Hühner.»

Hier ist die Zeichnung, die sie dem Chef überreichte:

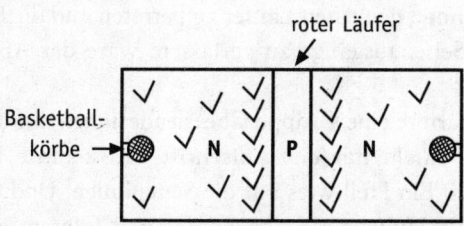

«Hmm», murmelte Smedley, indem er dem Chef über die Schulter spähte. «Das bringt mich auf eine Idee. Wenn sich die Hühner nicht am Läufer drängen würden, könnte man vermutlich ein wenig Basketball spielen.»

«Das würde chaotisch.»

«Schauen Sie sich doch die Leute an!», entgegnete Smedley engagiert. «Man kann ihren Hass förmlich riechen! Hier entsteht gerade eine Massenhysterie. Wir haben keine Zeit mehr, uns viele Gedanken zu machen. Wir müssen irgendein Basketballspiel zustande bringen, auch wenn da ein paar Hühner herumtanzen ...»

Dickinson und der Chef hörten das heisere Schreien der Zuschauer und wussten, dass Smedley Recht hatte.

«Was sollen wir tun?», grübelte der Chef.

«Sie fordern die Trainer auf, ihre Jungs einfach auf dem Platz aufzustellen, zwischen die Hühner. Ich kümmere mich um die Hühnerversammlung entlang des Läufers. Los, spielen wir Basketball!»

Innerhalb kürzester Zeit standen die beiden Spielerteams inmitten von Wolken tanzenden Geflügels. Besonders glücklich sahen sie dabei nicht gerade aus. Wenn sie sehr vorsichtig waren, konnten sie sogar ein bisschen dribbeln und kleine Schritte machen. Doch durch die Hühnerversammlung entlang des Läufers war kein Durchkommen möglich. Die Zuschauermenge beruhigte sich jedoch ein wenig, als die ersten Spieler anfingen, sich den Ball zuzuspielen. Alle warteten gespannt, was passieren würde. Wenn Smedley die Hühnermassen in der Spielfeldmitte dazu bringen könnte, den roten Läufer zu betreten und die Halle dann durch die Seitenausgänge zu verlassen, wäre der Abend gerettet.

Plötzlich stürmte eine Gruppe Cheerleaderinnen auf den Läufer. Sie hielten Tafeln mit der Aufschrift «Kostenlose Limonade, hier!» hoch. Ein Pfeil wies auf die Seitenlinien. Und tatsächlich sprangen die Hühner auf den Läufer und folgten, erhitzt und durstig vom Tanzen, den Cheerleaderinnen. Sobald sie das Spielfeld verlassen hatten, standen sie diszipliniert am Limonadentisch an. Jedes Huhn erhielt von Smedley persönlich einen Pappbecher voll eiskalter Limonade. In einem Zug schüttete es seinen Becher hinunter, warf ihn in den Abfalleimer und lief dem Huhn vor ihm nach. Smedley wollte nicht riskieren, dass auch nur ein Huhn entweichen konnte, bevor der Lastwagen angekommen war, daher leitete er die Schlange zu einer Ecke des Spielfelds zurück.

Da begann schon das Basketballspiel. Es war zwar nicht gerade ein tempogeladenes Spiel, denn die tanzenden Hühner bildeten einen gewissen Widerstand. Doch ohne den Hühnerauflauf entlang des Läufers konnten sich beide Teams immerhin über das Spielfeld vor und zurück bewegen, und nach einer Weile ignorierte man das Federvieh.

Die aufmerksameren Fans bemerkten jedoch eine interessante Gesetzmäßigkeit. Jedes Mal, wenn eine bestimmte Cheerleaderin an Smedleys Tisch vorbeikam, war er merklich abgelenkt. Seine Koordination ließ nach, und er schenkte die Limonade wie benebelt aus. Dann staute sich die Hühnerschlange am Tisch, und sofort mussten die Spieler einer dichten Geflügelmenge in der Spielfeldmitte ausweichen. Das Spiel verlangsamte sich dann beträchtlich. Wenn die Cheerleaderin den Tisch passiert hatte, gewann Smedley seine Fassung wieder, die Limonade wurde gerecht ausgeschenkt, und das Tempo des Basketballspiels erhöhte sich wieder. Keiner der Trainer bemerkte den Zusammenhang, sonst hätte er das Spielergebnis beeinflussen können, indem er die Cheerleaderin etwa nur dann zum Limonadeholen geschickt hätte, als gerade das gegnerische Team den Ball hatte.

Das Basketballspiel endete, noch bevor der Lastwagen ankam, und Smedley konnte seinen Limonadenstand ohne weitere Zwischenfälle schließen. Die Tribünen leerten sich und überließen die Turnhalle den gackernden Breakdancern, die zu einer Musik tanzten, die nur Hühner hören konnten. Die Polizisten sicherten unterdessen das Gelände und warteten auf den Körnerlaster und das Hühner-Sondereinsatzkommando, das von der Landespolizei eingerichtet worden war, um die Täter dingfest zu machen. Der Trick mit der Körnerschaufel war mittlerweile eine polizeiliche Standardmaßnahme.

«Ui!», gab der Chef von sich, als er Smedley traf. «Das war aber knapp.»

«Ja, allerdings», antwortete Smedley. «Zwei Punkte Abstand! Ich dachte, es würde in die Verlängerung gehen.»

«Nicht das Spiel», sagte der Chef. «Die Hühner.»

«Oh. Natürlich.»

«Zeigen Sie mir mal den Plan. Ich möchte sicher gehen, dass ich alles verstanden habe, für den Fall, dass das nochmal passiert.»

Smedley reichte dem Chef ein Stück Papier mit dieser Zeichnung:

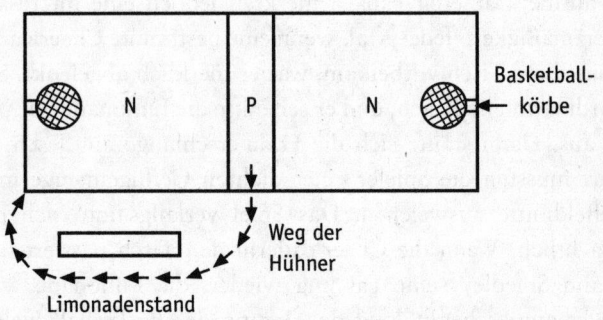

«Das ist großartig, Smedley. Solange wie Sie die Hühner auf den Läufer und vom Spielfeld locken, können die Basketballspieler über das Spielfeld laufen. Was für ein Plan! Wie nennen Sie das?»

Smedley dachte kurz nach.

«Ich glaube, ich nenne es Transistor», sagte er.

Oszillatoren

Das Wort **oszillieren** bedeutet «im Takt hin und her schwingen». Pendel oszillieren. Die Spielplatzschaukel oszilliert. Die Flagge oszilliert bei einer schwachen, steten Brise. Bei vielen Freizeitaktivitäten ist Oszillation im Spiel. In der Welt der Elektrizität ist ein **Oszillator** ein Gerät, das Strom rhythmisch pulsieren oder wechseln lässt.

Unser Knallfunkensender war etwa ein einfacher Oszillator. Wir hatten ursprünglich Gleichstrom und veränderten ihn, bis Funken aus Wechselstrom zwischen zwei Kontakten hin und her sprangen. Seine Frequenz konnten wir jedoch noch nicht steuern, und wir haben viel Strom durch Widerstand, Trägheit, Selbstinduktion und die Entstehung ungewollter Frequenzen verschwendet.

Stellen Sie sich einen Transistorverstärker vor. Der Leistungskreis oder «Ausgang» speist einen Lautsprecher, und der «Eingang» oder Steuerkreis enthält ein Mikrophon. Wir schnippen mit den Fingern, und nur einen winzigen Sekundenbruchteil später hören wir unser Schnippen verstärkt aus dem Lautsprecher. Nach einer halben Stunde wird uns das Spielchen langweilig. Um es ein wenig spannender zu machen, schieben wir das Mikrophon dichter an den Lautsprecher. Wir schnippen wieder mit den Fingern. Nun hören wir schon ein sehr viel lauteres Schnippen aus dem Lautsprecher, denn diesmal «hört» das Mikrophon auch den Schall des Lautsprechers mit und speist dessen Schall zurück in den Eingangskreis. Wir hören also ein drittes Schnippen als dessen verstärktes Echo. Das Mikrophon nimmt nun aber auch diesen Schall auf und speist ihn wieder in den Verstärkerkreis ein. Unser Schnippen wird so automatisch unendlich oft wiederholt, und jedes Schnippen ist eine verstärkte Version des vorherigen. So etwas nennt man **Rückkopplung**. Ein Teil des Ausgangssignals des Verstärkers wird «rückgekoppelt» und wieder als Eingangssignal benutzt. Wenn man das Gerät jetzt nicht schleunigst ausschaltet, wird es lauter und lauter, bis es die Lautsprecher zerstört. Hat das Mikrophon genau den richtigen Abstand vom Lautsprecher, wird es nicht lauter, sondern wiederholt sich unendlich.

Mit einer sorgfältig justierten Rückkopplung und ein wenig Glück können ein Verstärker und ein Lautsprecher ein derart ohrenbetäubendes Geräusch machen, dass die Nachbarn die Polizei rufen. Der Polizei ist es egal, dass Sie nur ein einziges Mal mit den Fingern geschnippt haben. Sie versteht es einfach nicht, dass es wunderschön ist, wenn man den Ausgang in den Eingang rückkoppelt und so eine Fingerschnipp-Kettenreaktion auslöst. Stattdessen erhalten Sie eine ernste Verwarnung. Außerdem nimmt man Ihnen wahrscheinlich dieses Buch fort. Und wer möchte das schon riskieren?

Wir können aber auch viel Spaß haben, ohne gleich im Gefängnis zu landen, indem wir Mikrophon und Lautsprecher einfach weglassen. Ganz recht, meine Damen und Herren. Lautlose Rückkopplung. Wir ziehen einfach einen Draht vom Ausgang zum Eingang. Da der Eingangskreis für kleine Ströme konzipiert ist, löten wir einfach einen Widerstand ein, um die zu erwartende Wucht der Rückkopplung zu begrenzen.

Wir schalten ein. Unser Verstärker erhält kein echtes «Eingangssignal». Bevor jedoch die Übergänge ihre Ladungen aufbauen können, fließt kurzzeitig ein winziger Stromimpuls. Das ist alles, was wir brauchen. Dieses winzige elektronische Fingerschnippen wird verstärkt, ein Teil des verstärkten Stroms in den Eingang rückgekoppelt, worauf er wieder verstärkt wird, und wir sind schon mittendrin. Unser Ausgangsstrom wechselt zwischen «an» und «aus», wobei ein Teil jedes Impulses das Eingangssignal für den nächsten liefert.

Da unser Gerät nur an sich selbst angeschlossen ist, können wir unsere Freunde damit nicht sonderlich beeindrucken, denn es gibt keine Möglichkeit festzustellen, ob es funktioniert. Sobald sie uns aber auslachen, wissen wir, was zu tun ist: Wir rächen uns mit Fachausdrücken. Die Folgefrequenz der Impulse, von denen Sie und ich wissen, dass sie von unserem Oszillator erzeugt werden, hängt von der Wahl der Transistoren, Widerstände und von der Spannung ab. Und natürlich auch von etwas Glück. Wenn Sie mehr Einfluss nehmen wollen, müssen Sie einen Filter hinzufügen.

Oszillatoren kann man auf vielerlei Arten entwerfen. Sie unterscheiden sich in der Art und Weise, wie sie den verstärkten Strom in den Eingang rückkoppeln und auf welche Weise sie die Frequenz regeln. Natürlich trägt jede Variante eine spezielle Bezeichnung. Doch alle funktionieren im Prinzip gleich: Sie bewirken, dass Elektrizität in einer ziemlich festen Frequenz wechselt oder pulsiert, indem sie einen Teil des Ausgangssignals eines Verstärkers als Eingangssignal benutzen.

Wie das «Ka-Boom» Tennisspieler außer Gefecht setzte

«Ka-Boom» lautete der Handelsname eines Roboters, der Tennisbälle übers Netz schoss, damit auch Spieler ohne Partner ihre Schläge üben konnten. Man berührte nur den Kopf des Geräts, und schon schoss es nacheinander fünf Tennisbälle in Sekundenfolge ab.

Der Erfinder war sehr stolz auf seine Konstruktion, doch die Käufer entdeckten bald einen ernsten Mangel: Wenn man Ka-Boom selbst in Gang setzen wollte, musste man das Gerät berühren und dann in Windeseile zur eigenen Netzseite zurückrasen. Unterwegs flogen einem gewöhnlich drei bis vier Übungsbälle um die Ohren, und manche schafften es nicht einmal rechtzeitig, wenigstens den letzten Ball zu bedienen. Leute, die es allein mit

Ka-Boom versuchten, fanden in ihm zwar eine wertvolle Unterstützung ihres Ausdauertrainings, waren aber mit der Verbesserung ihres Tennisspiels nicht ganz zufrieden. Die Alternative war, einen Freund das Gerät bedienen zu lassen, doch Freunde, die ihre Zeit dafür opfern, wollen sicher lieber gleich Tennis spielen. Kurz: Ka-Boom war kein großer Erfolg.

Einige besonders schlaue Spieler fanden jedoch heraus, dass man Ka-Boom prima einsetzen konnte, wenn man es wie einen Oszillator behandelte. Sie zielten einfach ihre Schläge genau gegen den Kopf des Geräts. Solange sie es nur alle fünf Schüsse einmal trafen, konnten sie den ganzen Tag lang üben. Diese Treffer waren sozusagen die Entsprechung zur Rückkopplung im Oszillator.

Während die Tennisspieler immer genauer trafen, entdeckten sie eine weitere sonderbare Eigenart, die das alte Ka-Boom einem Oszillator noch ähnlicher machte, und zwar einen Fehler, der die Hersteller schließlich zum Rückruf aller Maschinen veranlasste. Immer wenn der Spieler es fertig brachte, den Ball auf den Kopf des Geräts zu schießen, begann es, sofort eine neue Serie von fünf Tennisbällen im Sekundenabstand zu feuern, und zwar gleichzeitig zu den ersten fünf. Es wartete also nicht, bis die erste Serie fertig war. Vielleicht erkennen Sie schon das Problem. Wenn man es schaffte, den ersten Ball der ersten Serie zurückzuschlagen und Ka-Boom auf den Kopf zu treffen, ließ es sofort Ball eins der zweiten Serie vom Stapel; nur eine halbe Sekunde später kam dann Ball zwei von der ersten Serie. Als Lohn für seine Geschicklichkeit wurde der Spieler nun von einer Salve harter Tennisbälle attackiert, die nicht nur jede Sekunde, sondern sogar jede halbe Sekunde losgeschossen wurden. Das Allerletzte, was er unter diesen Umständen wollte, war ein weiterer Treffer.

Das Fass zum Überlaufen brachte der Tag, an dem ein in Südkalifornien lebender Norweger ein Ka-Boom auf dem heimischen Tennisplatz aufstellte, ohne auch nur einen Gedanken daran zu verschwenden, dass sein Spielfeld von einer hohen Betonwand umgeben war. Er stellte den Roboter an und erzielte schon mit seinen ersten drei Schüssen Volltreffer. Zu seinem grenzenlosen Schrecken wurde er nun in rasanter Folge mit einem Dutzend Bällen beworfen. Um die ziellosen Geschosse abzuwehren, hüpfte er in Panik wild hin und her. Ein einzelner Schlag mit dem Racket, um einen der Bälle abzuwehren, traf ausgerechnet den Geschwindigkeitshebel und erhöhte so die Ballfrequenz auf ein verhängnisvolles Niveau. Jetzt prallten auch noch die Bälle von der Betonwand ab und schossen direkt in Richtung Ka-Boom zurück. Ein paar dieser automatischen Schläge trafen auch das Gerät selbst, was einen höllischen, nicht enden wollenden Hagel fluoreszenzgelber Projektile auslöste. Es war kein schöner Anblick. Aufgeschreckt durch seine verzweifelten Schreie, rannten die Nachbarn dem armen Norweger zu Hilfe, fürchteten sich aber, auf das Spielfeld zu treten. Erst als Ka-Boom keine Bälle mehr hatte, trauten sie sich, dem wimmernden, stammelnden, mit Beulen übersäten Ex-Tennisspieler vom Spielfeld zu helfen.

Ein Oszillator ist also ein Verstärker, der einen Teil seines Ausgangssignals zurück in seinen Steuerkreis oder Eingang speist. Wie das alte Ka-Boom kann er sehr hohe Frequenzen entwickeln. Sobald man ihn aufgebaut hat, braucht der Oszillator allerdings keinen Klaps auf den Kopf, um weiterzulaufen.

I. Cseh oder
Die Erfindung der integrierten Schaltungen

Es ist schon tausendmal passiert, dass ein missglücktes Experiment zu einer wichtigen Entdeckung geführt hat. So war es auch, als sich der berühmte norwegische Fotograf Isidor Cseh entschied, seine Kunst zum Verfertigen elektronischer Komponenten einzusetzen. Wäre es nicht schön, dachte er bei sich, wenn man elektronische Stromkreise so billig und einfach vervielfältigen könnte wie Fotografien? Der Mann war eindeutig ein Genie. Doch bis zur Niederschrift dieses Buchs hier hatte Herr Cseh (für seine Freunde «I-Cseh») noch keine Anerkennung gefunden.

Seine Idee war folgende: Ein Widerstand kann ein sehr dünner Bereich eines Leiters sein, denn ein dünner Draht hat mehr Widerstand als ein dicker. Ein Stück Metallfolie der folgenden Form:

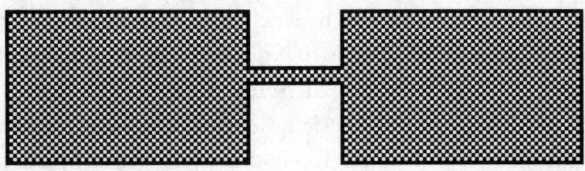

funktioniert wie ein Leiter. Die dünne Verbindung zwischen beiden wirkt wie ein Widerstand. Zwei dicht beieinander liegende Leiter, die aber durch einen Isolator getrennt sind, wie hier:

funktionieren wie ein Kondensator. Herrn Cseh kam nun der Gedanke, dass er viele verschiedene Komponenten anfertigen könnte, wenn er einfach die Leiter kreativ verformte. Aluminiumfolie oder jeder andere Leiter könnte so als Widerstand oder Kondensator benutzt werden. Wenn er dann Fotos von diesen Formen machte, könnte man sie sogar fotografisch vervielfältigen. Das wäre billig und bequem. Er war ganz aufgeregt. Wie wär's zuerst mit einer Spule, dachte er. Und er zeichnete diese zweidimensionale Spule:

Dann fiel ihm ein, dass er auch Halbleiterdioden machen könnte und Transistoren, bestehend aus sehr dünnen Schichten von P- und N-Material, die wie nasses Papier aufeinander gelegt werden. Die überstehenden Ränder könnte er einfach abschneiden. Er wusste, dass gewisse Chemikalien säureresistent werden, wenn man sie Licht aussetzt. Wenn er die einzelnen Schichten des halbleitenden Materials mit diesen fotoresistenten Chemikalien überziehen und dann mit einem fotografischen Negativ einzelne Bereiche aussparen würde, die dann belichtet würden, könnte er die ganze Arbeit in Säure legen und alle von ihm vorgezeichneten Formen herausätzen. Sie könnten dann als Komponenten verwendet werden.

Bis hierher war die Idee des Mannes gut. Er scheiterte allerdings bei ihrer Realisierung. Er hatte die Vision, riesige Stromkreise von der Größe einer Wandtafel herzustellen, die dann im Unterricht eingesetzt werden sollten. Er zeichnete die Stromkreise einfach auf ein Stück Papier und wollte sie dann auf Siliziumplatten vergrößern, die er mit fotoempfindlichem Material überzogen hatte. Nach der Entwicklung dieser riesigen Abbilder von Widerständen, Kondensatoren, Spulen, Transistoren oder Dioden tauchte er sie in Säure und hoffte, ein wandgroßes Bauteil zu bekommen, das tatsächlich wie ein elektrischer Stromkreis funktionieren würde und dennoch groß genug für die Studenten in der hintersten Reihe wäre.

Das Problem war, dass Herr Cseh beim Vergrößern das falsche Objektiv benutzte. Statt eines Vergrößerungsobjektivs nahm der gute alte Isidor aus Versehen ein verkleinerndes Objektiv. Als die Prozedur fertig war, funktionierte zunächst alles wunderbar. Alle Komponenten arbeiteten wie geplant. Aber leider war der ganze Stromkreis nur so klein wie ein Stecknadelkopf. Er war empört. Sein Traum war nicht in Erfüllung gegangen. Für einen mikroskopisch kleinen Stromkreis sah er absolut keine Verwendung. Er hatte zwar die integrierten Schaltungen erfunden, die heute noch als «I.Csehs» bezeichnet werden, aber das war ihm nicht bewusst. Bevor er vollständig in Vergessenheit geriet, verfütterte er das Original des IC * noch an seinen Goldfisch.

Die digitalisierte Welt

Der amerikanische Volksheld Paul Revere, der durch seinen Kurierritt vom 18. 4. 1775 vor dem Gefecht von Lexington die Amerikaner vor den britischen Truppen warnte, war einer der Ersten, die das **digitale Konzept** populär machten. Er sagte zu seinem Kumpel: «Mach zur Sicherheit ein Licht an. Dann weiß ich, dass du im Glockenturm der Kirche bist. Das andere Licht kann entweder an oder aus sein. Wenn die britischen Soldaten vom Land her kommen, lass nur ein Licht brennen, und zwei, wenn sie vom Meer her kommen. Ich werde am anderen Ufer stehen und Ausschau halten.»

Auf diesem Konzept beruhen alle digitalen Geräte. Jede Information kann in einen Code übersetzt werden, der letztlich nur auf die Frage hinausläuft: «Ist die Laterne an oder aus?» Heute benutzen wir Schalter anstelle von Laternen. Information wird zu einer lan-

---

* Englisch: integrated circuits oder IC, deutsch: integrierte Schaltung oder IS (A. d. Ü.).

gen und komplizierten Perlenschnur aus vielen «Ein» und «Aus» verschlüsselt oder **digitalisiert**. Sobald die Information derart digitalisiert ist, kann man sie leicht speichern, etwa auf CDs oder Computer-Laufwerken, damit kommunizieren, etwa mit Modems oder Faxgeräten, und sie abändern, beeinflussen, vergleichen oder weiterverarbeiten, etwa mit Computern.

Die Verteilung der «Ein» und «Aus» kann man sich als Reihe von «Einsen» und «Nullen» vorstellen. Sobald wir diesen Sprung getan haben, eröffnet sich uns eine völlig neue Welt. Digitalisierte Information bedeutet nichts anderes als in Zahlen verwandelte Information und unterliegt damit vielen komplizierten mathematischen Operationen. Viele Leute glauben, damit sei eine Welt ohne Grenzen erreicht. Schließlich kann alles digitalisiert werden, und die Mathematik ist unfehlbar.

Leider beschleicht mich bei Mathematik dasselbe Unbehagen wie bei der Elektronentheorie.

Aber das ist ein anderes Buch.

Die allerersten Computer verwendeten kleine mechanische Schalter oder Strom fressende Röhrendioden. Später benutzten sie dann Transistoren. Mit der richtigen Vorspannung ist der Transistor ein grandioser Schalter. Zwei miteinander verbundene Transistoren können wie ein Kippschalter wirken, der nur so lange ein- oder ausgeschaltet bleibt, wie er unter Strom steht, bis man ihn erneut schaltet: perfekt zum Speichern von digitalen Einsen oder Nullen. Als integrierte Schaltkreise bekannt wurden, die Tausende von Transistoren auf einem winzigen Stückchen Material vereinigen können – so klein, dass es nicht einmal zum Niesen reizt –, wurde die Welt digital. Taschenrechner, Digitaluhren, PCs, Modems, Faxgeräte und CD-Spieler wurden preisgünstig und alltäglich.

Dank des denkbar einfachsten digitalen Signals gab Paul Revere den Ausschlag für die mächtigste Entdeckung der Gegenwart. Nicht auszudenken, was er mit einer Hand voll ICs hätte anstellen können.

Der Kampf gegen die Futuristen

Eine Halloween-Nacht in Boulder ist wie Karneval in Köln. Zwanzigtausend abenteuerlich kostümierte Menschen verstopfen ausgelassen singend und tanzend die Straßen und feiern so heftig, dass man es sich kaum vorstellen kann. Angesichts des überwältigenden Ideenreichtums bei den außergewöhnlichen Kostümen kann man Boulder mit Fug und Recht das Attribut «Universitätsstadt» zugestehen. Vor dem dramatischen Hintergrund der Rocky Mountains verwandelt sich die Innenstadt von Boulder für eine Nacht in ein Meer von Clowns, Vogelscheuchen und Hexen. Mannshohe Insekten streifen durch die Nacht, wandelnde Pappnasen schnüffeln an hübschen Mädchen, menschliche Leuchtfeuer blinken. Prinzessinnen und Könige lachen und scherzen mit zwei Meter großen Eiern, während Zeitungen mit Köpfen zuschauen. Riesige Selleriestangen gehen Hand in Hand mit Computermonitoren, denen plötzlich Beine gewachsen sind.

Eine Stadt ganz nach meinem Geschmack, dachte ich, als ich aus der Hoteltür in den wogenden menschlichen Ozean eintauchte. Es war schon dunkel und kühl. Hätte die Menschenmenge nicht die Luft ein wenig erwärmt, wäre meine Jacke entschieden zu leicht gewesen. Ich fragte mich schon, wie ich zwischen all den Leuten den Zauberer finden sollte, als ich neben mir ein sehr hübsches Mädchen bemerkte, das wie eine Bauchtänzerin gekleidet war. Trotz ihres leichten Kostüms machte sie nicht den Eindruck, als fröre sie. Ich entschied, dass der Zauberer weitaus mehr Möglichkeiten hatte, mich zu finden, als ich ihn. Also ließ ich mich einfach von der Menge fortreißen.

Vor Jahren war die Hauptstraße für den Verkehr gesperrt und mit Bäumen und Gehsteigen versehen worden. Die Menge füllte diese Einkaufsstraße komplett über mehrere Viertel hinweg aus. Und jedes Restaurant und jede Bar am Straßenrand boten etwas. Aus einem italienischen Restaurant zog der Duft von frischem

Knoblauch und Oregano, man hörte ein Duett mit Gitarrenbegleitung. Brutzelnde Steaks und Zwiebeln dufteten aus einer anderen Tür, dazu erklang das Lied einer Country-Gruppe. Wieder aus einem anderen drang das Aroma von Zimtkaffee und süßem Gebäck, unterlegt mit Ethnomusik. Aus der Ferne konnte ich eine Rockgruppe hören. Dann vernahm ich etwas Sonderbares: einen melodischen, fast menschlich klagenden Ton, wie von einer Flöte oder Elektrovioline. Er kam aus einem kleinen Restaurant. Diese Sirenenmusik zog mich unwiderstehlich an; ich bahnte mir einen Weg durch die Menge und ging hinein.

Es war ein kleines Café, sauber, komfortabel und behaglich. Die Bühne war kaum groß genug für die beiden Männer, die dort saßen und diese merkwürdige Musik spielten. Einer von ihnen, der Gitarre spielte, war ein großer gut aussehender Blonder mit unglaublich blauen Augen. Der andere Mann, ebenfalls groß und eher kantig, hatte schwarzes Haar und trug einen adretten schwarzen Bart. Er hätte Abraham Lincoln sein können. Zwischen seinen Knien hielt er eine Handsäge, die er mit einer Hand spannte, während die andere Hand sie mit einem Violinbogen strich. Eine singende Säge. Die beiden waren in ihre Musik vertieft. Ich erkannte das Stück als eine Bourrée von Bach wieder. Zu meinem Erstaunen spielten sie ausgezeichnet. Die Säge traf jeden Ton genau. Der Gitarrist war vielleicht der beste, den ich je erlebt hatte. Beim Spiel war er so konzentriert, dass er aussah wie einer dieser steifen, perfektionistischen Typen, die keinerlei Sinn für Humor haben, aber als das Stück zu Ende war, breitete sich auf seinem Gesicht ein heiteres Lachen aus, er nickte dem Spieler mit der Säge zu und griff nach seiner Kaffeetasse.

Manchmal sind die Dinge eben doch nicht so, wie sie scheinen, dachte ich. Der Musiker mit der Säge lachte laut und machte ein paar schlechte Witze über Sägen, und dann spielten sie einen Jazz-Song.

«Wir haben auf dich gewartet.»

Ich drehte mich erschrocken um. Der Zauberer stand vor mir.

«Wir haben wenig Zeit. Diese Richtung.» Ich folgte ihm an einen Tisch in der Ecke. Mike und Belinda tranken schon heiße Schokolade. Als ich mich setzte, brachte die Serviererin auch eine für mich. «Ich muss meinen Feinden eine Falle stellen, bevor sie mir eine stellen können. Ein Zauberspruch mit der notwendigen Macht braucht seine Zeit. Zum Glück kennen diese Männer Boulder nicht besonders gut. Doch sie sind unbarmherzig und grausam. Wenn der Zauber versagt, finden sie dich, so wie ich dich gefunden habe. Sie werden keine Gnade kennen. Ich fürchte, auch dein Leben ist jetzt in Gefahr. Erzähl mir etwas über Röhrendioden. Aber fasse dich kurz.»

«Funktioniert die Zeitmaschine denn mit Röhren?», fragte ich ungläubig. «Niemand verwendet sie mehr.»

«Sie hat aber welche.»

Ich spürte das Drängen in seiner Stimme und begann: «Eine Röhrendiode ist ein Glaskolben wie eine Glühbirne. Fast die gesamte Luft ist herausgepumpt. Dadurch entsteht ein Vakuum. Elektrizität bewegt sich durch ein Vakuum leichter als durch Luft.»

«Gut.»

«Der heiße Glühfaden in der Röhre, die Kathode, ist von negativer Ladung umgeben. Der Strom kann innerhalb dieser Röhre zwar von dieser negativen Ladung hin zu einem Metallteller, der Anode, aber nicht vom Metallteller zurück zur Kathode fließen. Die Ladung stößt ihn ab. Deshalb ist eine Röhrendiode eine Art Einbahnstraße für Elektrizität.

Wenn du ein Gitter zwischen den beiden Elektroden befestigst, bekommst du eine Triode. Die Ladung des Gitters beeinflusst den Stromfluss. Indem man seine Ladung verändert, kann man eine niedrige Spannung in einem kleinen Stromkreis benutzen, um einen großen Stromkreis zu steuern.»

Der Magier schüttelte ungeduldig den Kopf. «Gut, gut», sagte er. «Das ist es nicht. Wie sieht's mit Transistoren aus?»
Ich sah ihn an. Offenbar war er ganz nah an der Lösung seines Problems mit der Zeitmaschine. Er hatte die Möglichkeiten eingegrenzt und wartete darauf, dass ich ihm das letzte Puzzleteilchen Information lieferte. Den Schlüssel zum Ganzen. Er trommelte mit den Fingern auf den Tisch. Ich sprach weiter: «Transistoren und Halbleiterdioden bestehen aus halbleitenden Materialien wie Silizium. Mit einer bestimmten Art von Verunreinigung im Siliziumkristall tendiert dieser dazu, eine positive Ladung zu entwickeln (P-leitend). Mit einer anderen Art von Verunreinigung tendiert er dazu, eine negative Ladung zu entwickeln (N-leitend). Dort, wo sich P-leitendes Material und N-leitendes Material berühren, schaffen sie einen Zwischenbereich, einen ‹Übergang›. Das ist eine sehr dünne Zone, die man ‹Verarmungsbereich› nennt, ein Bereich, in dem sich die beiden Materialien vermischen und der Strom nur schlecht leitet. Auf beiden Seiten dieses Verarmungsbereichs bauen sich jeweils entgegengesetzte Ladungen auf. Weil Elektrizität immer von negativ nach positiv wandert, fließt Strom über einen PN-Übergang sehr viel leichter von N nach P. Eine Diode ist also nichts anderes als ein Bauteil mit einem dieser Übergänge. Das ist doch interessant», sagte ich, während ich mich für das Thema erwärmte, und fuhr fort:
«Wenn sich die negative Ladung bewegt, sagt man, dass sich Elektronen bewegen. Wenn sich die positive Ladung bewegt, heißt es dagegen, dass sich **Löcher** bewegen. Sie nennen positive Ladungen also ‹Löcher›. Ein Transistor besteht nun aus zwei Übergängen, die dergestalt angeordnet sind, dass Elektrizität in keiner Richtung durchfließen kann. Indem man einen zweiten Stromkreis, den so genannten Steuerkreis, hinzufügt, kann man die Ladungen ableiten. So kann ein winziger Strom bestimmen, wie viel Widerstand der Transistor für den Hauptstrom hat. Das ist es eigentlich, was einen Transistor ausmacht: ein veränder-

barer Widerstand. Transistoren können entweder als kleine elektronische Schalter oder als Verstärker benutzt werden.»

«Das ist es auch nicht.» Der Zauberer wurde langsam nervös. Er wollte mich etwas fragen, schwieg dann aber. Vermutlich hatte er Angst, ein Geheimnis preiszugeben. Schließlich rang er sich doch durch: «Was ist eine Sicherung?», fragte er.

«Was?»

«Eine Sicherung. Wie diese.» Er streckte seine Hand aus. Darin lag ein kleines Glasröhrchen, das ganz offenbar zu heiß geworden war. «Ich denke, dass dies mein Problem ist. Zu was ist es nütze?»

«Habe ich dir das Prinzip der Sicherungen nicht erklärt?»

«Ich dachte, wir seien noch nicht so weit gekommen.»

«Das ist eigentlich sehr einfach. Erinnerst du dich, als wir über Elektrizität sprachen, die sich immer dann in Wärme verwandelt, wenn sie durch einen Widerstand wandert?»

«Das ist schon eine Weile her.»

«Genau. Wenn genug Strom durch einen Draht fließt, wird er so heiß, dass er schmilzt. Lichtbogenschweißgeräte benutzen dieses Prinzip, um Metallstücke zusammenzuschweißen. Wir möchten aber nicht, dass unsere teuren Komponenten schmelzen, wenn versehentlich zu viel Strom durch sie hindurchfließt. Deshalb setzen wir eine **Sicherung** ein. Sie ist in einem Stromkreis das schwächste Glied, nichts weiter als ein dünner Draht, der heiß genug werden kann, um bei einer bestimmten Stromstärke zu schmelzen. Wenn das passiert, ist der Stromkreis unterbrochen, und die anderen Komponenten sind in Sicherheit. Steigt der Strom nie über diesen Wert an, brennt auch die Sicherung nicht durch. Sie ist dann einfach ein weiterer Widerstand im Stromkreis.»

«Du meinst, ich kann sie durch einen einfachen Draht ersetzen?»

«Ja, sicher. Es sei denn, es gibt einen triftigen Grund, aus dem zu viel Strom geflossen ist. Dem musst du auf den Grund gehen.

Ohne Sicherung hätte dieser starke Strom vielleicht andere Komponenten zerstört. Sicherungen sind relativ billig. Wenn man eine Sicherung auswechselt, muss man sich vor Augen führen, dass man die Kosten für eine wesentlich teurere Komponente einspart. Eine Sicherung, die man einfach eindrücken kann, heißt ‹Sicherungsautomat›. Eine Sicherung kann also durch einen Stromstoß schmelzen.» – «Könnte sie das auch, wenn der Rest des Stromkreises völlig funktionstüchtig war? Etwa wenn in der Nähe ein Blitz eingeschlagen wäre? Wenn nichts anderes zerstört wurde, kann ich notfalls einfach die Sicherung durch einen Leiter ersetzen?»

«Ist denn ein Blitz in der Nähe der Zeitmaschine eingeschlagen?»

«Eine gewisse Menge künstlicher Blitze war bei meiner Flucht beteiligt.»

«Du meinst, du hast Blitze erzeugt?»

«Es war unbedingt notwendig.»

«Ja, das könnte eine Sicherung durchbrennen lassen. Diese hier ist offensichtlich durchgeschmort.»

«Das ist es also. Ich werde sie ersetzen. Aber zuerst muss ich meine Falle stellen.»

«An welche Art Falle hast du denn gedacht?»

Der Zauberer verzog seinen schmalen Mund zu einem verkniffenen Lächeln, das mich schaudern ließ. «Die Futuristen sind mir nach Boulder gefolgt, wie ich es geahnt hatte. Sie dürfen mich nicht weiter verfolgen, aber auch nicht in ihre eigene Zeit zurückkehren. Die anderen, die wiederum ihnen auf den Fersen sind, müssen ebenfalls dingfest gemacht werden. Ich habe bereits veranlasst, dass sie in diese Zeit und an diesen Ort kommen. Sie werden wie die Schmeißfliegen angezogen. Jetzt werde ich einen Bann über diesen Ort legen, der sie hier festhalten wird. Es muss ein großer und mächtiger Zauber sein und doch so subtil, dass die anderen nichts davon merken …»

Er hielt inne:

«Da ist einer!»

Wir folgten dem Blick des Zauberers zu einem Mann, der im Eingang des Restaurants stand. Im Gegensatz zu den anderen Menschen trug er einen schwarzen Anzug mit einer geschmackvollen roten Krawatte. Er war glatt rasiert und sein Haar gut geschnitten. In dieser Aufmachung fiel er auf wie ein Clown auf einer Beerdigung. Er schaute im Raum umher und musterte die Gäste. Ich erstarrte, als seine Augen bei unserem Tisch verweilten. Erstaunlich, dass er den Zauberer nicht erkannte, sondern sich schließlich umdrehte und das Restaurant verließ. Ich schaute nach dem Zauberer. Seine Augen waren geschlossen. Er hatte den Kopf in Konzentration zur Decke gewandt. Deshalb hat uns der Futurist nicht gesehen, dachte ich. Der Zauberer öffnete die Augen.

«Es gibt viele von ihnen», sagte er. «Kommt schnell.»

Wir folgten ihm auf die Straße durch die Menge zu einem alten, offenbar schon lange verlassenen Theatergebäude. Die Tür öffnete sich vor uns wie durch Zauberhand, und wir folgten dem Magier eine enge Holztreppe hinab in ein Labyrinth von Kellerfluren und kleinen Lagerräumen.

«Das ist der Ort», sagte er und hielt vor einem winzigen Raum an. «Ich werde genau eine Stunde brauchen, um den Zauberbann fertig zu stellen. Sobald ich damit beginne, bin ich angreifbar. Sie werden meinen Standort aufspüren, und ich kann mich dann nicht wehren. Eine Stunde lang müsst ihr sie also von mir fern halten.»

Mike und ich schauten uns gegenseitig und dann Belinda an.

«Wir werden unser Bestes geben», versicherte ich.

«Sie sind nicht besonders zartfühlend», sagte er. «Bewacht die Eingangstür zum Gebäude!» Er stand unbeweglich, hob sein Gesicht und schloss die Augen. Auf dem Boden um ihn herum tauchten Fackeln auf, ihre Flammen tanzten und warfen unheimliche Schatten auf die Wände. Um den alten Mann schwoll ein gleichmäßig summender Ton an, als hätten sich ein Dutzend unsichtbarer Druiden zu ihm gesellt und sängen leise vor sich hin. Ich bildete mir ein, dass es nach Weihrauch roch. In tiefer Trance nahm uns der Zauberer nicht mehr wahr.

«Lasst uns loslegen», drängte Mike, und wir eilten durch das Labyrinth von Treppen ins Erdgeschoss. Ich schaute auf die Uhr. Genau dreiundzwanzig Uhr. Es könnte reichen, überlegte ich. Seine Stunde dauert gerade bis Mitternacht.

Als wir an die Eingangstür aus Glas und Metall kamen, standen dort draußen bereits ein Dutzend Männer in schwarzen Straßenanzügen und flüsterten miteinander. Wie der Zauberer angekündigt hatte, hatten sie uns leicht gefunden. Durch die Scheiben konnten wir sie im Licht der Straßenlaternen und des Mondes klar erkennen. Weil der Innenraum des Theaters völlig dunkel war, waren wir sicher, dass sie uns nicht sehen konnten. Doch die Glastür konnte sie nicht abhalten. Ich war mir nicht einmal sicher, ob sie überhaupt geschlossen war. Sie konnten sie einfach am Metallknauf aufziehen.

«Lass mich mal», flüsterte Mike. Er ging auf Zehenspitzen zur Tür, legte eine Hand auf das Metall und wartete. Schon kurz darauf griff einer der Futuristen nach dem Knauf. Funken flogen. Fluchend sprang er zurück.

«Er ist elektrisch geladen», schrie er erschrocken. Er schickte zwei seiner Kollegen los, die Waffen aus ihrer Zeitmaschine zu holen.

«Junge!», flüsterte Mike. «Das macht wirklich Spaß!» Aber wir wussten alle, dass Mike sie nur für ein paar Augenblicke aufhalten konnte.

«Ich hab eine Idee», sagte ich. «Wenn wir diese Kerle bloß irgendwie ablenken können, bis der Zauberspruch fertig ist … Kannst du mir dabei helfen, hier herauszukommen?»

Mike grinste und zeigte auf die Straßenlampe. Sie wurde heller und heller. Die Futuristen, irritiert, drehten sich von der Tür weg, um sie anzustarren.

«Jetzt geh, Bruder», sagte Mike.

Ich schlich unbemerkt aus der Tür und stand plötzlich hinter ihnen.

«Entschuldigen Sie», sagte ich. Erschrocken wirbelten sie herum, um mich anzuschauen. Jetzt, da ich ihnen so nahe war, konnte ich erkennen, wie hart und grausam ihre Gesichter waren. Ich war zu Tode erschrocken, versuchte aber, gelassen zu wirken.

«Ich würde gerne Ihren Passierschein sehen», sagte ich.

«Unseren was?»

«Ihren Vollmond-Passierschein. Sie haben doch einen, oder?»

Sie schauten sich gegenseitig an. Ich möchte wetten, dass das Leben in der Zukunft voll von unangenehmen kleinen Verordnungen und obskuren Genehmigungen ist und dass die schlimmste Angst dieser Typen darin bestand, irgendein dummes, kleines Gesetz zu brechen, von dem sie eventuell nichts wussten.

«Natürlich haben wir einen», log der eine recht überzeugend. «Aber ich glaube nicht, dass wir ihn Ihnen zeigen müssen. Vielleicht sollten Sie uns eher Ihren Ausweis zeigen.»

Ich lachte.

«Sie sind wohl nicht von hier, meine Herren, nicht wahr? So läuft die Sache nicht.» Ich nahm eine Streichholzschachtel aus meiner Hosentasche und hielt sie jedem kurz vors Gesicht. «Da», sagte ich. «In der Stadt wird dieses Video ausgewertet. Falls es Probleme gibt.» Ich sprach in die Streichholzschachtel. «Routinekontrolle für den Vollmond-Passierschein. Ich befinde mich hier vor dem alten Theater. Nächste Überprüfung in zehn Minuten.» Es war das Beste, was mir im Moment einfiel. Ich wollte sie glauben machen, dass sie beobachtet werden, wenn sie mir etwas antun sollten.

Ich wandte mich wieder den Futuristen zu, die mich in offensichtlicher Verwirrung betrachteten.

«Nun, wer von Ihnen hat nun den Passierschein?»

«Er wird in einer Minute zurück sein.»

«Gut», sagte ich. «Ich warte. Was halten die Herren vom Verbrannter-Toast-Täuschungsphänomen?» Sie waren zwar sehr gründlich auf das Überleben in der Gegenwart gedrillt worden, aber wie die meisten Leute waren auch sie nicht auf den dreisten Gebrauch von unsinnigen Fachbegriffen vorbereitet.

«Ich bin mir nicht sicher», erwiderte einer von ihnen schlagfertig. «Ich schwanke noch. Was denken Sie?»

«Oh, ich bin dafür», sagte ich. «Ich glaube natürlich nicht, dass es die Wünschelrute je ersetzen wird, aber wenn der Schnellangriff nicht funktioniert, welche Wahl hat man dann? Ich vermute, dass man dann zur Abwehrtaktik oder sogar zum Tie-Break übergehen könnte, man wird aber niemals eine Kontraindikation herausholen können. Nein, ich denke, man muss seine Zwiebeln glasig dünsten, das Pedal bis zum Anschlag durchtreten und den Kühler durchpusten. Meinen Sie nicht auch?»

Sie nickten alle in nachdrücklicher Zustimmung. Aus dem Augenwinkel heraus sah ich, wie die beiden anderen mit den Waffen näher kamen. Ich schaute auf meine Uhr.

Dreiundzwanzig Uhr dreißig.

«Hören Sie, wenn Ihr Freund nicht bald mit dem Vollmondausweis kommt, muss ich Sie auffordern, ihn morgen aufs Revier zu bringen. Werden Sie das tun?»

Sie versprachen es. Ich sprach so lange weiter, wie ich konnte, bis ich merkte, dass ihre Geduld dem Ende entgegenging. Also ließ ich sie stehen und ging die Straße entlang, um sie aus der Menge heraus zu beobachten. Was konnten wir noch tun? Die Männer zielten mit ihren gewehrähnlichen Waffen auf die Tür. Lautlos löste sie sich in Nebel auf. Sie verschwand einfach. Mir sank der Mut. Es gab nichts, was wir tun konnten, um diesen Waffen standzuhalten. Wir hatten verloren.

Aber die Futuristen gingen nicht sofort in das Gebäude. Sie schienen irgendwie beunruhigt. Ich schüttelte den Kopf. Auch mit mir schien etwas nicht in Ordnung zu sein. Dann begriff ich. Die Haut der Futuristen fing rot zu glühen an. Ebenso meine und die der Kostümierten in der lärmenden Menge. Die Futuristen blieben abrupt stehen. Der Draht der Straßenlaterne schwoll an wie eine fette graue Schlange, und ein flirrender vielfarbiger Nebel breitete sich über die entzückte Halloween-Menge. Sichtbar gemachte Funkwellen, vermutete ich. Mikes Meisterstück.

Der Nebel war so dicht, dass man nur einen halben Meter weit sehen konnte. Die Menge hielt das für einen Spezialeffekt für ihre Party. Ein junger Mann hinter mir begann zu phantasieren. Er dachte wohl, er sei wieder in den 1960er Jahren, und geriet ganz außer sich. Ich nahm an, dass die Futuristen ratlos und verwirrt waren, aber ich wusste nicht, wie lange Mike diesen Zustand aufrechterhalten konnte. Dieser kleine Trick kostete ihn eine Menge Energie. Ich hielt meine Uhr dicht vors Gesicht. Zehn vor. Halt durch, Mike, betete ich.

Doch der Nebel verzog sich bereits, meine Haut kühlte langsam ab, die Magnetfelder um die Drähte herum wurden schwächer. Plötzlich sah ich Mike hilflos aus der Tür des Theaters stolpern und ungeschickt auf dem Gehweg landen. Ich rannte zu ihm hin, obwohl ich keine Ahnung hatte, wie ich ihm helfen könnte. Einer der Futuristen zielte mit seinem Gewehr auf Mike. Doch selbst völlig erschöpft war Mike noch viel zu schnell für ihn. Er rollte sich in der letzten Sekunde aus dem Weg. Genau da, wo sich Mike einen Augenblick zuvor befunden hatte, verwandelte die Waffe eine riesige Menge Beton in Staub. Fluchend zielte der Mann erneut.

«Lass uns etwas Induktivität spielen», sagte Mike mit schwacher Stimme und deutete mit dem Finger auf die Waffe. Ich vermutete, dass er irgendwie elektromagnetische Wellen erzeugte und damit Wirbelströme in der Waffe induzierte. Tatsächlich begann die Waffe infolge ihres eigenen Widerstands plötzlich rot zu glühen. Überrascht vom plötzlichen Schmerz, ließ der Mann sie fallen. «Alter Trick aus Star Trek», sagte Mike.

Schon zielte der andere bewaffnete Futurist auf Mike. Noch einmal, im allerletzten Augenblick, rollte sich mein grüner Freund auf die Seite und ließ so eine weitere Betonplatte verdampfen.

Dieses Mal hatte sich Mike allerdings in der Entfernung verschätzt. Seine heftige Bewegung trug ihn zu weit, und sein Kopf prallte gegen das Backsteingebäude. Die Augen fielen ihm zu, sein Körper wurde schlaff, und er lag bewegungslos auf den Trümmern.

«Mike!», schrie ich, während ich auf die Gruppe zurannte. Der Futurist lächelte sardonisch und richtete sein Gewehr auf den hingestreckten, hilflosen Grüni. Ich war immer noch zu weit entfernt. «Mike!», schrie ich erneut, mit dem dumpfen Gefühl, dass ich nichts mehr für ihn tun konnte. «Licht aus, Grünschnabel!», sagte der Mann und zielte sorgfältig und überlegt.

Aber er hatte keine Gelegenheit mehr, den Abzug zu ziehen. Aus dem Theatereingang sprang plötzlich eine Gestalt und bewegte sich so schnell auf ihn zu, dass der Futurist nicht mehr reagieren konnte. Binnen eines Herzschlags war der Schatten über ihm, kickte die Waffe aus seiner Hand, rammte den Ellbogen in seinen Bauch, umklammerte seinen Arm und Kopf und warf ihn gekonnt zu Boden. Es war Belinda.

Jetzt fielen auch die anderen über sie her. Inzwischen hatte ich sie erreicht. Ich schwang meine Faust und platzierte sie im überraschten Gesicht des Nächstbesten. Ich sah noch, wie das Blut aus seiner Nase tröpfelte, als ich seine Faust wie einen Schmiedehammer in meinem Magen spürte. Das war's dann wohl für mich, dachte ich noch, während mich Schmerz und Übelkeit überkamen. Ich versuchte, tief durchzuatmen, konnte aber nicht. Keinen Ton brachte ich heraus. Ich konnte nicht einmal mehr das Gleichgewicht halten. Ich drückte meine Hände auf den Magen und fiel auf den Boden. Ich war zum Zuschauen verdammt.

Obwohl sie noch ihr flatterndes mittelalterliches Gewand anhatte und die andern in der Überzahl waren, griff Belinda die Futuristen in ihren Straßenanzügen an, als wäre sie eine Ninja-Kriegerin. Unter ihren heftigen Attacken mit fliegenden Fäusten und hervorschießenden Fußtritten fielen sie einer nach dem anderen. Der Gehsteig war bald von stöhnenden Gestalten bedeckt. Sie versuchten, sie zu umzingeln, sie versuchten, ihre Arme zu packen, aber jedes Mal wurden sie mit einer präzisen und wirkungsvollen Bewegung abgewehrt. Sie kamen in Gruppen, sie kamen einzeln. Das Ergebnis war immer dasselbe. Sie spürten ihre Fäuste im Brustkorb, ihre Ellbogen und Knie krachten in ihre Rippen, ihr Fuß schmetterte gegen ihr Kinn. Den Bösewichtern aus der Zukunft war diese schöne mittelalterliche Tigerin, diese liebreizende und elegante Kampfmaschine weit überlegen. Jetzt erkannte ich, welche Rolle sie für den Zauberer spielte. Sie war nicht seine Assistentin, sie war seine Leibwächterin.

Schließlich stand nur noch ein Mann. Belinda drehte sich halb geduckt zu ihm um, hielt dann aber inne. Irgendwie hatte er seine Waffe wieder gefunden und zielte direkt auf ihre Stirn.

«Es ist ein Jammer», sagte er mit grausamer Stimme. «Ich würde dich gern mit in die Zukunft nehmen. Mit ein bisschen Zucht und Ordnung könntest du vielleicht ganz unterhaltsam sein. Ich fürchte jedoch, dass es zu gefährlich wäre. In meiner Welt ist kein Platz für starke Frauen.»

Ich schaute auf meine Uhr. Noch zwei Minuten bis Mitternacht. Ich konnte mich immer noch nicht bewegen oder gar sprechen. Mike war bewusstlos, doch ich konnte ihn atmen sehen. Belindas gesamtes kämpferisches Geschick war nutzlos gegen eine Waffe, wie ihr Gegner sie in der Hand hielt. Sie stand sehr aufrecht da, bereit, in Würde und Stolz zu sterben.

«Adieu, Schätzchen», sagte er und hob das Gewehr. Ich sah, wie sich sein Finger am Abzug bewegte. Ich schloss die Augen. Es gab einen lauten, dumpfen Ton, wie wenn ein Kissen gegen eine Wand geworfen wird. Ich hätte weinen mögen.

«Hol's der ...!» Der Futurist klang erschrocken und verwirrt.

Ich öffnete die Augen. Etwas hatte ihn mitten ins Gesicht getroffen, kurz bevor er den Abzug ziehen wollte, und er war zurückgezuckt. Belinda stand noch immer vor ihm, ebenso überrascht wie er. Er spie eine Feder auf den Boden und blickte sich um. Erneut schoss es aus der Luft auf ihn zu und griff ihn von oben an, wie ein kleiner Sturzflugbomber. Er wich aus, das Ding flog vorbei, drehte dann ab und flog im Kreis zurück. Ich spürte einen Kloß im Hals. Langsam begriff ich.

Es war ein Erpel mit einem kleinen roten Tuch um den Kopf, seine Augen strahlten Stolz und Gelassenheit aus. Endlich fand ich meine Stimme wieder.

«Brutus!», rief ich. Er lüpfte kurz einen Flügel zum Gruß und stürzte sich erneut herab. Dieses Mal folgte ihm ein ganzes Entengeschwader, lauter kleine Kamikaze-Flieger, die den erstaunten Futuristen attackierten. Der Mann versuchte sie mit den Armen abzuwehren – vergebens. Er fiel auf die Knie, nieste unbändig, und Belinda konnte ihm seelenruhig die Waffe aus der Hand nehmen.

«Es ist vorbei!»

Alle drehten sich zum Zauberer, der im Eingang erschienen war. Er sah sehr zuversichtlich aus, und ich wusste, dass wir gewonnen hatten. Er deutete mit seinem knochigen Finger auf die Waffe, die Belinda hielt. Sie verschwand aus ihren Händen. «Solche Sachen sollten hier nicht herumliegen», sagte er. Beiläufig winkte er in Mikes Richtung. Mike öffnete die Augen.

«Sie haben geläutet?», fragte Mike, setzte sich auf und rieb sich den Schädel. Der Zauberer nickte Brutus zu, der noch immer über uns kreiste. Der tapfere Vogel winkte mit dem linken Flügel und düste in die Nacht hinaus, seine Truppe im Schlepptau.

Die Futuristen rappelten sich unterdessen vom Boden auf. Doch irgendetwas an ihnen hatte sich verändert. Sie sahen nicht mehr so gefährlich aus, ohne dass ich hätte sagen können, wieso. Es lag eher betäubte Verwirrung als Niederlage in ihren Gesichtern. Sie hatten kein Interesse mehr an dem Zauberer, sie schauten nicht einmal in seine Richtung. Es schien, als hätten sie ihn, die jüngste Schlacht, Vergangenheit und Zukunft einfach vergessen. Der eine murmelte etwas, was entfernt wie ein Gedicht klang, während er schwerfällig seine Kleidung richtete. Sie wirkten so

hilflos, desorientiert und irgendwie Mitleid erregend, als sie fort-
liefen und schließlich von der Halloween-Menge verschluckt
wurden.

Was für ein Zauberspruch, dachte ich.

«Morgen Mittag reisen wir ab», sagte der Zauberer.

Abschied

Der Zauberer stand bis zu den Achseln in einem unauffälligen
hölzernen Fass – der Zeitmaschine. Die Wissenschaftler der Zukunft hatten sie so konstruiert, dass sie in keinem Jahrhundert
auffiel.

«Ich weiß nicht, ob ich wirklich verstanden habe, was Elektrizität ist», sagte er.

«Du hast von Elektronen und Grünis und Büffeln und Enten gesprochen. Eine Menge davon verwirrt mich immer noch. Aber
ich hätte keine Angst mehr davor, sie zu studieren. Und wir
haben die Maschine wieder repariert. Vielleicht kehre ich eines
Tages zurück, damit wir sie detailliert diskutieren können.»

«Bestimmt», sagte ich, aber ich hatte schon beschlossen, dass
mein nächstes Buch ein Roman wird. Sachbücher sind einfach zu
gefährlich. Der Zauberer lächelte dünn, als ob er meine Gedanken gelesen hätte.

«Vielleicht ist die Lehre von der Elektrizität doch ein bisschen
wie Magie», meinte er. «Die Leute behaupten zwar, sie verstün-
den die magischen Dinge auf dieser Welt, wie Musik oder Glück,
aber letztlich entwickelt jeder von uns seine eigenen Vorstellungen davon. Wenn wir sie zu genau untersuchen, verschwindet der
Zauber. Und wir können sie sowieso nie vollkommen verstehen.
Vielleicht ist es mit der Elektrizität ähnlich.»

«Sag das bloß niemals einem Physiklehrer.»

«Naturwissenschaftliche Lehrkräfte werden erst Jahrhunderte nach meinem Tod erfunden», sagte er. Er wandte sich an Mike. «Bist du fertig?»

Mike und ich schüttelten uns die Hände. An diesem Morgen waren wir ein letztes Mal zusammen angeln gewesen und hatten unseren Abschied gefeiert.

«Bis bald, Kumpel», sagte er und verschwand auf der Stelle. Der Zauberer versetzte ihn nach Utah zurück an die Stelle am See, wo wir uns getroffen hatten, damit er nach Hause zurückkehren konnte.

«Belinda hat beschlossen, hier zu bleiben», sagte der Zauberer. «Du kannst sie wieder sehen. Sie hat einen Job bekommen, wo sie irgendwas lehrt, ich habe das Wort vergessen.»

«Selbstverteidigung», erinnerte ich ihn. Doch mir lag noch etwas auf dem Herzen. «Ganz nebenbei», begann ich und versuchte möglichst beiläufig zu klingen, «mit welchem Zauberspruch hast du Boulder verzaubert? Diese Typen waren ja völlig durcheinander!»

«Dem mächtigsten von allen», erwiderte er. «Und dem, der am schwierigsten aufzulösen ist. Ich habe den Zauberspruch der Liebe angewendet. Wenn noch weitere Futuristen versuchen sollten, mir nach Boulder zu folgen, werden sie sich unweigerlich verlieben. Verliebte Männer sind wie hilflose kleine Jungs. Vollkommen unbrauchbar als Soldaten. Ich bin in Sicherheit.»

Er startete die Maschine, sie machte ein tiefes, grollendes Geräusch. Er musste jetzt sehr laut sprechen, um gehört zu werden.

«Ich habe Belinda den Wunsch erfüllt, sie in ein anderes Zeitalter zu versetzen und ihr eine neue Garderobe zu besorgen. Ich habe Mike nach Utah versetzt und ihm geholfen, sich mit ein paar kleinen Blitzen aufzuladen. Gibt es einen kleinen Abschiedswunsch, den ich dir erfüllen kann?»

Ich schluckte schwer, nahm meinen ganzen Mut zusammen und wünschte mir etwas ganz Großes.

«Dauerkarten für die Denver Broncos?»

Er schüttelte den Kopf. Die Tonne fing an zu vibrieren und kräftig zu klappern. Ich konnte Ozon und Zimt riechen.

«Ich bin zwar gut, Kenn», sagte er. «Aber so gut nun auch wieder nicht. Wie wär's damit: Du magst doch gern Rätselaufgaben. Ich habe irgendwo in den Vereinigten Staaten 10 000 Dollar versteckt. Wenn du scharf nachdenkst, findest du heraus, wo sie sind. Viel Glück.»

«Wie bitte?», schrie ich, aber er antwortete nicht. Er winkte noch einmal und schloss die Augen. «Was?», brüllte ich.

Das Geräusch wurde immer lauter, eine Staubwolke stieg vom Boden auf. Das Fass fing an, weiß zu glühen. Der alte Mann nickte in meine Richtung. Der Staub in der Luft und das immer heller werdende intensive Licht schmerzten in meinen Augen; dabei wollte ich unbedingt sehen, wie das Ding funktionierte. Ich musste husten.

Kurz bevor ich meine Augen schloss, sah ich, wie das Fass einen halben Meter vom Boden abhob und sich langsam herumdrehte, immer wieder rundherum.